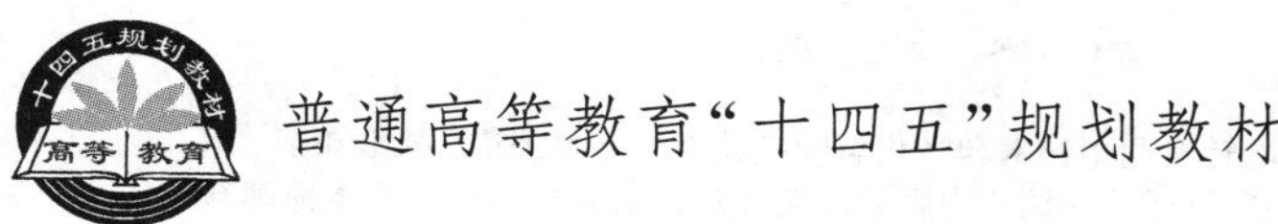

普通高等教育“十四五”规划教材

太阳能利用技术

王雅君　李宇明　主编

中国石化出版社
·北京·

内 容 提 要

本书共5章，对光-电转换利用技术和光化学转换技术的基本理论、基本知识、相关材料的制备及表征等内容进行了介绍，内容涵盖能源及太阳能概述、半导体物理基础、光伏发电原理、太阳能电池材料、光催化材料的制备及应用、光电催化材料制备及应用等。

本书可作为高等院校太阳能利用相关课程的教材，也可供能源领域的相关技术人员和广大能源爱好者阅读参考。

图书在版编目(CIP)数据

太阳能利用技术／王雅君，李宇明主编．—北京：中国石化出版社，2023.11
ISBN 978-7-5114-7288-5

Ⅰ．①太… Ⅱ．①王… ②李… Ⅲ．①太阳能利用 Ⅳ．①TK519

中国国家版本馆CIP数据核字(2023)第220281号

未经本社书面授权，本书任何部分不得被复制、抄袭，或者以任何形式或任何方式传播。版权所有，侵权必究。

中国石化出版社出版发行

地址：北京市东城区安定门外大街58号
邮编：100011　电话：(010)57512500
发行部电话：(010)57512575
http://www.sinopec-press.com
E-mail:press@sinopec.com
北京艾普海德印刷有限公司印刷
全国各地新华书店经销

*

710毫米×1000毫米 16开本 12.25印张 201千字
2024年3月第1版　2024年3月第1次印刷
定价：48.00元

前言

太阳能是一种取之不尽、用之不竭的能源，具有资源丰富、分布广泛、环境友好、价廉清洁等特点，是可再生能源的重要组成部分。人类对太阳能的利用从3000多年前就已经开始了，我国西周的“阳燧取火”技术，是人类利用太阳能的最早记载。20世纪90年代以后，由于全球性的环境危机及能源危机，太阳能的利用进入了高速发展时期。太阳能的高效利用，可以减少对化石燃料的依赖，减少温室气体的排放，改善空气质量；将助力我国实现“双碳”目标，促进能源结构优化与转型，同时也将带动新的产业发展，推动经济的可持续发展。

太阳能的利用主要有光-热转换利用、光-电转换利用、光-生物转换利用和光-化学转换(光催化)利用等几大类。本书对光-电转换利用技术和光-化学转换技术的基本理论、基本知识、相关材料的制备及表征等内容进行了精选和融合，共分为5章：第1章为太阳能利用技术概述(绪论)；第2章及第3章介绍光-电转化利用技术(光伏转化技术概论及太阳能电池技术)，具体包括半导体基础、太阳能电池基本理论、光伏发电系统等部分；第4章及第5章介绍光-化学转换技术(光催化技术及光电催化)，包括光催化反应机理、光催化材料的制备及表征方法、提高光催化活性的方法、光催化的应用、电化学基础、光电催化、光电催化材料的制备及应用等部分。

本书由中国石油大学(北京)王雅君和李宇明主编，在编写过程中，崔永朋、刘道庆、王宇婷对本书进行了校对和修改，参与编写和校对的人员还有樊凡、王绥绥、修浩、安攀、张梦珅、张佳颖、史效臣、刘红宇、杨春皓、刘启、安思莹、朱海若、王焕焕。

由于技术发展迅速，加之编者水平有限，书中难免会有不足之处，敬请读者批评指正。

目录

1.1 能源概述

1.1.1 人类利用能源的历史

能源，是人类利用的自然界能量资源的总称。人类在不断征服自然、改造社会的斗争中，逐步加深和扩大了对能源的认识和利用[1]。而人类对自然界能源的利用方式越发展，就越增强人类改造世界的力量[2]。根据所使用的主要能源不同，人类利用能源的历史大致经历了柴草、煤炭、石油和可再生能源四个时期[3]。目前，世界能源的生产及消费又在向以核能、太阳能、风能为主体的多元化新能源时期过渡。

1. 柴草时期

火的使用(图 1-1)，是人类第一次支配了一种自然力，从而使人类和动物界彻底分开。但是，当时人类还没有掌握把热能变成机械能的技巧，因此，柴草并不能产生动力。从茹毛饮血的原始社会到漫长的奴隶社会、封建社会，人力和畜力是生产的主要动力。

图 1-1　钻木取火

随着社会的进步、生活的富裕和人口的增加，人们对能源的需求量不断增加，尤其是冶金工业需要有充足的燃料来保证大规模发展。而在当时，冶金工业主要是冶炼钢铁，铁的冶炼直到 18 世纪中叶以前还几乎全部使用木炭。

18 世纪以前木材在世界一次能源消费结构中长期占据首位。但是森林资源不断被砍伐导致木材资源越来越少，严重威胁着冶金工业的发展，进而阻碍生产力的发展。工业化在发现木材新用途的同时也加剧了对木材的需求，因为木材不仅是一种重要的燃料还是盖房子、制作家具等所必需的材料。而随着铁路的普及，大量的木材用作铁路枕木，使得对木材的需求量不断增加，加剧了燃料用木材供应紧张的局面。这时历史的车轮已经走到了 18 世纪末，这是一个以土地为依托的柴草时代结束的过程，是一个需要新能源支撑的新时代——需要大量的新能源推动蒸汽机、冶炼金属、开发矿山、开动舰船。煤炭作为一种比木炭更适应工业化需要的能源开始崭露头角。

2. 煤炭时期

17 世纪中叶，由于煤炭生产和使用技术日趋成熟，人类能源消费逐步由煤炭代替木炭。英国 1709 年开始用焦炭炼铁，1765 年，瓦特(James Watt，1736～1819)发明了蒸汽机(图 1-2)，1814 年，斯蒂芬森(George Stephenson，1781～1848)发明了蒸汽机车，1825 年世界上第一条铁路通车。由于蒸汽机能够应用到各种行业和工业中，所以强有力地推动了所有工业部门的发展。蒸汽机的使用，不但奠定了各国工业化的基础，也开辟了人类利用矿物燃料作动力的新时代[4]。

图 1-2　瓦特以及其改良的蒸汽机

到 19 世纪下半叶，煤炭取代木材等成为主要能源。18 世纪 60 年代从英国开始的产业革命，促使世界能源结构发生第一次转变，即从柴草转向煤炭。1860 年煤炭在世界一次能源消费结构中占 24%，1920 年上升为 62%，从此世界进入了“煤炭时代”。公元前 500 年我国古人就发现了“黑石头”，用煤作为燃料已有 1000 多年的历史。

19 世纪末，电灯逐步代替了油灯和蜡烛。电力成为企业生产的基本动力及生产和生活照明的主要来源。电力进一步扩大了煤炭在能源消费中的比重，因为煤炭是火力发电的主要原料。然而随着煤炭的广泛应用，由烧煤产生的大量烟尘、飘尘和有害气体污染了环境。此时内燃机的发现使工业化的能源需求逐步转向了比煤炭更优越的新能源——石油的开发和利用。

3. 石油时期

1965 年，石油首次取代煤炭在世界能源消费结构中占据首位，由此开始了“石油时代”。它的发现早于煤炭，但由于技术原因，石油在 19 世纪后期才开始得到利用。蒸汽机十分笨重，效率又低，无法在轻便的运输工具如汽车、飞机上使用，所以人类在生产实践中又发明了新的热机——内燃机(图 1-3)。内燃机的发明和使用为石油开辟了新的市场，引起了能源结构的又一次变化——从煤炭转向了石油和天然气，石油登上了历史舞台。

图 1-3 内燃机

公元前 251 年，中国人首次发现石油是一种可燃的液体。自 1782 年瑞士人发明煤油灯到 1853 年全球普遍使用，石油所发挥的功能几乎全是照明。1854 年美国宾夕法尼亚州打出了世界上第一口油井，石油工业由此开始。第一次世界大战前，欧洲列强将军事装备由使用煤炭改为使用石油，更加刺激了对石油的使用。因此，第二次世界大战期间石油成为很重要的战略物资。以内燃机的广泛使用为代表，尤其是拖拉机、汽车等工具的迅速发展，一些新型的军事装备也以石油产品为动力。1967 年，石油在一次能源消费结构中的比例达到 40. 4%，超过了煤炭的 38. 8%。至此，人类社会完成了由煤炭时期向石油时期的转变[5]。

石油取代煤炭完成了能源的第二次转换，但石油的储量是有限的，它的大量消费会导致能源供应严重短缺，世界能源向石油以外的能源物质的转换已势在必行。因此，在 20 世纪 70 年代石油危机以后，人们开始考虑开发和利用新能源的问题，世界开始了第三次能源革命的探索。

4. 可再生能源时期

该时期的主要特点：油气和煤炭仍然是消费最多的能源，但消费比重呈现降低趋势，能源消费结构开始从以石油、煤炭为主的化石能源逐步向多元能源结构过渡，特别是新能源的开发利用。新能源包括地热、低品位放射性矿物、地磁等地下能源，还包括潮汐、海流、海水盐差、海水温差等海洋能和风能、生物质能等地面能源，以及太阳能、宇宙射线等太空能源。

能源始终是社会经济发展的动力源泉。目前全球能源消费总量创下新高，可再生能源在快速增长。2022 年，世界一次能源消费为 206 亿 t 标准煤，基本回归到全球新冠疫情前的水平。其中，化石能源占 81.8%，依然是主角。根据 IEA（国际能源署）、EIA（美国能源信息署）等国际组织发布的报告，2040 年，化石能源在全部能源需求中占比仍达 73%~78%，非化石能源占比为 22%~26%。未来 GDP 增长所需的能源增长应由可再生能源替代，而不应依靠煤炭和石油天然气。

2022 年，我国能源消费总量是 54.1 亿 t 标准煤，其中煤炭占比达 56.2%，化石能源占比为 82.6%，其他非化石能源占比为 17.4%。非化石能源应是未来能源的增量主体，且在一次能源中的占比可能会逐渐增高。天然气对外依存度高，进口风险大，我国天然气进口通道有海上、东北、西北、西南通道，现在进口量是 1400 亿 m^3，大部分通过海上进口，受地缘政治的影响较为严峻。近年来，我国石油对外依存度超过 70%，年进口量 5 亿 t。由此可以看出即使不考虑对环境的影响，仅仅考虑维持人类基本生存的需求，这种主要依赖化石能源的经济和社会体系也是不可持续发展的。因此，开发利用可再生的能源资源势在必行。

1.1.2 能源的基本概念和分类

能源亦称能量资源或能源资源，是指可产生各种能量（如热量、电能、光能和机械能等）或可做功的物质的统称，或是指能够直接取得或者通过加工、转换而取得有用能的各种资源。能源的分类有多种方式：

1）按照是否经过加工或转换，能源可分为：①一次能源，指自然界中以原有形式存在的、未经加工和转换的能源，例如化石燃料（原煤、原油、天然气）、核能、生物质能、水能、风能、太阳能、地热能、潮汐能等；②二次能源，指由一次能源经过加工转换以后得到的能源，例如热能、机械能和电能，也包括蒸汽、煤气、汽油、柴油、重油、液化石油气、酒精、沼气、氢气和焦炭等。

2）按照能否反复使用，能源可分为：①可再生能源，指可以反复使用，不会耗尽的能源（太阳能、水能、风能、生物质能、潮汐能等）；②不可再生能源，指只能一次性使用，不可再生的能源（核能和所有的化石能源：原煤、原油、天然气、油页岩等）。

3）按照人们开发和使用的程度，能源可分为：①常规能源，指在当前的技术水平和利用条件下，已被人们长期广泛应用的能源[6]。这类能源使用较普遍，技术较成熟，像煤炭、石油、天然气、水能、核（裂变）能等；②新能源，指由于技术、经济或能源品质等因素而尚未大规模使用的能源[7]。这类能源，有的已经开始或即将被人们推广利用，有的甚至还处于研发或试用阶段，例如太阳能、风能、海洋能、地热能、生物质能、氢能、核能等。一次能源、二次能源、可再生能源、不可再生能源、常规能源和新能源分类如表 1-1 所示。

表 1-1　能源分类

分类标准	类型	区分标准	实　例
产生方式	一次能源	是否可以直接获得	化石能源、地热能、核能、生物质能
	二次能源		电能、酒精等
是否可再生	可再生能源	消耗后能否短期内获得	水能、风能、太阳能、生物质能等
	不可再生能源		化石能源、核能等
开发先后顺序	常规能源	是否新开发	煤、石油等
	新能源		太阳能、地热能、核能等

1.1.3　化石能源与可再生能源

化石能源是一种碳氢化合物或其衍生物。它由古代生物的化石沉积而来，是一次能源。化石燃料不完全燃烧后，都会散发出有毒的气体，却是人类必不可少的燃料。化石能源所包含的天然资源有煤炭、石油和天然气等[8]。

煤炭是古代植物埋藏在地下经历了复杂的生物化学和物理化学变化逐渐形成的固体可燃性矿物。它被人们誉为黑色的金子，工业的食粮，是 18 世纪以来人类世界使用的主要能源之一。进入 21 世纪，虽然煤炭的价值大不如从前，但目前和未来很长的一段时间之内煤炭还是我们人类生产生活必不可缺的能量来源之一[9]。另外，煤炭的供应关系到我国的工业乃至整个社会方方面面发展的稳定，煤炭的供应安全问题也是我国能源安全中最重要的一环。按煤的煤化程度可以将煤炭分成褐煤、烟煤和无烟煤三大类。其中，烟煤与无烟煤可采储量较褐煤丰富。

褐煤是一种煤化程度介于泥炭与沥青煤之间的棕黑色的低级煤，是泥炭经成岩作用形成的腐殖煤。其煤化程度最低，呈褐色、黑褐色或黑色，一般暗淡或呈沥青光泽，不具黏结性。其物理、化学性质介于泥炭和烟煤之间。其水分大、挥发分高、密度小，含有腐殖酸，氧含量常达 15%～30%，在空气中易风化碎裂，发热量低。褐煤全水分一般可达 20%～50%，分析基水分为 10%～30%，挥发分高(15%～30%)，低位发热量一般只有 11.71～16.73MJ/kg，易风化碎裂、易氧化自燃。中国的褐煤资源主要分布在华北地区，其中又以内蒙古东部地区赋存最多。西南区是我国仅次于华北区的第二大褐煤基地，其中大部又分布在云南省境内。但西南区的褐煤几乎全部是第三纪较年轻褐煤，而华北区的褐煤则绝大多数为侏罗纪的年老褐煤。东北、中南、西北和华东四大区褐煤资源的数量均较少。

烟煤外观通常呈灰黑色至黑色，具有沥青光泽至金刚光泽，且具有明显的条带状、凸镜状构造，其主要特点是含有较高的挥发分和较低的灰分。烟煤燃烧时产生大量的烟雾和火苗，因此得名。其含碳量为75%～90%，不含游离的腐殖酸，大多数具有黏结性，发热量较高。挥发分约10%～40%，相对密度1.25～1.35，热值约27.17～37.20MJ/kg。中国是世界上主要的烟煤生产国之一，烟煤主要分布在山西、陕西、河南等地。此外，俄罗斯、美国、澳大利亚等国家也是重要的烟煤产地。

无烟煤俗称白煤或红煤，是煤化程度最大的煤。无烟煤固定碳含量高、挥发分产率低、密度大、硬度大、燃点高、燃烧时不冒烟、黑色坚硬并且有金属光泽。以脂摩擦不致染污，断口呈介壳状，燃烧时火焰短而少烟，不结焦。一般含碳量在90%以上，挥发分在10%以下，无胶质层，热值约25.12～32.65MJ/kg。中国无烟煤预测储量为4740亿t，占全国煤炭总资源量的10%，年产2亿t。山西省占32%，河南省占18%，贵州省占11%。中国有六大无烟煤基地：北京京煤集团、晋城烟煤集团、焦作煤业集团、河南永城矿区、神华宁煤集团、阳泉煤业集团。

石油是指气态、液态和固态的烃类混合物，具有天然的产状。石油按成分可分为原油和天然气，但习惯上仍将“石油”作为“原油”的定义用。它是一种黏稠的、深褐色液体，被称为“工业的血液”。地壳上层部分地区有石油储存。主要成分是各种烷烃、环烷烃、芳香烃的混合物，是地质勘探的主要对象之一。石油储量、开采和利用对于全球经济、环境和能源安全有着深刻的影响。

原油是埋藏在岩石地层里被开采出来的石油，保持着其原有的物理化学形态，是石油工业的初级产品。它是一种黑褐色并带有绿色荧光，具有特殊气味的黏稠性油状液体，是烷烃、环烷烃、芳香烃和烯烃等多种液态烃的混合物。主要成分是碳和氢两种元素，分别占83%～87%和11%～14%；还有少量的硫、氧、氮和微量的磷、砷、钾、钠、钙、镁、镍、铁、钒等元素。原油产品可分为石油燃料、石油溶剂与化工原料、润滑剂、石蜡、石油沥青、石油焦6类。其中，各种燃料产量最大，接近总产量的90%；各种润滑剂品种最多，产量约占5%。

天然气是指自然界中天然存在的一切气体，包括大气圈、水圈和岩石圈中各种自然过程形成的气体(包括油田气、气田气、泥火山气、煤层气和生物生成气等)。而人们长期以来通用的“天然气”的定义，是从能量角度出发的狭义定义，是指天然蕴藏于地层中的烃类和非烃类气体的混合物。在石油地质学中，通常指油田气和气田气。其组成以烃类为主，并含有非烃气体。

进入21世纪后，人类呼吁要大力发展新能源与可再生能源，构建高效、经济、清洁且符合低碳经济要求的可持续的能源供应体系，以此进一步推动技术革命和社会文明的进步。以可再生能源为基础的持续发展的能源系统主要包括太阳能、风能、水能、生物质能、地热能，以及核裂变增殖反应堆发电和核聚变堆发电等。可再生能源是绿色低碳能源，是中国多轮驱动能源供应体系的重要组成部分，对于改善能源结构、保护生态环境、应对气候变化、实现经济社会可持续发展具有重要意义[10]。

太阳能，是一种可再生能源，是指太阳的热辐射能。太阳能是太阳内部连续不断的核聚变反应过程产生的能量，尽管太阳辐射到地球大气层外界的能量仅为其总辐射能量(约为 3.75×10^{14}TW)的 22 亿分之一，但其辐射通量已高达 1.73×10^{5}TW，即太阳每秒钟投射到地球上的能量相当 5.9×10^{6}t 标准煤。太阳能作为一种洁净能源，在开发利用时，不会产生任何废弃物，也没有噪声，可以避免利用常规能源所带来的温室气体，对环境有很大的保护作用，不会影响生态平衡。另外，地球上绝大部分能源如风能、水能、生物质能、海洋温差能、波浪能和潮汐能等均源于太阳能。

风能，是一种清洁的可再生能源，是由于太阳辐射造成地球表面受热不均匀，引起大气层中压力分布不平衡，从而使空气沿着水平方向运动，是空气流动所形成的动能，是太阳能的一种转化形式。但风能开发利用的成本比太阳能开发利用的成本要低，它是可再生能源中最具开发前景的一种能源。风能具有蕴藏量巨大、可再生、分布广、无污染等优点，通过风机可将风能转换成电能、机械能和热能等，其利用形式主要有风力发电、风力提水、风力制热以及风帆助航等，风力发电是风能规模化开发利用的主要方式。与传统能源相比，风力发电不依赖矿物能源，没有燃料价格风险，发电成本稳定，也没有碳排放等环境成本。风电作为目前成本最接近常规电力、发展前景最大的可再生能源发电品种，受到世界各国的重视。

水能，是一种清洁绿色的可再生能源，是指水体的动能、势能和压力能等能量资源。水能是目前技术最成熟、经济性最高、已开发规模最大的清洁能源。水能的主要利用方式为水力发电，是利用蕴藏于水体中的势能，通过水的落差产生的能量来发电的技术，将水的势能和动能转换成电能。水力发电具有成本低、可连续再生、无污染的优点，但也存在着分布受水文、气候、地貌等自然条件的限制大，容易被地形、气候等多方面的因素所影响的缺点。

生物质能，是自然界中有生命的植物提供的能量，这些植物以生物质作为媒介储存太阳能，属于再生能源。据计算，生物质储存的能量比目前世界能源消费总量大 2 倍。人类历史上最早使用的能源是生物质能。19 世纪后半期以前，人类利用的能源以柴草为主。当前较为有效地利用生物质能的方式有：①制取沼气。主要是利用城乡有机垃圾、秸秆、水、人畜粪便，通过厌氧消化产生可燃气体甲烷，供生活、生产之用。②利用生物质制取酒精。当前的世界能源结构中，生物质能所占比重微乎其微。

地热能，是由地壳抽取的天然热能，这种能量来自地球内部的熔岩，并以热力形式存在，是引致火山爆发及地震的能量。地球内部的温度高达7000℃，而在80~100km的深处，温度会降至650~1200℃。通过地下水的流动和熔岩涌至离地面1~5km的地壳，热力得以被转送至较接近地面的地方。高温的熔岩将附近的地下水加热，这些加热了的水最终会渗出地面。运用地热能最简单和最合乎成本效益的方法，就是直接取用这些热源，并抽取其能量。

煤炭、石油等传统能源的大量使用，导致了化石燃料的枯竭和环境污染，新能源的开发与利用成为一种必然选择。太阳能、风能、水能等是新能源大家族中的重要成员，相信在不久的将来，其发展会越来越好。

1.2 中国的能源利用现状及能源问题

1.2.1 常规能源

1. 煤炭

从煤炭储量的总体上来说，我国是一个拥有丰富煤炭资源的大国，而由于我国的国土面积广阔，而且人口数量众多，所以人均占有的煤炭数量很少[11]。而且，由于经济快速发展，我国部分煤田的煤炭资源已经呈现枯竭的状态，为了维系经济建设，我国正在开展新的煤田勘查，并对部分呈枯竭状态的煤田残留的煤炭进行估测。自然资源部发布的《中国矿产资源报告 2022》显示：截至 2021 年底，我国煤炭资源储量为 2078.85 亿 t。但是 2078.85 亿 t 是我国煤炭资源的地质储量，从地质储量到工业储量，再到可采储量，最后采出原煤，必然会一层一层打折扣。比如，现在越来越多使用机械化、自动化方式采煤，相比过去最大的不同，是厚度 1.2m 以下的煤层难以使用机械化设备规模化开采，这部分资源恰恰包含在 2078.85 亿 t 中。在“双碳”目标下，生态红线等约束进一步强化，也影响着煤炭可供开发量。考虑类似种种因素，剩余可采量到底能够支撑多久，目前还要打个问号。

虽然我国非化石能源理论总量丰富，但生产实践表明，现阶段还存在规模大、产出低、贡献小等问题，短期内难以成为主体能源。在此背景下，煤炭安全保供依然责任重大。实际数据对此也有印证，2010~2019 年，煤炭占我国一次能源消费的比重出现明显下降，每年降幅都超过 1%。但从 2019 年起，降幅收窄到 1%以内，到了 2022 年，浮动由前一年下降 0.8%转为增加 0.2%。总体来看，煤炭消费占比一直在小幅下降，消费量却仍在高位震荡(图 1-4)。要确保安全稳定供应，前提是客观认识我国能源资源禀赋现状。

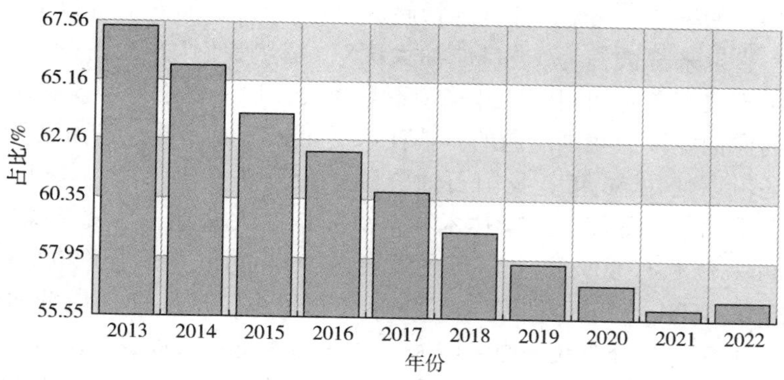

图 1-4　煤炭占能源消费总量的比重

从资源种类的角度看，我国优质煤种资源较少，高变质的贫煤和无烟煤仅占查明资源储量的 17%。我国煤炭资源包括了从褐煤到无烟煤各种不同煤化阶段的煤种，但其数量分布极不均衡。褐煤资源主要分布在内蒙古东部和云南，由于其发热量低，水分含量高，不适于远距离长途运输，在一定程度上制约了这些地区煤炭资源开发。炼焦煤数量较少，且大多为气煤，肥煤、焦煤、瘦煤仅占 15%。高硫煤查明资源储量约 1400 亿 t，占全部查明资源储量的 14%，主要分布在四川、重庆、贵州、山西等省市。

从煤炭资源的地理分布上来看，煤炭在我国分布十分广泛(除上海、香港外，各省市都有)；呈现明显的“西多东少，南贫北富”的状态，90%以上的煤炭资源量分布在秦岭-大别山以北，大兴安岭-雪峰山以西的地区；分布相对集中，以山西、陕西、内蒙古的煤炭储量居多，这部分地区集中了全国煤炭资源的六成左右，煤炭质量最优，在全国各地都享誉盛名，此外很多地区的煤炭需要从这三处区域调运过去，使煤炭的使用成本骤然增加；各地区煤炭品种和质量变化较大，分布不理想，如炼焦煤一半左右分布在山西。

近年来，我国各类环境污染问题不断加剧，给人民的生命健康带来了危害。尤其是我国部分煤炭资源开发较多的地区，环境污染尤为严重，部分地区的生态环境本就脆弱，在剧烈的环境污染下，生态发展只能勉强维系。虽然煤炭资源是我国的重要资源之一，但是煤炭资源使用也对生态环境造成了严重污染。

2. *石油*

中国常规石油总资源量约为 1000 亿 t，剩余技术可采储量(技术可采储量是指在现有井网工艺技术条件下获得的总产油量。其中，具有经济开采价值的可采储量称为经济可采储量，即在现有井网、现有工艺技术和经济条件下，能从油藏获得的最大经济产油量)约 36.2 亿 t(2020 年底)；非常规石油资源，其中储量最大并已实现经济开采的是油砂和重(稠)油资源等。初步估计，中国油页岩储量千亿吨以上，平均含油率 5%~6%；油砂远景储量 100 亿 t，含油率 12%以上[12]。

中国一直以来都被称为“进口原油大国”，虽然我们国家的石油资源也很丰富，但是由于技术和时间问题，开采量不是很大，加上要维持稳定，所以一直都进口大量的原油。按照我国当前的日消耗水平 498 万桶计算，我国已发现的石油资源大约还可以使用 56 年。我国石油资源集中分布在渤海湾、松辽、塔里木、鄂尔多斯、准噶尔、珠江口、柴达木和东海陆架八大盆地；从资源深度分布看，我国石油可采资源有 80%集中分布在浅层（<2000m）和中深层（2000~3500m），而深层（3500~4500m）和超深层（<4500m）分布较少；从地理环境分布看，我国石油可采资源有 76%分布在平原、浅海、戈壁和沙漠；从资源品位看，我国石油可采资源中优质资源占 63%，低渗透资源占 28%，重油占 9%。截至 2020 年底，全国石油储量 36.2 亿 t，同比增长 1.8%，仍保持在全球第 13 位。

3. 天然气

天然气地质资源量超过 38 万亿 m^3，预计可采储量 10 万亿 m^3，2020 年剩余可采储量 6.3 万亿 m^3，集中分布在中部和西北部地区，分别占陆上资源量的 43.2%和 39.0%。中国陆上埋深 300~2000m 的煤层气资源量约为 36.8 万亿 m^3，位居世界第三，相当于 450 亿 t 标准煤。截至 2020 年末，累计探明地质储量 9380 亿 m^3，但尚未成规模开发利用，到 2021 年，利用量仅为 101 亿 m^3。另外，每年在采煤的同时排放的煤层气在 130 亿 m^3以上[13]。

中国天然气资源的层系分布以新生界第 3 系和古生界地层为主，在总资源量中，新生界占 37.3%，中生界占 11.1%，上古生界占 25.5%，下古生界占 26.1%。其中，高成熟的裂解气和煤层气占主导地位，分别占总资源量的 28.3%和 20.6%，油田伴生气占 18.8%，煤层吸附气占 27.6%，生物气占 4.7%。它的探明储量集中在 10 个大型盆地，依次为：渤海湾、四川、松辽、准噶尔、莺歌海–琼东南、柴达木、吐哈、塔里木、渤海、鄂尔多斯。其次，在中国 960 万平方公里的土地和 300 多万平方公里的管辖海域下，蕴藏着十分丰富的天然气资源。专家预测，资源总量可达 40 万亿~60 万亿 m^3，是一个天然气资源大国。但是中国气田以中小型为主，大多数气田的地质构造比较复杂，勘探开发难度大。

近年来，国家加大了天然气勘查投资，新增天然气探明储量持续增加。2021 年全国天然气新增探明地质储量 726.89 亿 m^3，天然气探明储量 63392.67 亿 m^3。除探明储量不断增加外，自 2017 年以来，我国天然气产量也持续增加，到 2020 年我国天然气产量达到 1925 亿 m^3。2021 年，我国生产天然气突破 2000 亿 m^3，达到 2075.8 亿 m^3。2022 年，我国天然气产量持续维持增长，年产量超过 2170 亿 m^3。随着天然气产量的不断增加，其消费量也呈现快速增长的趋势，由 2017 年的 2386 亿 m^3增至 2020 年的 3280 亿 m^3。

天然气水合物是在一定的温度、压力、气体饱和度、水的盐度、pH 值等条件下，由水和天然气组成的类似冰的结晶化合物，遇火即可燃烧，故俗称"易燃冰"或"可燃冰"。天然气水合物广泛分布于海洋大陆坡沉积物中和陆地永久冻土地带，其天然气组分多以甲烷为主。目前国际科技界公认的全球"可燃冰"总能量，是所有煤、石油、天然气总和的 2~3 倍。据专家预测，我国南海海底有巨大的"可燃冰"带，其分布面积超过 8000km^2，资源量相当于 700 亿 t 石油，是我国常规油气资源量的一半。另外，在我国的东海陆坡海域"可燃冰"的蕴藏量也很可观。

4. 水能

我国水资源总量丰富，但人均量小，可开发水电资源约占世界总量的 15%，人均资源量却只有世界平均值的 70%左右[14]。同时也存在着地区分布极不平衡的劣势，主要分布在西南、中南(长江三峡、西江中上游)、西北(黄河上游)地区。并且在可能开发的水能资源中，东部的华东、东北、华北 3 大区共仅占 6.8%，中南 5 地区占 15.5%，西北地区占 9.9%，西南地区占 67.8%，其中，除西藏外，川、云、贵 3 省占全国的 50.7%。除分布不平衡外，也存在着河流落差集中的特点。我国主要的大江大河落差巨大，长江 5400m、黄河 4500m、澜沧江 5000m、雅鲁藏布江 5400m，这些落差往往集中在河流的上、中游地区，如长江宜宾以上上游河段集中了全河总落差的 95%，达 5000m。另外，还存在着季节性变化大的特点。由于中国气候受东亚季风气候影响，降水和径流量在年内分配不均，导致其稳定性较差，调节性能不好。而且降水量年际间变化也很大，像北方河流有连续丰水年和连续枯水年。在夏秋季 4~5 个月的径流量占全年的 60%~70%，冬季径流量却很少，因而水电站的季节性电能较多。

我国水电站有着大型电站比重大，且分布集中的特点，70%以上的大型电站集中分布在西南四省。各省(区)单站装机 10MW 以上的大型水电站有 203 座，其装机容量和年发电量占总数的 80%左右；特大型电站所占比重较大，大于 200 万 kW 的特大型水电站容量约占总量的 50%，但是这些电站多处于深山峡谷，开发条件艰巨；装机容量在 25 万~200 万 kW 的大型电站约占总量的 32.8%，其规模适中，应为近期开发重点。与之相反，小型水电站则遍布全国。因为流域面积大于 100km^2的河流全国就有 5000 多条，更小的溪流则更多，所以可供建设小型水电站的站址遍布全国，特别是南方山区和丘陵地带，降水丰富，开发条件较好。

1.2.2 新能源

1. 核能

核能是 20 世纪出现的一种新能源，发展迅速，前景广阔。核能源于核裂变和核聚变[15]。核裂变能是通过一些重原子核裂变释放出的能量。例如，一个铀-235原子核在中子的作用下裂变生成两个较轻的原子核，在这个过程中释放出的能量就是核能。核聚变能是指较轻的原子核聚合成较重的原子核所释放的能量。例如，氢的同位素氘和氚的原子核结合在一起生成氦，在这个过程中释放出的能量就是核聚变能。

在目前的科技水平下，人类所发现的可以产生核裂变的材料主要有铀-233、铀-235和钚-239。自然界中天然存在的只有铀-235，铀-233和钚-239不以自然形态存在，它们分别是由自然态存在的铀-238和钍-232吸收中子后衰变产生的。根据2022年世界铀资源红皮书，截至2021年1月1日，全球已查明可开采铀资源总量(即开采成本低于260美元/kgU的资源总量)为791.75万t，全球待查明资源(即预计资源和推测资源之和)为736.55万t。

非常规铀资源量不容忽视，虽然目前相关数据较少，但在天然铀市场价位较高时也拥有一定的竞争力。国际原子能机构统计的数据主要代表了世界铀资源的宏观现状和概貌，可以肯定的是，全球铀资源量相当巨大(表1-2)，还具有极大的找矿潜力，完全可以满足世界核电发展的需要。

表1-2　2019年部分国家或地区的铀资源

国家/地区	数量/t	占世界百分比/%
澳大利亚	1692700	28
哈萨克斯坦	906800	15
加拿大	564900	9
俄罗斯	486000	8
纳米比亚	448300	7
南非	320900	5
中国	248900	4

氢的同位素氘和氚是最基本的核聚变材料。地球上自然存在的核聚变材料资源远比核裂变材料丰富得多。海水中有多达2×10^{16}t的氘，如果进行核聚变反应，可以支持人类50亿年对能源的需求。月球表面存在丰富的自然态^{3}He，可与氘反应产生更大的核聚变能，如果用于核聚变电站每1kg的^{3}He可发电1亿kW·h。氚在自然界中极为稀缺，但可以通过中子轰击锂原子核进行生产。如果将地球上的锂全部用来生产氚，可满足全球几百万年的能源需求。

核电是清洁的，在这过程中不会排放二氧化碳，也不会污染环境。发展核电可以避免因燃烧化石燃料而排放二氧化硫等污染物。我国核电自20世纪80年代起步以来，到2010年底核电装机容量达1080万kW，核电在建机组28台

3097 万 kW，在建规模位居世界第一，占发电总装机容量 96219 万 kW 的 1.1%。截至 2021 年底，我国核电发电量为 407.5TW·h，位居世界第二，仅次于美国，但是在我国电力结构中的占比仅为 5%，在全球 32 个有核电的国家中，我国核电占比仅排在第 27 位。若以世界核电发展平均水平 16%为目标，我国核电还有很大发展空间，核电规模将会进一步扩大。根据国家“十四五”规划，到 2025 年，我国在运核电装机达到 7000 万 kW，在建 3000 万 kW。根据“双碳”目标，预计 2030 年、2035 年核电发展规模分别达到 1.31 亿 kW、1.69 亿 kW，发电量占比分别达到 10.0%、13.5%。2030 年、2035 年，核电以华东、南方地区为主，华东、南方地区核电装机占全国比重分别为 80%、77.5%。在到 2050 年非化石能源电量占比 80%的约束下，核电与风电将对传统化石能源形成明显的替代效应。另外，从核电发展总趋势来看，中国核电发展的技术路线和战略路线早已明确并正在执行，当前发展压水堆，中期发展快中子堆，远期发展聚变堆。具体地说就是，铀资源，采用铀钚循环的技术路线，中期发展快中子增殖反应堆核电站，远期发展聚变堆核电站，从而基本上“永远”解决能源需求的矛盾。

核能发电是需要大力发展的，因为核能发电不像化石燃料发电那样会排放巨量的污染物质到大气中，因此核能发电不会造成空气污染，也不会产生加重地球温室效应的二氧化碳；核能发电所使用的铀燃料，除了发电外，暂时没有其他的用途；核燃料能量密度比化石燃料高几百万倍，故核能电厂所使用的燃料体积小，运输与储存都很方便，一座百万千瓦的核能电厂一年只需 30t 的铀燃料，一航次的飞机就可以完成运送；核能发电的成本中，燃料费用所占的比例较低，且不易受到国际经济形势影响，故发电成本较其他发电方法稳定；核能发电实际上是最安全的电力生产方式。

但应用核能发电，通常又要解决以下问题：核能电厂会产生高低阶放射性废料，或者是使用过的核燃料，虽然所占体积不大，但因具有放射线，故必须慎重处理，且需面对相当大的政治困扰；核能发电厂热效率较低，因而比一般化石燃料电厂会排放更多废热到环境中，故核能电厂的热污染较严重；核能电厂投资成本太大，电力公司的财务风险较高；核能电厂较不适宜做尖峰、离峰之随载运转；核电厂的反应器内有大量的放射性物质，如果在事故中释放到外界环境，会对生态及民众造成伤害。

2. 太阳能

太阳能，是一种可再生能源，主要表现就是常说的太阳光线，现在一般用作发电或者为热水器提供能源。自地球上生命诞生以来，就主要以太阳提供的热辐射能生存，而自古人类也懂得以阳光晒干物件，并作为制作食物的方法，如制盐和晒咸鱼等。在化石燃料日趋减少的情况下，太阳能已成为人类使用能源的重要组成部分，并不断得到发展。它的利用方式主要有光热转换、光电转换和光化学转换三种方式，其中太阳能发电是一种新兴的可再生能源。另外，广义上的太阳能也包括地球上的风能、化学能、水能等。太阳能将在第 1.3 节太阳能概述部分进行详细介绍。

3. 风能

风能在我国的储量是非常丰富的，可以说是取之不尽、用之不竭的清洁能源。我国 10m 高层风能理论储量为 32.26 亿 kW，可开发的风能资源约有 10 亿 kW (陆上为 2.5 亿 kW，海上约 7.5 亿 kW)，每年可发电 2 万亿 kW · h，折合 7 亿 t 标准煤。

风能资源丰富的地区主要在东南沿海及其附近岛屿，其有效风能密度等于或大于 200W/m^{2}的等值线平行于海岸线；沿海岛屿的有效风能密度在 300W/m^{2}以上，全年中风速等于或大于 3m/s 的时数约为 7000~8000h，等于或大于 6m/s 的时数为 4000h；酒泉市、新疆北部、内蒙古也是中国风能资源丰富地区，有效风能密度为 200~300W/m^2，全年中风速等于或大于 3m/s 的时数为 5000h 以上，全年中风速等于或大于 6m/s 的时数为 3000h 以上；黑龙江、吉林东部、河北北部及辽东半岛的风能资源也较好，它的有效风能密度在 200W/m^{2}以上，全年中风速等于或大于 3m/s 的时数为 5000h，全年中风速等于或大于 6m/s 的时数为 3000h；青藏高原北部有效风能密度在 150~200W/m^2，全年风速等于或大于 3m/s 的时数为 4000~5000h，全年风速等于或大于 6m/s 的时数为 3000h，但青藏高原海拔高、空气密度小，所以有效风能密度也较低；云南、贵州、四川、甘肃(除酒泉市)、陕西南部、河南、湖南西部、福建、广东、广西的山区及新疆塔里木盆地和西藏的雅鲁藏布江为风能资源贫乏地区，有效风能密度在 50W/m^{2}以下，全年中风速等于或大于 3m/s 的时数在 2000h 以下，全年中风速等于或大于 6m/s 的时数在 150h 以下，风能潜力很低。

我国的并网风电从 20 世纪 80 年代开始发展，风电发展非常迅速。截至 2023 年 6 月底，中国风电装机容量约 3.9 亿 kW。中国新能源战略开始把大力发展风力发电作为重点工作。预计全国风电装机容量到 2040 年达到 9.24 亿 kW，2050 年达到 14.25 亿 kW，2060 年达到 20.07 亿 kW。以每千瓦装机容量设备投资 7000 元计算，根据《风能世界》杂志发布，未来风电设备市场将高达 1400 亿~2100 亿元。

科学合理地利用风能，能够有效地缓解当前紧张的能源危机，并且能够有效推动我国的经济再发展。西方发达国家对于风能的利用非常完善，风力发电的效率已经逐渐接近火力发电的总量。但是我国应用风能的时间相对较晚，导致现阶段的发展还不太理想，社会所需的电能还只能依靠火力发电。近年来，我国对于风力发电十分重视，使得我国的风力发电规模有所提升，但整体的发电量还是相对较低的。目前我国在风能资源的开发利用上，还存在着较多现实性的问题，最主要的一个问题就是风能资源的地理分配与电力负荷不匹配。其次是风能在沿海地区的储量较大，但是沿海地区的陆地面积相对较少，导致风电场的建设远远达不到标准；北方地区的风能资源丰富，但是电力负荷却很小，同样对风电经济的发展提出了难题，严重地阻碍了我国风能资源的发展。

4. 海洋能

海洋是一个庞大的能源库，其间蕴藏着多种形式的能，如潮汐能、波浪能、潮流能、温差能、盐差能等。然而目前只有潮汐能得到了一定规模的应用。1775年，法国著名科学家普拉普斯开创了潮汐动力学理论，这是海洋潮汐能利用的一个里程碑[16]。此后的200多年内，特别是近30多年来，由于科学技术的发展，潮汐能的开发使潮汐理论日臻完善。潮汐能全世界蕴藏量达22万亿kW，经济可开发的有2000亿kW，但是现已开发的只有6亿kW。另外，我国潮汐能理论蕴藏量估计有1.9亿kW，可开发量2157.5万kW，主要分布在浙江、福建两省，占总量的90%。例如1980年投入运行的江夏潮汐实验电站，是规模最大的潮汐发电站，就建于浙江省乐清湾北侧的江夏港，装机容量达3200kW。

我国潮汐能虽然蕴藏量十分可观但是地理分布十分不均匀。沿海潮差以东海为最大，黄海次之，渤海南部和南海最小。河口潮汐能资源以钱塘江口最为丰富，其次为长江口，以下依次为珠江、晋江、闽江和瓯江等河口。以地区而言，主要集中在华东沿海，其中以福建、浙江、上海长江北支为最多，占中国可开发潮汐能的88%。从地形地质方面来看，中国沿海主要为平原型和港湾型两类，以杭州湾为界，在杭州湾以北大部分属平原型，其海岸线平直，地形平坦，潮差较小且缺乏较优越的港湾坝址。在杭州湾以南，港湾型海岸较多，地势险峻，岸线岬湾曲折，坡陡水深，海湾、海岸潮差较大，且有较优越的发电坝址。但浙、闽两省沿岸为淤泥质港湾，虽有丰富的潮汐能资源，但开发存在较大的困难，需着重研究解决水库的泥沙淤积问题。

5. 生物质能

我国生物质能源十分丰富。农林废弃物资源实物量（干重）约为14.35亿t，相当于7.37亿t标准煤；可用于生物质开发的实物量有9.5亿t，相当于4.79亿t标准煤。其中农作物秸秆年产量约7亿t，可用作能源的资源量有2.8亿~3.5亿t；薪材的年合理开采量约1.58亿t；集约化养殖产生的畜禽粪便每年约3715.5万t（干物质）；工业有机废水排放总量每年约222.5亿t[17]。

我国生物质能源具有可再生性、清洁和低碳、可替代化石原料和原料丰富的优点。生物质能源是从太阳能转化而来的，通过植物的光合作用将太阳能转化为化学能，储存在生物质内部的能量，与风能、太阳能等同属可再生能源，可实现能源的永续利用；生物质能源中的有害物质含量很低，属于清洁能源。同时，生物质能源的转化过程是通过绿色植物的光合作用将二氧化碳和水合成生物质，生物质能源的使用过程又生成二氧化碳和水，形成二氧化碳的循环排放过程，能够有效减少人类二氧化碳的净排放量，降低温室效应；利用现代技术可以将生物质能源转化成可替代化石燃料的生物质成型燃料、生物质可燃气、生物质液体燃料等。在热转化方面，生物质能源可以直接燃烧或经过转换，形成便于储存和运输的固体、气体和液体燃料，可运用于大部分使用石油、煤炭及天然气的工业锅炉和窑炉中。世界自然基金会 2011 年 2 月发布的《能源报告》认为，到 2050 年，将有 60%的工业燃料和工业供热都采用生物质能源；生物质能源非常丰富且分布广泛。根据世界自然基金会的预计，全球生物质能源潜在可利用量达 350EJ/a(约合 82. 12 亿 t 标准油，相当于 2009 年全球能源消耗量的 73%)。根据我国《"十四五"可再生能源中长期发展规划》统计，我国生物质资源可转换为能源的潜力约 5 亿 t 标准煤，随着造林面积的扩大和经济社会的发展，我国生物质资源转换为能源的潜力可达 10 亿 t 标准煤。所以在传统能源日渐枯竭的背景下，生物质能源是理想的替代能源，被誉为继煤炭、石油、天然气之后的"第四大"能源。

然而在我国现实的社会经济环境中，还存在一些消极因素制约着生物质能的发展和应用。

一是市场环境和保障机制不够完善。我国生物燃料乙醇的发展缺乏明确的发展目标，没有形成连续稳定的市场需求，还处在"以产定销、计划供应"阶段。国内生物燃料乙醇从生产到销售的各个环节都受到了政府部门的严格控制，是政策性的封闭运行，尚未形成真正意义的市场化。二是体系不完善。我国于 2001 年颁布了变性生物燃料乙醇(GB 18350—2001)和车用乙醇汽油(GB 18351—2001)两项强制性国家标准，在技术内容上等效采用了美国材料与试验协会标准(ASTM)，在现有标准的基础上及时制定不同生物质原料来源的生物燃料乙醇相关基础标准和工艺控制标准等标准就显得极为迫切。三是商业化利用难。生物质资源非常分散，收集手段也落后，导致产业化进程缓慢，制约着生物质能源高新技术的规模化和商业化利用。例如集中发电和供热是主要的技术方式，但是这些技术需要具有一定的规模，才能产生经济效益。四是技术落后。在我国，装备技术含量低，研发经费投入过少，从而导致一些关键技术研发进展不大。例如厌氧消化产气率低，设备与管理自动化程度较差；气化利用中焦油问题未能解决，影响长期应用；沼气发电与气化发电效率较低，二次污染问题没有彻底解决。五是缺乏相关政策。缺乏专门扶持生物质能源发展，鼓励生产和消费生物质能源的政策。尤其是在当前缺乏一定的经济补助手段的条件下，难以实现生物质热电联产规模化，竞争能力弱。六是土地矛盾和利用制约。生物质能源与农业、林业在资源使用上不协调。能源作物已经开始成为不少国家生物质能源的主体。但是，我国土地资源短缺，存在能源作物和农业、林业争夺土地的矛盾。随着生物质能源的发展，一些制约生物质能发电的问题逐渐显现出来。例如电价补贴标准低，使生物质发电项目一旦投入运营就面临亏损境地。所以《可再生能源法》明确指出，要制定激励可再生能源发展的税收及贷款优惠政策，然而关于生物质发电的相关退税政策至今尚未落实。

虽然有着很多因素制约着生物质能的发展，但是绝不可以忽视它的发展前景。在未来，中国生物质能产业发展的重点是沼气及沼气发电、液体燃料、生物质固体成型燃料以及生物质发电，促进生物质能产业发展的政策环境将进一步完善，技术水平将进一步提高。以此，将有更多的大型企业参与，生物质能产业必将成为中国国民经济新的增长点。

6. 地热能

据初步估计，我国主要沉积盆地储存的地热能量为 73.61×10^{20} J，相当于 2500 亿 t 标准煤。全国地热资源总量目前尚无确切数据。目前探明储量 31.6 亿 t 标准煤，主要分布在台湾、西藏南部和云南、四川西部[18]。

我国地热资源以水热型为主，可直接进行开发利用，适合发电、供热、供热水、洗浴、医疗、温室、干燥、养殖等。虽然我国地热能资源丰富，但资源探明率和利用程度较低，开发利用潜力很大。中国利用地热发电还刚刚开始，一些地方只是利用地下热水建立小型发电站并取得了成功，这是地热应用的一个良好开端。我国已经发现的地热温度较低，适合用来取暖和供热。以北京的地热田为例，它属于低温热水类，深埋在400~2500m，温度在38~70℃。据粗略估计，用于染织、空调、养鱼、取暖、医疗和洗浴等方面的效果良好，每年可节约煤炭 4300t。

地热资源按温度可分为高温、中温和低温三类：温度大于 150℃的地热以蒸汽形式存在，叫高温地热；90~150℃的地热以水和蒸汽的混合物等形式存在，叫中温地热；温度大于 25℃、小于 90℃的地热以温水(25~40℃)、温热水(40~60℃)、热水(60~90℃)等形式存在，叫低温地热。高温地热一般存在于地质活动性强的全球板块的边界，即火山、地震、岩浆侵入多发地区。中低温地热田广泛分布在板块的内部，我国华北、京津地区的地热田多属于中低温地热田。

7. 氢能

氢能作为一种清洁、高效、安全、可持续的新能源，被视为 21 世纪最具发展潜力的能源。氢能是未来理想的含能体能源，具有热值高(1.4×10^{5}kJ/kg，是汽油的 3 倍)、无污染、资源丰富、适用范围广等优点。但它不是一次能源，而是能源流通的手段或二次能源[19]。

氢能是公认的清洁能源，作为低碳和零碳能源正在脱颖而出。氢是自然界储量最丰富的元素，据估计它构成了宇宙质量的75%。氢在自然界多以化合物形态出现，自然存在的单质氢(如氢气)极少。化合态氢的最常见形式是水和有机物(如石油、煤炭、天然气及生命体等)。氢的最大来源是水，特别是海水，9t 水可以生产出 1t 氢和 8t 氧，将海水中的氢全部提取出来后所产生的总热量比地球上所有化石燃料放出的热量大 9000 倍。若能实现以水制氢，而氢燃烧后又生成水，可使氢的制取和利用实现良性循环，取之不尽、用之不竭。

21 世纪，我国和美国、日本、加拿大、欧盟等都制定了氢能发展规划，并且我国已在氢能领域取得了多方面的进展，在不久的将来有望成为氢能技术和应用领先的国家之一，也被国际公认为最有可能率先实现氢燃料电池和氢能汽车产业化的国家。

时至今日，氢能的利用已有长足进步，我国长征 2 号、3 号运载火箭就使用液氢作为燃料。利用液氢代替柴油，用于铁路机车或一般汽车的研制也十分活跃。氢汽车靠氢燃料、氢燃料电池运行也是沟通电力系统和氢能体系的重要手段。氢燃料电池技术，一直被认为是利用氢能，解决未来人类能源危机的终极方案。随着中国经济的快速发展，汽车工业已经成为中国的支柱产业之一。世界银行公布的数据显示，2019 年我国汽车千人保有量为 173 辆，远低于美日德等发达国家，居民对汽车的需求仍有很大的提升空间。与此同时，汽车燃油消耗也达到 8000 万 t，约占中国石油总需求量的 1/4。在能源供应日益紧张的今天，发展新能源汽车已迫在眉睫，用氢能作为汽车的燃料无疑是最佳选择。

1.3 太阳能概述

1.3.1 太阳能辐射及其资源分布

太阳能的产生是太阳内部氢原子核在超高温下发生聚变，释放出的巨大核能。大部分太阳能以热和光的形式向外辐射。而太阳辐射是指太阳以电磁波的形式向外传递能量，太阳向宇宙空间发射的电磁波和粒子流。太阳辐射所传递的能量，称太阳辐射能[20]。

地球轨道上的平均太阳辐射强度为 1369W/m^2。地球赤道周长为 40076km，从而可计算出，地球获得的能量可达 173000TW。地球所接收到的太阳辐射能量虽然仅为太阳向宇宙空间放射的总辐射能量的 22 亿分之一，但却是地球大气运动的主要能量源泉，也是地球光热能的主要来源。太阳辐射情况对于地球来说特别重要，即使太阳能的辐射发生很小的变化，也会对地球大气、气候等产生重大影响。同时，地球气候受制于太阳辐射及地球大气、海洋和陆地的相互作用，可以说，太阳辐射与我们日常生活息息相关。

在我国，太阳能资源十分丰富，太阳辐射值大致为1050~2450kW·h/(m^2·a)，年平均日太阳辐射量为180W/m^2。但是太阳能资源分布极不均匀，其分布呈现西北高、东南低的分布特征，表现为内陆高于沿海，高原高于平原，干燥区高于湿润区[21]。

太阳能资源分布最丰富的地区有甘肃、宁夏的北部，青海、西藏的西部，以及新疆的东部，在这些地区年太阳能的辐射总量可以达到6690~8360MJ/m^2。其中，西藏的西部太阳能资源最为丰富，仅仅少于撒哈拉大沙漠，在世界可以排第二位，日辐射量最高可以达到6.4kW·h/m^2。分布比较丰富的地区主要有宁夏、新疆、内蒙古的南部，山西、河北的北部，青海的东部以及甘肃的中部，这些地区平均每年太阳辐射总量能够达到5852~6690MJ/m^2。分布量中等的地区，主要有新疆、山西、江苏、安徽北部，山西、广东、福建南部，河北、甘肃的东南部，这些地区的太阳能资源年辐射总量能够达到5016~5852MJ/m^2。长江中下游地区(包括福建省、浙江省和广东省的一部分地区)年平均辐射总量为4180~5016MJ/m^2，是中国太阳能资源较贫乏区。受空气湿度等因素影响，中国以四川盆地为中心，四川省东部、重庆市、贵州省大部、湖南省西北部等地是太阳能资源贫乏区，年平均辐射总量为3344~4180MJ/m^2，其中四川盆地是中国太阳能辐射值最低区域，仅约为3350MJ/m^2。中国太阳能资源丰富区约占陆地面积的22.8%，较丰富区占陆地面积的44%，较贫乏区占陆地面积的29.8%，其他区域占陆地面积的3.3%。

1.3.2 太阳能利用历史

据史料记载，早在3000多年前人类就已经开始利用太阳能了。西周(公元前11世纪)时，我们的祖先就用凹面铜镜会聚阳光点燃艾绒取得火种，即掌握了“阳燧取火”技术，并设有专门掌管阳燧的官，这是人类应用太阳能的最早记载。2000多年前的战国时期，人们就知道利用太阳能来干燥农副产品。我国考古陆续发掘出土的阳燧(图1-5)，说明我国利用太阳能的历史非常久远。

图1-5 阳燧

利用太阳能历史比较悠久的还有古希腊。据说在2200多年前，古罗马帝国派舰队攻打地中海西西里岛东部的锡腊库扎。当时希腊著名的物理学家阿基米德也在岛上，此时他已经70多岁了。大敌当前，阿基米德并没有惊慌失措，他发动全城的妇女拿着自己锃亮的铜镜来到海岸边。烈日当空，阿基米德举起一面镜子，让它反射的日光恰好射到敌舰的船帆上。妇女们按照阿基米德的要求，都把镜子的反射光投到了船帆上。没用多久，舰船起火，罗马军队大败而归。

近代太阳能利用历史可以从1615年法国工程师所罗门·德·考克斯在世界上发明第一台太阳能驱动的发动机算起。该发明是一台利用太阳能加热空气使其膨胀做功而抽水的机器。在1615~1900年，世界上又研制成多台太阳能动力装置和一些其他太阳能装置。这些动力装置几乎全部采用聚光方式采集阳光，但是发动机功率不大，价格昂贵，实用价值不大，所以大部分为太阳能爱好者个人研究制造。20世纪的100年间，太阳能科技发展历史大体可分为七个阶段[22]。

第一阶段(1900~1920年)：在这一阶段，世界上太阳能研究的重点仍是太阳能动力装置，但采用的聚光方式多样化，且开始采用平板集热器，使用目的比较明确，造价仍然很高。

第二阶段(1921~1945年)：在这20多年中，太阳能研究工作处于低潮，参加研究工作的人数和研究项目大为减少，其原因与矿物燃料的大量开发利用以及第二次世界大战有关，而太阳能又不能解决当时对能源的急需，因此受到冷落。

第三阶段(1946~1965年)：在第二次世界大战结束后的20年再次兴起了太阳能研究热潮。在这一阶段，太阳能研究工作取得一些重大进展，比较突出的有：1955年，以色列泰伯等在第一次国际太阳热科学会议上提出选择性涂层的基础理论，并研制成实用的黑镍等选择性涂层，为高效集热器的发展创造了条件；1954年，美国贝尔实验室研制成实用型硅太阳能电池，为光电电池大规模应用奠定了基础。

第四阶段(1966~1973年)：在这一阶段，太阳能的研究工作停滞不前，主要原因是太阳能利用技术处于成长阶段，尚不成熟，并且投资大，效果不理想，难以与常规能源竞争，因而得不到公众、企业和政府的重视和支持。

第五阶段(1974~1980年)：在这一时期，太阳能开发利用工作处于前所未有的大发展中。自从石油在世界能源结构中担当主角之后，石油就成了左右经济和决定一个国家生死存亡、发展和衰退的关键因素。1973年10月爆发的中东战争进一步引发了世界范围的“能源危机”(有的称“石油危机”)，这次“危机”在客观上使人们认识到现有的能源结构必须彻底改变，应加速向未来能源结构过渡，于是开发利用太阳能热潮再次兴起。1973年，美国制订了政府级阳光发电计划，太阳能研究经费大幅度增长，并且成立了太阳能开发银行，促进太阳能产品的商业化。日本在1974年公布了政府制订的“阳光计划”，其中太阳能的研究开发项目有太阳房、工业太阳能系统、太阳热发电、光电电池生产系统等。这一次热潮对我国也产生了巨大影响，一些有远见的科技人员纷纷投身太阳能事业。

第六阶段(1981~1991年)：20世纪70年代兴起的开发利用太阳能热潮，在进入 80 年代后再次陷入低谷。许多国家相继大幅度削减太阳能研究经费，其中美国最为突出。导致这种现象的主要原因有三个：一是世界石油价格大幅度回落，而太阳能产品价格居高不下，缺乏竞争力；二是核电发展较快，对太阳能的发展起到了一定的抑制作用；三是太阳能技术没有重大突破，提高效率和降低成本的目标没有实现。

第七阶段(1992 年至今)：由于大量燃烧化石能源，造成了全球性的环境污染和生态破坏，对人类的生存和发展构成威胁。在这种背景下，1992 年联合国在巴西召开“世界环境与发展大会”，会议通过了《21 世纪议程》和《联合国气候变化框架公约》等一系列重要文件，把环境与发展纳入统一的框架，确立了可持续发展的模式。这次会议之后，世界各国加大了清洁能源技术的开发力度，将利用太阳能与环境保护结合在一起，使太阳能利用工作走出低谷，逐渐得到加强。1992 年以后，世界太阳能利用又进入一个发展期，其特点是：太阳能利用与世界可持续发展和环境保护紧密结合，全球共同行动，为实现世界太阳能发展战略而努力；经济效益逐渐提高，太阳能产业化和商业化进程得到加速；国际太阳能领域的合作空前活跃，规模扩大，效果明显。

1.3.3 太阳能的特点

太阳光作为能源，和当前普遍使用的化石能源相比，具有以下几个优点[23]。

1）分布广泛：太阳光普照大地，没有地域的限制。尤其对交通不发达的农村、海岛和边远地区，可以就地开发利用，不存在运输问题。并且无论陆地或海洋，还是高山或岛屿，处处皆有太阳光，可直接开发和利用，且无须专门开采和运输。

2）生态环境友好：它没有一般煤炭、石油等矿物燃料产生的有害气体和废渣，因而不会污染环境，是最清洁的能源之一。

3）能量巨大：太阳每年给地球的热能相当于 100 亿亿度电，这些能量相当于目前全世界总发电量的几十亿倍，如此巨大的能源是其他能源难以匹敌的。

4）可持续时间长久：据估计，在过去漫长的 11 亿年中，太阳消耗了它本身能量的 2%。并且根据目前太阳产生核能的速率估算，用于太阳核反应的氢的储量足够维持上百亿年，而地球的寿命为几十亿年，从这个意义上讲，可以说太阳的能量是永不枯竭的。

但太阳能也有一些劣势在制约着它的发展：单位面积的能源密度相对较低，各国和地区差异大；目前利用装置的效率低，而成本还比较高；由于受到地理、天气、季节等不确定条件限制，存在不连续、不稳定的状况，使用时受到一定限制。但是总体来说，太阳能比其他能源有着无可比拟的优越性，而且太阳能作为绿色和永久的能源具有可开发的美好前景。

1.3.4 太阳能的利用方式和前景

地球上的风能、水能、海洋温差能、波浪能和生物质能都源于太阳；即使是地球上的化石燃料(如煤、石油、天然气等)从根本上说也是远古以来储存下来的太阳能，所以广义的太阳能包括的范围非常大，狭义的太阳能则限于太阳辐射能的光-热转换、光-电转换和光-化学的直接转换。太阳能的利用基本上有以下几种方式，光-热转换利用、光-电转换利用、光-生物转换利用和光-化学转换(光催化)利用几大类[24]。其中光-电转换利用是近年来太阳能利用领域发展最迅速、研究最热门的方向；光-化学转换利用由于其独特的优势，受到研究者的广泛关注，但目前还处于初级阶段，大规模应用较少[25]。

1. 光-热转换

光-热转换是把太阳辐射能用集热器或者聚光器收集起来转换成为热能，用热能来为人类服务的过程。

目前使用最多的太阳能收集装置，主要有平板型集热器、真空管集热器、陶瓷太阳能集热器和聚焦集热器(槽式、碟式和塔式)等4种。通常根据所能达到的温度和用途的不同，把太阳能光热利用分为低温利用(<200℃)、中温利用(200~800℃)和高温利用(>800℃)。目前低温利用主要有太阳能热水器、太阳能干燥器、太阳能蒸馏器、太阳能采暖(太阳房)、太阳能温室、太阳能空调制冷系统等；中温利用主要有太阳灶、太阳能热发电聚光集热装置等；高温利用主要有太阳能热发电(CSP)、太阳能热化学制燃料和太阳能制煤油等。

在光-热转换利用中，现今太阳能热水器是技术和经济性最好的。太阳能热水器是将太阳辐射转化为热能，用热能加热水来供给人们热水的装置。它的原理是通过集热器将太阳辐射能收集起来，进而转化为热能供给生活需要。随着太阳能热水器的发展，出现了平板式、玻璃真空管式、闷晒式和热管真空管式等多种形式的收集方式。太阳能热水器以其节能、环保、经济实惠等优点得到了广泛的使用，成为许多偏远、高海拔地区使用热水的重要途径。太阳能热水器是光-热转换的重要利用方式，在世界范围内，太阳能热水器的优越性超过电热水器和燃气热水器。

在国外，太阳能热水器主要用来供暖，其次是供热水，而中国主要是供热水，用于供暖还处于初级阶段。美国的太阳能热水器主要是低温非玻璃热水器和玻璃热水器，低温非玻璃热水器占据大部分市场，而波兰、西班牙、印度等国主要使用的是平板式集热器。塞浦路斯、奥地利、以色列等人均太阳能热水器安装率排在全球前几位，而中国的人均安装率很低。但中国是使用屋顶热水器全球最多的国家，占到总用量的60%，其产量为全世界之最。

2. 光-电转换

光能转化为电能是生活中最常见的太阳能利用方式，也是近年来太阳能利用领域发展最迅速、研究最热门的方向。

要用光生电自然就离不开太阳能电池。自 1954 年贝尔实验室制出第一片太阳能电池后，太阳能电池就迅速地在科研、航空、民用等领域占据了一席之地。我们身边太阳能电池随处可见，像信号灯、街灯、计算器上通常都有太阳能电池的身影。我国西北部也部署了成片的太阳能电池用于生活发电，在 2018 年我国太阳能发电量已经达到总发电量的 9.2%。

目前对于太阳能电池的研究在于开发新型的太阳能电池以获得更高的光-电转换效率，对太阳能电池的结构与材料进行优化以赋予其更多的功能性。如钙钛矿太阳能电池、染料敏化太阳能电池和 CIGS（铜铟镓硒）薄膜太阳能电池等是相比传统的硅基太阳能电池有更高理论转换效率的新型太阳能电池；研究透明、柔性的太阳能电池，使其可以应用在形状不规则的墙体和玻璃上或与其他的柔性器件进行组合。相信在不久的未来，太阳能电池会更贴近我们的生活且随处可见。

3. 光-化学转换

太阳能光-化学转换是发展可再生能源、解决能源问题的理想途径，模拟自然界光合作用是太阳能光化学利用的重要手段之一。

继太阳能光伏、光热利用技术之后，太阳能光-化学转换成为一种新的太阳能利用途径。这种转化方式主要基于人工光合过程，例如光解水制氢。氢气用于燃烧，放热之后又生成水，从而形成闭合循环的能量利用方式，构建一个清洁无污染、可循环再利用的能源生态体系。利用人工光合成过程将二氧化碳还原为甲烷、甲醇等燃料是利用太阳能将二氧化碳“变废为宝”的重要途径，属于光-化学转化过程。

光-化学转换的应用前景十分广阔，其基本原理与光-电转换类似，主要的区别在于半导体吸收光能而产生的激发态电子是参与到化学反应中，而不是对外做电功，这样就将光能转化为了化学能。目前，光解水制氢、光还原 CO_2 为小分子燃料是太阳能光-化学转换合成燃料的主要研究方向。

4. 光-生物转换

光-生物转换是指绿色植物或某些细菌通过一系列复杂光合反应将光能转变成储存在体内的化学能，是自然界最大规模的太阳能转换利用过程。

从近几年全球太阳能利用现状看，虽然利用程度加大，产量剧增，但太阳能利用率占能源利用总量的比重还很小，仍然存在储存难、效率较低、投资大等问题。从长远来看，对太阳能的投资、开发将会不断加大[26]。目前各国政府都将太阳能资源作为国家新能源发展战略的重要内容，这将有利于改变传统能源结构，达到解决能源危机、抑制全球变暖、改善生态环境的目的。总体上来说，太阳能资源在人类生活和经济发展中将起非常重要的作用，将成为人类必不可少的重要能源，发展前景十分可观。

我国蕴藏着丰富的太阳能资源，太阳能利用前景十分广阔。目前，中国太阳能产业规模已位居世界第一，是全球太阳能热水器生产量和使用量最大的国家和重要的太阳能光伏电池生产国。本书将在第 2 章及第 3 章介绍光-电转换利用技术，包括光伏转化技术概论及太阳能电池技术；在第 4 章及第 5 章介绍光-化学转换技术，包括光催化技术及光电催化。

参 考 文 献

[1] Hartley H. Man's use of energy[J]. Nature, 1950, 166(4218): 368-376.

[2] 秦华. 人类认识和利用能源的历史[J]. 中国科学, 1975(4): 431-438.

[3] 张弛. 人类文明进程中能源利用历史的量化分析[J]. 能源研究与管理, 2013(2): 8-11.

[4] Fernihough A, O'Rourke K H. Coal and the european industrial revolution[J]. The Economic Journal, 2021, 131(635): 1135-1149.

[5] Mhuru R M, Daglish T, Geng H. Oil discoveries and innovation[J]. Energy Economics, 2022, 110: 105997.

[6] Liu J, Guo Z. Unconventional energy: Seeking the ways to innovate energy science and technology[J]. Frontiers in Energy, 2018, 12(2): 195-197.

[7] Tayyab M, Liu Y, Liu Z, et al. A new breakthrough in photocatalytic hydrogen evolution by amorphous and chalcogenide enriched cocatalysts[J]. Chemical Engineering Journal, 2023, 455: 140601.

[8] 郭宗华. 化石能源再认识[J]. 能源, 2023(7): 18-22.

[9] Brough B H. Annals of coal mining and the coal trade[J]. Nature, 1905, 71(1842): 361-362.

[10] 何霄. "双碳"目标下能源经济结构转型研究[J]. 现代营销(上旬刊), 2023(3): 107-109.

[11] 崔村丽. 我国煤炭资源及其分布特征[J]. 科技情报开发与经济, 2011, 21(24): 181-182, 198.

[12] 周庆凡. 中国石油与天然气在世界的地位[J]. 石油与天然气地质, 2020, 41(5): 888.

[13] 李鹭光. 中国天然气工业发展回顾与前景展望[J]. 天然气工业, 2021, 41(8): 1-11.

[14] 宋敏, 董占飞. 我国水能开发现状及发展机遇[J]. 科技创新与应用, 2023, 13(19): 25-28.

[15] 张金带, 李子颖, 苏学斌, 等. 核能矿产资源发展战略研究[J]. 中国工程科学, 2019, 21(1): 113-118.

[16] 彭伟, 王芳, 王冀. 我国海洋可再生能源开发利用现状及发展建议[J]. 海洋经济, 2022, 12(3): 70-75.

[17] 解云翔. 中国生物质能发展现状及应用探究[J]. 化学研究, 2022, 33(6): 555-560.

[18] 葛文彬. 地热资源综述与思考[J]. 四川地质学报, 2023, 43(1): 190-192.

[19] 张明震, 黄浩. 我国氢能产业发展回顾与展望[J]. 中国国情国力, 2023(6): 32-35.

[20] 冯磊, 杨千福. 太阳能热利用技术的应用及发展趋势[J]. 光源与照明, 2023(7): 153-155.

[21] 姚玉璧, 郑绍忠, 杨扬, 等. 中国太阳能资源评估及其利用效率研究进展与展望[J]. 太阳能学报, 2022, 43(10): 524-535.

[22] 楼惟秋, 王锦侠, 车茂隆. 试论太阳能利用历史发展中的技术动向[J]. 太阳能学报, 1980(1): 11-19.

[23] 李申生. 太阳能的特点[J]. 太阳能, 2003(5): 10-12.

[24] Wang P, Zhu J. Solar thermal energy conversion and utilization-new research horizon[J]. Ecomat, 2022, 4(4): e12210.

[25] 缪仁杰, 李淑兰. 太阳能利用现状与发展前景[J]. 应用能源技术, 2007(5): 28-33.

[26] Nocera D G. Solar fuels and solar chemicals industry[J]. Accounts of Chemical Research, 2017, 50(3): 616-619.

第2章 光伏转化技术概论

2.1 光伏发电概述

近年来，石油等化石资源日益消耗，同时化石燃料使用导致的温室效应造成了一系列环境问题，促使安全环保的可再生能源，如太阳能、风能、地热能等得到蓬勃发展。太阳能光伏技术是太阳能利用的重要方向之一。光伏技术可将太阳能直接转化为电力能源，具有巨大的潜力，是未来重要的支柱能源[1]。

光伏(photovoltaic)一词源于直接利用太阳光的光电技术。早在 1839 年，法国科学家 Alexandre Edmond Becquerel 在进行光-化学实验的过程中，将含 Pt 电极放入电解质溶液中后，发现电解池电流在光照时会增强，从而提出光电效应(photo-electric effect)。1873 年，英国科学家 Willoughby Smith 和 Joseph May 发现光照会改变半导体硒的电阻。直到 1876 年，英国科学家 William Adams 和 Richard Day 利用硒棒和 Pt 电极设计了电池体系，在光照下成功观测到电流生成，从而证实固体材料可以直接将光能转化为电能。此后，光伏技术逐渐崭露头角，成为太阳能利用的重要研究方向[2]。

1950 年，美国诺贝尔奖获得者 William B. Shockley 提出了 p-n 结机理，为太阳能电池的设计和开发奠定了理论基础。在这一理论指导下，贝尔实验室的 Daryl Chapin、Calvin Fuller 和 Gerald Pearson 等人[1]开发设计出了世界上第一个硅基太阳能电池，其效率达到 6%。1958 年，第一个使用太阳能电池的卫星——美国先锋 1 号成功发射，标志着光伏技术可成功用于能源供应体系。1971 年，在我国发射的第二颗人造卫星上，也使用了单晶硅太阳能电池进行供电。从 20 世纪 80 年代末开始，由于石油资源、核能源带来的各种挑战，各国进一步加强对光伏系统的研究。根据全球累计光伏装机容量数据，近十年世界安装总量呈现指数增长，其中光伏发电设备份额占比最大的是欧洲地区，其次是亚太地区，中国自 2010 年开始，光伏发电设备装机量迅猛发展。

2.2 光伏发电基础

2.2.1 半导体基础

1. 原子结构

以原子序数 14 的硅为例，其基态构型为 $1s^2 2s^2 2p^6 3s^2 3p^2$，即 4 个电子在 Si

的最外层原子轨道，因此，通过这 4 个电子(称为价电子)，硅可以与其他原子相互作用，例如形成化学键。当 2 个硅原子共用对方的价电子时，可形成 4 个，由 2 个电子组成的共价键。

在 Si 原子的基态，由于 3p 和 3s 轨道混合形成了 4 个 sp^3轨道，因此最外层 4 个电子分别占据这四个轨道。在单晶硅中，由于形成共价键，因此所有硅原子的配位数都是 4，所有键都有相同的长度，键之间的角度等于 109.5°。这样一个规律原子排列也称为具有长程有序的结构。

单晶硅晶体结构为金刚石结构，每个晶胞中含有 8 个 Si 原子，原子之间均以相同的共价键连接。当半导体材料中不存在其他杂原子时，称为本征半导体。理想的单晶硅结构，在 0K 时，其全部电子均稳定成键。当温度高于 0K 时，部分 Si—Si 共价键会发生破坏，即成键的某个电子离开成键位。由此，形成了带负电的电子和带正电的空穴，统称为载流子。在本征半导体中，电子的浓度(n)与空穴的浓度(p)相同，也称为本征载流子浓度(n_i)，即 $n=p=n_i$。如本征半导体硅，其在 300K 时，空穴和电子的数量均为 $1.5\times10^{10}cm^{-3}$。

2. 半导体能带理论

一个孤立原子的能量状态是由原子中电子所具有的势能和动能决定的。按照量子力学理论，孤立原子的电子只能有特定的分立能量值，即它仅能占据有限个分立的能级。在能级之间是能量的禁区，电子不能停留。电子如果获得足够的能量，可以从一个能级跃迁到另一个更高的能级；反之，如果释放出足够的能量，电子将跳回到更低的能级。在没有外界影响的情况下，原子中的电子将从最低能级开始往上逐级填充，填满所有可能的能级，此时的原子被称为处于基态。如果一个或多个电子吸收能量跃迁到高于基态的能级，原子被称为处在激发态。图 2-1 显示了孤立原子中的分立的能级。当两个原子相互靠近时，它们的电子波函数逐渐重叠，根据泡利不相容原理，一个量子态不允许有两个电子存在，于是原来孤立状态下的每个能级将分裂为二[3]。

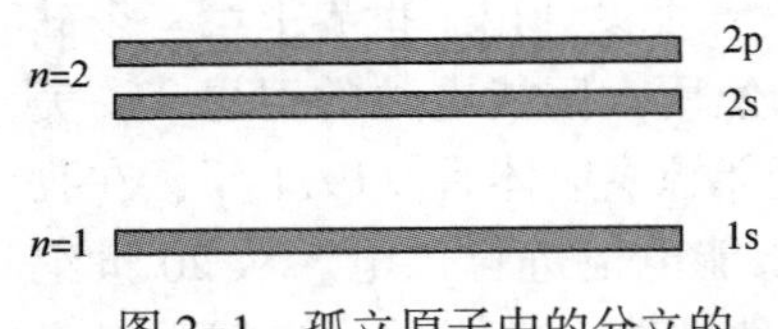

图 2-1　孤立原子中的分立的能级示意图

通过把量子力学原理用于固态多电子体系统，在晶格绝热近似和单电子近似条件下，可以求得相当准确的电子能态分布，即电子能带结构。半导体的能带是不叠加的，各能带相互分开，被价电子占有的能带称为价带(VB)，其最高能级称为价带缘，相邻的那条较高能带处于激发态，称为导带(CB)，导带最低能级为导带缘。价带和导带之间的能量差值就是禁带宽度，也称为带隙(E_g)。导带底和价带顶有单一的能量值，被电子占据的概率为 1/2 的能级称为费米能级。费米能级的位置可以通过适当的掺杂进行调节，费米能级距离导带底较近的，则电子为多数载流子，为 n 型材料；费米能级距价带顶较近的，空穴为多数载流子，为 p 型材料。材料的电特性即取决于电子在允许的能带中的分布状态。不同导电行为取决于它们拥有的不同能带结构，如图 2-2 所示。

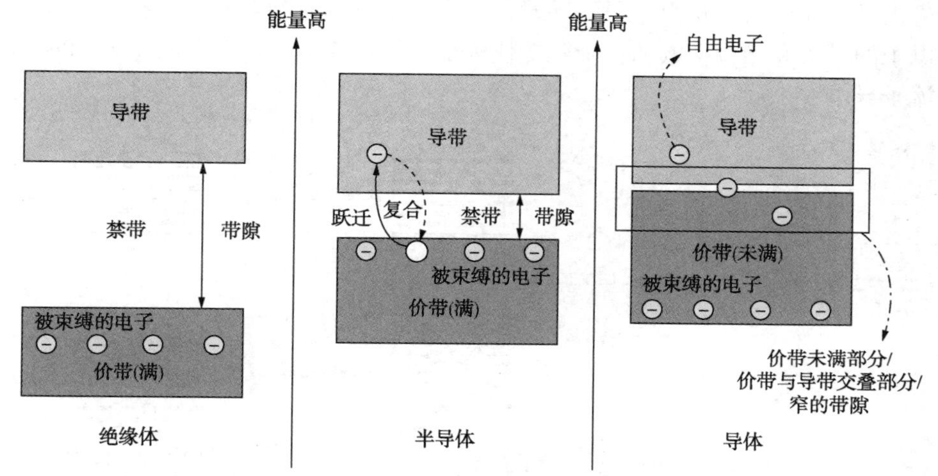

图 2-2 绝缘体、半导体、导体的能带结构示意图

在半导体晶体中，价电子(原子最外壳层)通常占据并完全充满价带。内层电子填充于价带下方的能带，而由于晶体的不完整性所带来的多余电子将处于最低的空置能带，即导带。要产生电子-空穴对，必须通过加热或光照等激活方法，给位于价带的电子以足够的能量使其进入导带，结果是一个电子进入导带，同时对应的一个空穴留在价带中。产生电子-空穴对所需的能量必须大于等于两个能带之间的禁带宽度。半导体的导电正是来自导带中多余的电子和价带中的空穴。因而，研究半导体的导电性质，只需关注上述两种能带即可。

3. 本征半导体和掺杂半导体

本征半导体是指没有杂质、没有缺陷的理想半导体，即设想半导体中不存在任何杂质原子，并且原子在空间的排列也遵循严格的周期性。这一类本征半导体氧化物常常是理想的金属氧化物晶体，如 Co_3O_4、Fe_3O_4等。在本征半导体硅单质中，杂质含量少于 10^{-9}，即每 10 亿个硅原子中，最多只能有一个杂质原子。尽管在室温下，本征半导体含有极少量的自由电子和空穴，但整体上是电中性的。以理想氧化物氧化镍(NiO)为例介绍其分子轨道示意图，如图 2-3 所示。在 NiO 中，Ni 元素提供成键的原子轨道为最外层和次外层的 $3d^8 4s^2 4p$，O 元素提供成键的原子轨道为最外层的 $2p^4$。当 Ni 与 O 形成 Ni—O 分子键时，Ni 的 $3d^8 4s^2 4p$ 轨道与 O 的 $2p^4$轨道形成成键分子轨道和反键分子轨道。当无数个 NiO 分子形成 NiO 金属氧化物晶体时，NiO 的成键轨道形成成键轨道带，为价带；而反键轨道形成反键轨道带，为导带。在价带与导带之间的能量区间，称为禁带，如图 2-4 所示。本征半导体的禁带宽度一般为 0.2～1.0eV。在 $T=0K$ 时，价带电子不能跃迁进入导带，没有导电性。但当 $T>0K$ 时，电子受到热的激发就会从价带越过禁带进入导带而成为准自由电子，同时在价带中留下相应的空穴。这样，具有准自由电子的导带和相应空穴的价带就能使本征半导体导电，即电子与空穴同时作为载流子导电。

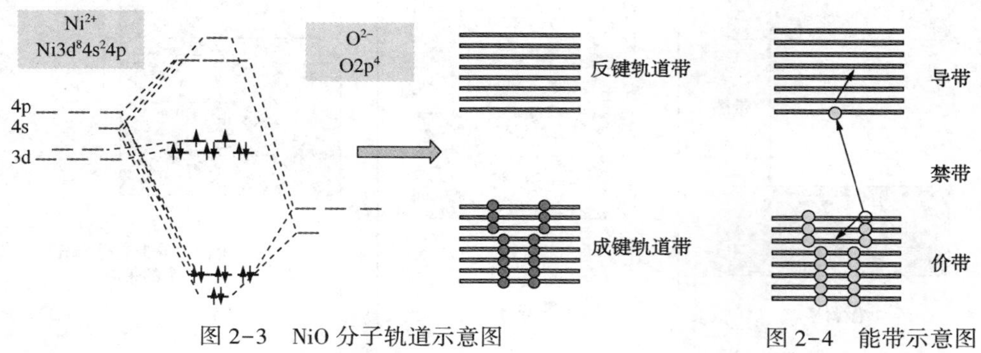

图 2-3　NiO 分子轨道示意图　　图 2-4　能带示意图

在实际的半导体材料中，总是含有一定量的杂质，即在半导体晶格中存在着与组成半导体材料的元素不同的其他化学元素的原子。磷(P)、锑(Sb)等ⅤA 族元素原子的最外层有五个电子，它在硅中是处于替位式状态，占据了一个原来硅原子所处的晶格位置，如图 2-5 所示。磷原子最外层五个电子中只有四个参与形成共价键，另一个则并未成键，成为自由电子，失去自由电子的磷原子是一个带正电的正离子，没有产生相应的空穴。正离子处于晶格位置上，不能自由运动，它不是载流子。因此，在掺入磷的半导体中，起导电作用的是磷原子所提供的自由电子，这种依靠电子导电的半导体称为电子型半导体，简称 n 型半导体。n 型半导体的形成原因主要有以下四种：①正电子过量：在金属氧化物中，间隙离子的存在使得电荷分布不均匀，出现可迁移的电子从而形成 n 型半导体；②负离子缺位提供了施主能级，从而形成 n 型半导体；③高价离子同晶取代；④掺杂电负性小的间隙阳离子。

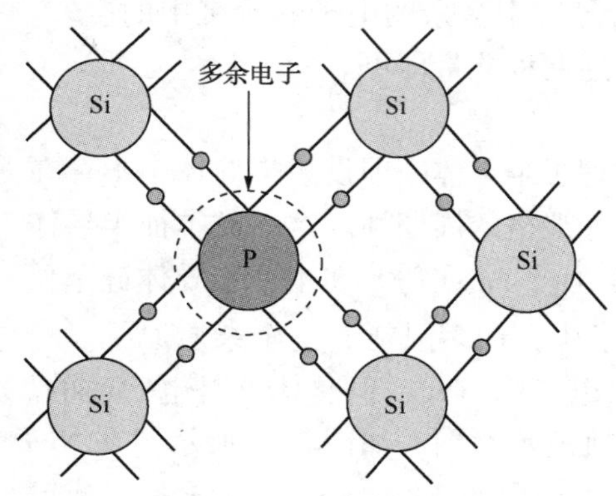

图 2-5　掺 P 的硅结构示意图

为半导体材料提供一个自由电子的ⅤA 族杂质原子，通常称为施主杂质。施主离子的电子轨道能级不在价带中，而是处于它自己的能级上，这个能级称为施主能级。施主能级位于禁带之中。相比较本征半导体，施主能级上的电子比价带上的电子更容易跃迁至导带中，而成为准自由电子。n 型半导体主要是靠激发施主能级上的带负电的电子载流子导电的。

硼(B)、铝(Al)、镓(Ga)等ⅢA 族元素的原子最外层有三个电子，它在硅中也是处于替位式状态，如图 2-6 所示。硼原子最外层只有三个电子参与共价键，在另一个价键上因缺少一个电子而形成一个空位，邻近价键上的价电子进而填补这个空位，在这个邻近价键上形成了一个新的空位，这就是空穴。硼原子接受了邻近价键的价电子而成为一个带负电的负离子，它不能移动，不是载流子。因此，在产生空穴的同时没有产生相应的自由电子。这种依靠空穴导电的半导体称为空穴型半导体，简称 p 型半导体。p 型半导体的形成原因主要有以下四种：①含有过量的氧负离子；②阳离子缺陷；③低价阳离子同晶取代；④掺杂间隙负离子。

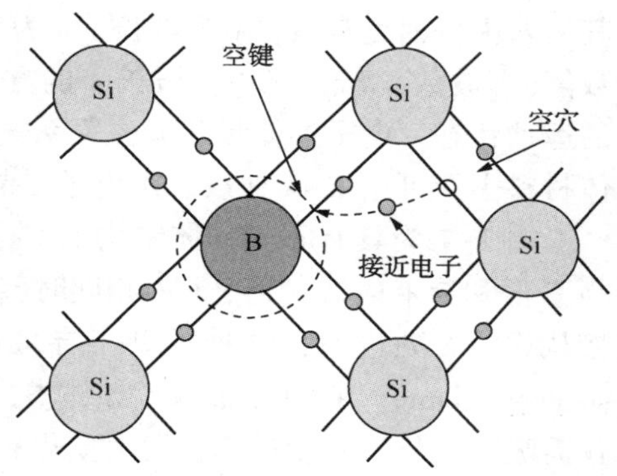

图 2-6 掺 B 的硅结构示意图

为半导体材料提供一个空穴的ⅢA 族杂质原子，通常称之为受主杂质。p 型半导体中受主离子的空轨道能级称为受主能级，位于禁带之中。当价带中的电子受激发后，电子不是进入导带中，而是进入受主能级中。p 型半导体主要靠带正电的空穴载流子导电。

实际上，一般在半导体中并非只存在一种类型的杂质，而是同时含有施主杂质和受主杂质，此时，施主杂质所提供的电子会通过复合作用与受主杂质所提供的空穴相抵消，使总的载流子数目减少，这种现象就称为“补偿”。在有补偿的情况下，决定导电能力的是施主杂质和受主杂质浓度之差。若施主杂质和受主杂质浓度近似相等时，通过复合会几乎完全补偿，这时半导体中的载流子浓度基本上等于由本征激发作用而产生的自由电子和空穴的浓度。这种情况的半导体称为补偿型本征半导体。在半导体器件的生产过程中，实际上就是依据补偿作用，通过掺杂获得我们所需要的导电类型来组成所要生产的器件。在掺有杂质的半导体中，新产生的载流子数量远远超过原来掺入杂质前的载流子数量，半导体的导电性质主要由占大多数的新产生的载流子来决定。所以，在 p 型半导体中，空穴是多数载流子，而电子是少数载流子；在 n 型半导体中，电子是多数载流子，空穴是少数载流子。掺入的杂质越多，载流子的浓度越大，则半导体的电阻率越低，它的导电能力越强。

4. 直接带隙和间接带隙

在半导体材料的某一个能带中，电子具有不同的波矢 $\boldsymbol{k}$，即同一个能带的不同电子具有不同能量的量子态。根据德布罗意关系式，电子动量 $p=h/\lambda=\hbar \cdot k$。其中 h 为普朗克常数，λ 为波长，$\hbar$ 为约化普朗克常数($\hbar=h/2\pi$)，k 为波矢 $\boldsymbol{k}$ 的数值(即波数，$k=2\pi/\lambda$)。波矢 $\boldsymbol{k}$ 的方向表示波的传播方向，常用波矢描述电子的运动状态。电子的能量和频率关系式可由 $E=h \cdot \nu$ 表示，ν 表示频率。在半导体材料中，可用 $E \sim k$ 曲线表示电子受晶格势场约束的电子能量和动量关系式。

图 2-7 为具有不同晶体结构的 GaAs 和 Si 的 $E-k$ 曲线。对于 GaAs，价带最高 E 值和导带最低 E 值，k 值相同时($k=0$)，发生电子从价带跃迁到导带，可直接从相同 k 处进行，这种类型半导体材料称为直接带隙半导体(direct bandgap semiconductor)。在直接带隙半导体中，如果电子的跃迁发生在相同 k 处，则电子仅需吸收能量，其动量不会发生变化。直接带隙半导体材料是较为理想的太阳能电池或发光器件材料。在硅材料中，价带最高 E 值在 $k=0$ 处，导带最低 E 值在靠近[100]方向，即两者不在相同 k 处。这种半导体材料称为间接带隙半导体(indirect bandgap semiconductor)。当电子从价带跃迁到导带时，不仅要吸收能量，还需要改变动量。动量的变化，导致电子跃迁或者回落时，会产生晶格振动，释放或吸收声子，即产生热量。

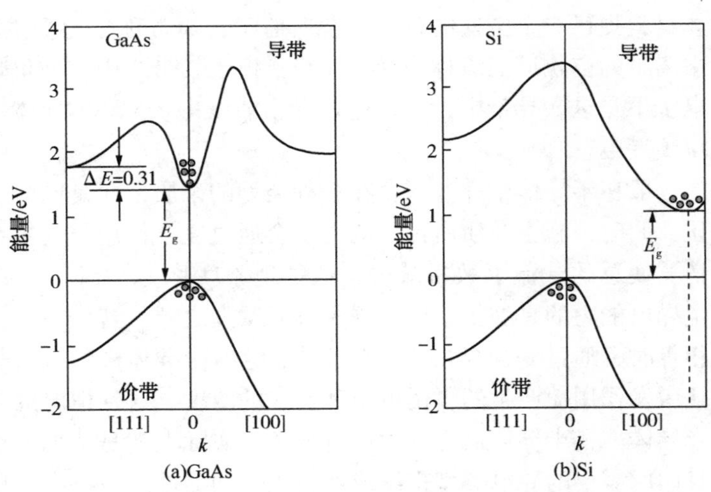

图 2-7　能带结构

5. 分布函数和费米能

在统计物理中，粒子能量分布可用多种分布函数进行描述。古典粒子(如低压气体等可分辨性粒子)遵循 Maxwell-Boltzmann 分布。非实物粒子，如光子或黑体辐射等具有不可分辨性且不受泡利不相容原理限制的粒子，遵循 Bose-Einstein

分布。此外，对于具有不可分辨性且受到泡利不相容原理限制的粒子，如晶体中的电子，遵循 Fermi-Dirac 分布。

根据 Fermi-Dirac 分布，粒子分布函数表达式为(图 2-8)：

$$f_F(E)=\frac{1}{1+\exp\left(\frac{E-E_F}{kT}\right)}$$

式中，$f_F(E)$ 为 Fermi-Dirac 分布函数，或称概率分布函数，表示一个电子在温度 T 时占据能级 E 的概率；E_F 为费米能，代表了半导体材料的重要性能之一。

将分布函数与能量 E 关联后可以发现，在 $T=0K$、$E<E_F$ 时，$f_F(E<E_F)=1$；在 $T=0K$、$E>E_F$ 时，$f_F(E<E_F)=0$。这一结果表示，$T=0K$ 时，电子分布在 $E<E_F$ 能级上的概率均为 1，而分布在 $E>E_F$ 的能级概率为 0，即 0K 时，所有电子能量均小于费米能 E_F(图 2-9)。

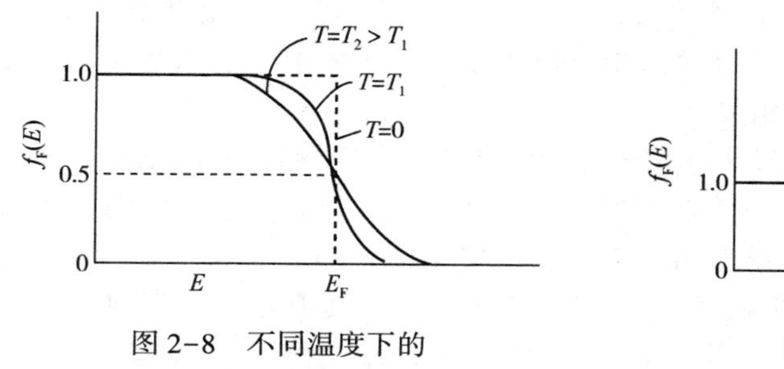

图 2-8 不同温度下的费米概率函数与能量的关系

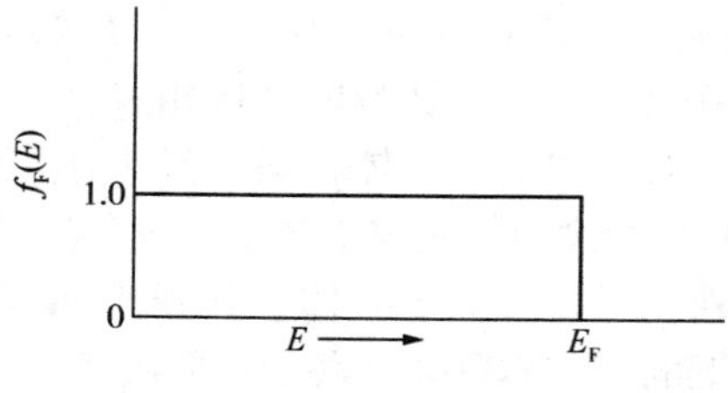

图 2-9 T=0K 时费米概率函数与能量的关系

当温度 $T>0K$ 时，电子可以获得一定热能，因此部分电子可以跃迁到更高能级上，此时电子分布发生变化。根据 Fermi-Dirac 分布函数可知，在 $E=E_F$、$T>0K$ 时，

$$f_F(E=E_F)=\frac{1}{1+\exp(0)}=\frac{1}{1+1}=0.5$$

这一结果表明，电子占据 $E=E_F$ 能级的概率是 0.5，且费米能 E_F 与温度 T 无关。当温度高于 0K 时，电子占据 E_F 以上能级的概率大于 0，且由于电子跃迁，部分低于 E_F 的能级则不含有电子。综上，费米能表示一个具有费米能的费米能级，被电子占有的概率为 0.5。

6. 载流子浓度

载流子的速率即电流，在半导体中存在带负电的自由电子和带正电的空穴两种不同载流子，共同控制整体电流，特别是导带的电子和价带的空穴。电子和空穴的密度可以通过密度态函数和费米分布函数得到：

$$n(E)=g_c(E)\times f_F(E)$$
$$p(E)=g_v(E)\times[1-f_F(E)]$$

式中，$n(E)$表示占据价带能级的电子分布，$g_c(E)$表示价带能级的电子态密度，$f_F(E)$表示 Fermi-Dirac 分布函数；$p(E)$表示占据导带能级的空穴分布，$g_v(E)$表示导带能级的空穴态密度，$1-f_F(E)$表示价带未被电子占据概率。

在热平衡时，0K 时电子全部处于价带 $E<E_F$ 能级中，导带 $E>E_F$ 能级则不含有电子。因此，费米能 E_F 与价带顶 E_v 能级、导带底 E_c 能级关系为：$E_v<E_F<E_c$。对于本征半导体，费米能位于 E_v 能级和 E_c 能级中间。当处于热平衡状态时，半导体中电子和空穴的浓度分别为 n_0 和 p_0（也称为平衡载流子浓度），可推出：

$$n_0=N_c\exp\left[\frac{-(E_c-E_F)}{kT}\right]$$
$$p_0=N_v\exp\left[\frac{-(E_F-E_v)}{kT}\right]$$

式中，N_c 和 N_v 分别为导带和价带的有效态密度。对于一定温度下给定的半导体，N_c 和 N_v 为固定值。从上述公式中可以推断，半导体中电子和空穴的密度，与有效态密度、费米能直接相关。

对于本征半导体材料，导带中电子浓度（定义为本征导带电子浓度 n_i）和价带中空穴浓度（定义为本征价带空穴浓度 p_i）相当，即 $n_i=p_i$，通常均用 n_i 表示。此外，对于本征半导体，其费米能也称为本征费米能，即 $E_F=E_{Fi}$。对于一定温度下的给定本征半导体，n_i 取决于 E_{Fi}，其关系式如下，其中 E_g 表示带隙能。

$$n_i^2=N_vN_c\exp\left[\frac{-(E_c-E_v)}{kT}\right]=N_vN_c\exp\left(\frac{-E_g}{kT}\right)$$

对于含有杂原子或者缺陷位的非本征半导体，其热平衡时的电子和空穴浓度及费米能取决于半导体类型（如掺杂受主原子和施主原子）。当半导体中引入施主原子时，电子浓度高于空穴浓度，则为 n 型半导体；当半导体中引入受主原子时，电子浓度低于空穴浓度，为 p 型半导体。当处于热平衡状态时，半导体中电子和空穴的浓度分别为 n_0 和 p_0，仍然遵循本征半导体相同的表达式。

在 n 型半导体中（$n_0>p_0$），电子是主要的载流子（多子），与本征半导体中本征电子浓度 n_i 相比，其符合表达式：

$$n_0=n_i\exp\left[\frac{-(E_F-E_{Fi})}{kT}\right]$$

在 p 型半导体中（$n_0<p_0$），空穴是主要的载流子（多子），与本征半导体中本征空穴浓度 $n_i(=p_i)$ 相比，其表达式与 n_0 相同，即：

$$p_0=n_i\exp\left[\frac{-(E_F-E_{Fi})}{kT}\right]$$

从上述两式可以看出，对 n 型半导体，有 $n_0>p_0$、$E_F>E_{Fi}$；对 p 型半导体，有 $p_0>n_0$、$E_F<E_{Fi}$。

且从上述两式可以看出，$n_0\times p_0=n_i^2$，这一公式也称为质量作用定律。

2.2.2　电子-空穴的产生和复合

1. 概述

当半导体受到光激发产生电子从价带到导带的跃迁时，半导体内部平衡被打破，此时价带中空穴浓度 p 大于平衡时空穴浓度 p_0；导带中电子浓度 n 大于平衡时电子浓度 n_0，即 $n\times p>n_i^2$。这一过程也称为产生过程(generation)。当光照结束后，过量的电子和空穴会重新结合(称为复合过程，recombination)回到平衡状态。电子和空穴复合速率，是影响太阳能电池性能的重要因素之一。一方面，电子和空穴复合会减弱太阳能电池中的电流；另一方面，复合速率会应影响饱和电流密度，复合速率越高，饱和电流密度越大，从而降低太阳能电池输出电压。

直接带隙半导体和间接带隙半导体材料具有不同的复合性能。对于直接带隙半导体，由于价带和导带处于相同 k 值处，因此电子的跃迁仅发生能量变化，没有动量变化；对于间接带隙半导体，由于价带和导带处于不同 k 值处，电子的跃迁不仅发生能量变化，还需要动量变化。因此，直接带隙半导体更容易受光激发产生电子跃迁，与之对应的电子和空穴复合也更容易。

2. 直接迁移

电子-空穴的产生和复合均在带隙间直接进行(bandgap to bandgap)，称为直接迁移过程(direct generation and recombination)，主要发生在直接带隙半导体中(图 2-10)。通常情况，一个能量足够的光子入射，会产生一个电子-空穴对；一个电子-空穴对的复合，会发射出一个光子。

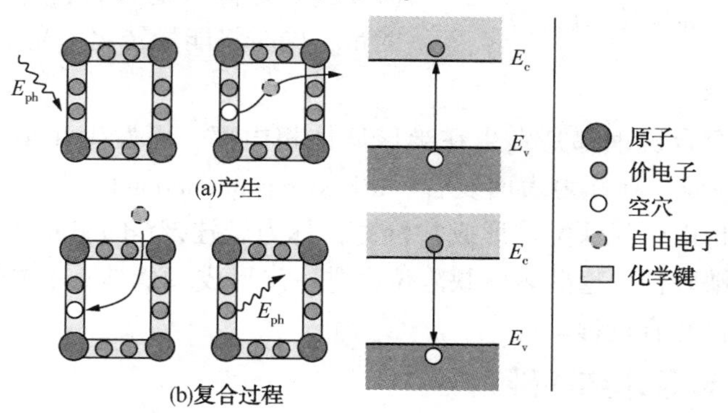

图 2-10　利用键合模型和能带图可视化带隙间电子-空穴产生和复合过程

3. 间接迁移和复合

与直接复合不同，借助于复合中心的电子和空穴复合过程称为间接复合(也称为 Shockley-Read-Hall 或 SRH 复合)，常见的复合中心主要包括掺杂原子和晶格缺陷位，如图 2-11 所示。间接复合过程在靠近禁带中部发生，发生位置可产生的新能级 E_T，称为俘获能级(allowed energy level 或 trap state)。

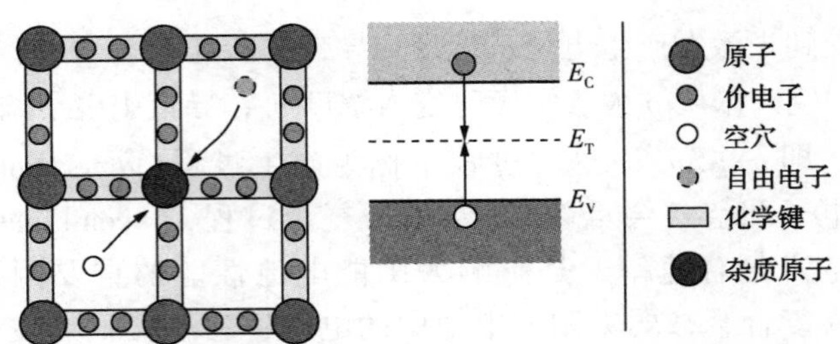

图 2-11　利用键合模型和能带图可视化 Shockley-Read-Hall 复合

4. 俄歇复合

俄歇复合(auger recombination)也是一种重要的电子-空穴复合过程。如图 2-12 所示，与只有电子和空穴两种粒子参与的直接复合和间接复合不同，俄歇复合过程包含三种粒子。在俄歇复合过程中，电子和空穴复合产生的能量和动量，会转化为第三个电子(或空穴)的能量和动量。如果第三粒子是电子，则该电子将被激发到更高的电子能带，并重新回落到低能带，同时将能量通过晶格振动或光子转化为热能。如果第三粒子是空穴，则该空穴将被激发到更低能级的价带，并重新跃迁到高能带，同时将能量转化为光子。

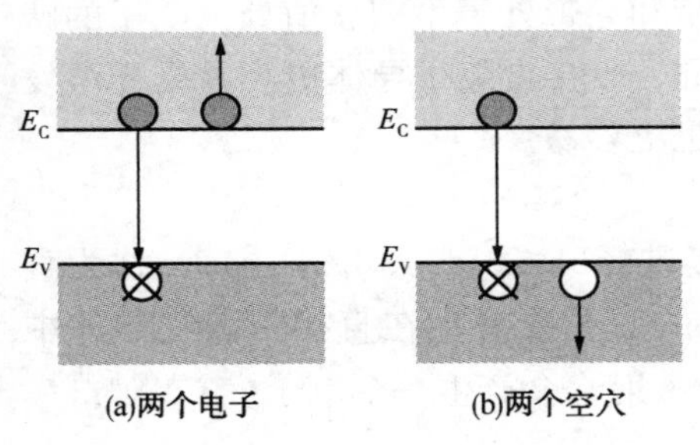

图 2-12　俄歇复合示意图

5. 表面复合

上述三种复合机理都是发生在半导体体相内部，而发生在半导体表面的电子-空穴复合过程，则称为表面复合(surface recombination)。如在硅半导体最外层表面，部分价电子无法配位形成共价键，称为悬挂键(dangling bond)，因此产生半导体表面缺陷位。这些表面缺陷位会进一步形成多个具有不同能量的俘获能级，并引发间接复合过程。

2.2.3　半导体结基础

所有太阳能电池材料都包含半导体结(semiconductor junction)，其中，相同材料间形成的半导体结称为 p-n 同质结；化学组成不同的材料间形成的半导体结称为 p-n 异质结[4]；金属与半导体之间形成的半导体结则称为金属-半导体结或肖特基结。

1. p-n 同质结

当 n 型半导体和 p 型半导体独立分开时，各材料均可保持电中性。在 n 型半导体中，自由电子和晶格中的带正电离子相互中和；在 p 型半导体中，空穴和晶格中的带负电离子相互中和。当 n 型半导体和 p 型半导体相互接触时，由于两部分中电子和空穴浓度不同，会发生电子和空穴的扩散迁移。在两者接界处，电子和空穴发生复合，并在 n 型区形成正电荷，p 型区形成负电荷。这部分接界处形成的电荷不能自由移动，因此会在接界处形成一个内建电场(built-in internal electric field)，其方向与 n 型半导体和 p 型半导体形成的电场相反，从而阻止半导体中的电子和空穴继续移动复合(图 2-13)。p-n 结区，由于电子和空穴耗尽，因此也称为耗尽层(depletion region)。

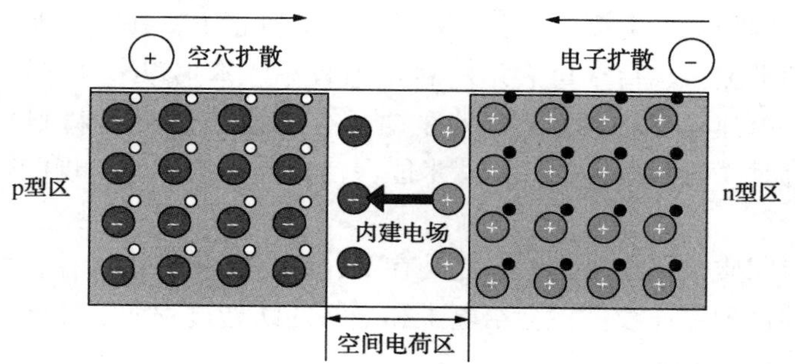

图 2-13 p-n 结的空间电荷区示意图

由于电子和空穴分布的变化，也会使得 p-n 结的能级结构发生变化。在前文费米能和载流子介绍中，对 n 型半导体，有 $n_0>p_0$、$E_F>E_{Fi}$；对 p 型半导体，有 $p_0>n_0$、$E_F<E_{Fi}$。即对于单独的 n 型半导体，费米能更靠近导带；对于单独的 p 型半导体，费米能更靠近价带。对于 p-n 同质结，在达到平衡后，由于费米能是电子注入能级，需要保持不变，因此耗尽层的 p 型区和 n 型区导带能级和价带能级会发生弯曲，这也证明耗尽区中存在电场(即内建电场)。

在半导体材料上加入外部电压时，p-n 结区电场会受到影响而发生变化。当 p-n 结的 p 型区连接外电源正极，n 型区连接外电源负极时，称为正向偏置。此时，外加电场方向与内建电场方向相反。因此，在外加正向偏置电场作用下，促进 p 型区和 n 型区的多子进行扩散，从而削弱了内建电场，耗尽区变窄。当正向偏置电压大于一定值后，则 p-n 结中有电流通过，方向与正向偏置电压相同。此时，称 p-n 结处于导通状态，相应地，外加电压称为导通电压或开启电压。

与正向偏置相反，当p-n结的p型区连接外电源负极，n型区连接外电源正极时，称为反向偏置。此时，外加电场方向与内建电场方向相同。在反向偏置电压作用下，进一步阻止p型区和n型区的多子扩散，内建电场得以增强，耗尽区变宽。p-n结紧靠少子产生电流，因此电流微弱，且一定程度上提高外加电压，电流值变化较小。此时，称p-n结处于截止状态。当提高温度时，温度促进多子运动，则会增强p-n结中的电压。

根据上述描述可以发现，正向偏置电压和反向偏置电压对p-n结电流影响存在较大差异，且当一定程度的反向偏置电压时电流较小，p-n结相当于较大的电阻。这一特性，使得p-n结具有单向导电性。需要注意的是反向偏置电压，当电压提高到一定程度时，过强的外电场会击穿耗尽区，反向电流急剧增大，称为电击穿。

2. p-n异质结

异质结有四种基本类型，n-P、p-N、n-N和p-P。其中，大写字母表示材料具有较高的带隙，小写字母表示材料带隙较小。本书以n-P型异质结为例进行简单介绍。单独n型材料具有较小的带隙，单独的P型材料则具有较大的带隙。两者结合时，与同质结类似，费米能保持相同，接界处出现能带弯曲，并产生内建电场。

异质结与同质结存在较大差异之处在于，耗尽区能带结构存在断续，而非连续性。产生的这种不连续性，会给电子和空穴的跃迁过程增加额外的势垒。

3. 金属-半导体结

几乎所有的太阳能电池都要与外界金属材料相连，便于电流通导，因此金属-半导体结的性质，在太阳能电池研究中占有重要地位。本书主要以金属-n型半导体结构为例进行简单介绍。

在理想状态下，金属和半导体接触后，费米能保持不变，从而使得接界处能级发生弯曲并产生一定势垒。当在金属-半导体结上加入外加电压时，与前文同质结中介绍类似，接界处能带会相应发生变化。加入正向偏置电压时，n型半导体能带提高，金属-半导体接界处势垒降低，促使电子更容易从半导体价带进入金属；加入反向偏置电压时，n型半导体能带降低，金属-半导体接界处势垒提高，促使电子更难从半导体价带进入金属。

金属-半导体结可分为整流接触型(rectifying type)和非整流接触型(nonrectifying type，或者欧姆接触型，ohmic type)。当金属-半导体结中，势垒较大时，称为整流接触型，此时的金属-半导体结也称肖特基结。当金属-半导体结形成时，其电阻可以忽略不计，称为非整流接触型或欧姆接触型，常见于高掺杂的半导体与金属接触形成的金属-半导体结。

2.3　太阳能电池基本理论

2.3.1　太阳能电池基本参数

1. 标准测试条件

为保证太阳能电池效率测试(如电流密度-电压曲线，即 $J-V$ 曲线)的准确可靠，需要在标准测试条件(STC)下进行统一测试。包括光照强度为 1000W/m^2，温度恒定在25℃等[5]。

2. 短路电流密度 J_{sc}

当太阳能电池外电路处于短路状态时，电池中的电流达到最大值，称为短路电流 I_{sc}。短路电流与入射光波长、电池板面积等因素相关。因此，为排除电池板面积影响，引入短路电流密度 J_{sc}。理想状况下，如没有发生电子-空穴复合，则短路电流密度等于光生电流密度。通常实验室测试中，单晶硅短路电流密度可达 42mA/cm^2。

3. 开路电压 V_{oc}

当太阳能电池外电路开路，即外电路没有电流时，测得的太阳能电池电压称为开路电压 V_{oc}，即太阳能电池的最大电压。开路电压与光生电流、饱和电流等因素相关。V_{oc}可反映太阳能器件的电子-空穴复合情况。

4. 填充因子 FF

太阳能电池的输出功率 $P=I\times V$，太阳能电池的最大输出功率用 P_{max}表示，达到最大输出功率时对应的电流和电压分别用 I_{mp}和 V_{mp}表示。定义填充因子 FF，代表最大输出功率与极限输出功率之比，即：

$$FF=\frac{I_{mp}V_{mp}}{I_{sc}V_{oc}}$$

5. 转换效率

太阳能电池的转换效率定义电池的最大输出功率与照射到太阳能电池上的光照辐射功率(P_{in})之比，即：

$$\eta=\frac{P_{max}}{P_{in}}=\frac{I_{sc}V_{oc}FF}{P_{in}}$$

2.3.2　太阳能电池外量子效率

太阳能电池的外量子效率(external quantum efficiency)，缩写为 $EQE(\lambda)$，表示可以收集到的电子-空穴对数量与入射光子数量之比。外量子效率与入射光波长 λ 相关，其计算公式为：

$$EQE(\lambda)=\frac{I_{ph}(\lambda)}{q\psi_{ph,\lambda}}$$

式中，q 表示元电荷，$\psi_{ph,\lambda}$表示入射光子流，$I_{ph}(\lambda)$表示光生电流。

2.3.3 太阳能电池等效电路

为了对太阳能电池的电流-电压，即 $I-V$ 特性曲线进行研究，可将太阳能电池简化为一个简单的等效电路。基于较为简单的 p-n 结太阳能电池，其 $I-V$ 关系式可表示为：

$$I=I_L-I_0\left[\exp\left(\frac{V+IN_sR_s}{nN_sV_T}\right)-1\right]-\frac{V+IN_sR_s}{N_sR_{sh}}$$

式中，I_L表示光生电流，I_0表示反向饱和电流，R_s表示串联电阻，R_{sh}表示并联电阻，n 表示二极管理想因子，N_s表示电池数量，V_T表示热电压。

基于上述公式，可建立简单的太阳能电池等效电路（图 2-14）。

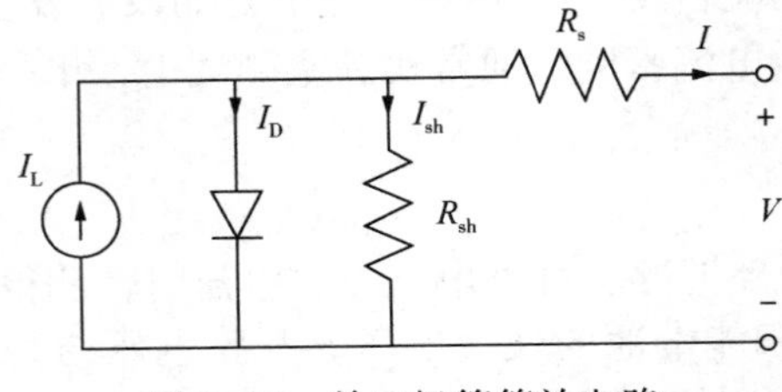

图 2-14　单二极管等效电路

2.3.4 太阳能电池效率

1. 热力学限制

太阳能电池效率的重要受限因素之一，即热力学限制。从本质上讲，太阳能电池可以看作一种在两种热源之间工作的热机。设两种热源温度分别为 T_A和 T_C，根据热力学第二定律，热机的理想效率，即卡诺循环效率 η_{Carnot} 可表示为[6]：

$$\eta_{Carnot}=1-\frac{T_C}{T_A}$$

设太阳的温度为 T_S，则太阳能电池的最大能量吸收效率η_A^{max}可表示为：

$$\eta_A^{max}=1-\frac{T_A^4}{T_S^4}$$

因此，理想太阳能电池的效率 η_{sc} 可表示为：

$$\eta_{sc}=\left(1-\frac{T_A^4}{T_S^4}\right)\left(1-\frac{T_C}{T_A}\right)$$

2. 肖克利-奎伊瑟效率极限

肖克利-奎伊瑟效率极限（Shockey-Queisser，简称 SQ 效率极限），指单 p-n 结太阳能电池所能达到的理论能量转换极限，由肖克利和奎伊瑟两位科研人员首次计算得到。

太阳能电池的光吸收层是影响太阳能电池效率的重要组件之一，通常为半导体材料。根据前文介绍，半导体吸收大于禁带能量的光子后，产生电子-空穴，同时部分能量通过热能形式消耗；而能量小于禁带的光子照射到半导体材料后，无法形成有效的电子-空穴，因此这部分能量较低的光子，无法参与到有效的能量转化中。上述两部分能量损失，是造成太阳能电池能量转化损失的重要原因，通常称为光谱不匹配(spectral mismatch)。

肖克利-奎伊瑟效率极限的理论，是基于一个具有高于禁带能量的光子，可产生一个电子，且电子具有的电压为：

$$V_G = \frac{h\nu_G}{e}$$

式中，h 为普朗克常数，ν_G 为光子频率，e 为元电荷带电量。

基于上述理论，2013 年，Richter 等推测，硅基太阳能电池的 SQ 效率极限约为 30%。

3. 其他额外损耗

(1) 光学损失(optical losses)

当光线到达两种介质之间的界面处时，一部分光线发生反射，另一部分发生透射。因此，一部分光线会由于太阳能电池表面的反射而发生损失。此外，由于太阳能电池的表面材料需要部分与金属材料连接，这一面积损失，也会导致吸收光能力降低[7]。

(2) 可捕获损耗(collection losses)

如前文所述，太阳能电池主要靠光照产生电子-空穴，从而依靠电子和空穴作为载流子产生电流。但是部分电子-空穴会发生复合，从而导致电流减小。这也是造成太阳能电池能效降低的原因。

2.4　太阳能电池组件

2.4.1　太阳能电池组件基本性质

常见的太阳能电池电压在 0.5V，电流在 0~10A 范围内。为达到整体太阳能发电压力在可用范围(20~50V)内，将多个太阳能电池单体进行组装，成为太阳能电池组件(solar module)。太阳能电池组件的基本性质，如温度系数、能量效率等参数，与太阳能电池组件中的单体电池、并联/串联类型等密切相关。

1. 太阳能电池伏安特性曲线(I-V 曲线)

太阳能电池的伏安特性曲线，可以通过坐标轴的四象限进行区分，如图 2-15 所示。I-V 曲线处于第一象限时，称为活性区，为正常进行操作和发电的部分。

第二象限为二极管反向区，随着反向偏置电压的提高，p-n 结会发生电击穿现象。二极管通导区在第四象限。

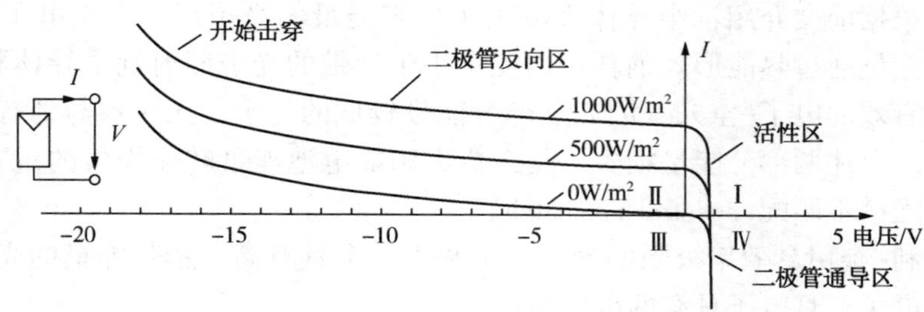

图 2-15　太阳能电池特性曲线

2. 并联单体电池结构

当采用单体电池并联结构时，等效电路如图 2-16 所示。此时，所有单体电池电压相同，电路电流是各电路电流之和。假设其中一个单体电池发生遮盖或损坏，造成 75%面积损失时，单体两端电压不变，但电流降低为原来的 25%。这一结果会导致整体电池组件功率损失约为 25%。

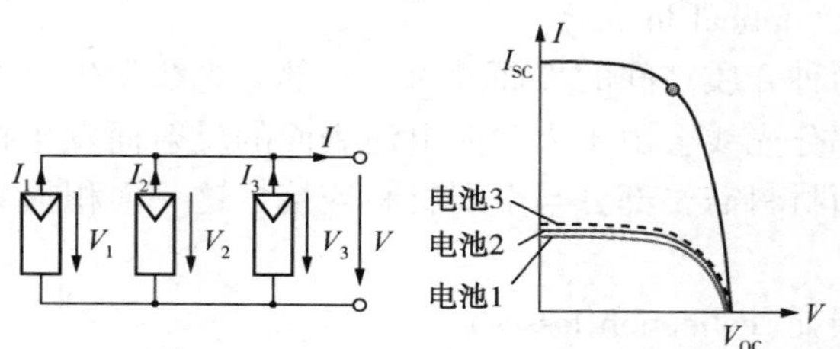

图 2-16　太阳能电池并联：所有电池电压相同，电流叠加

3. 串联单体电池结构

对于串联形式，如图 2-17 左图所示，通过各单体电池的电流相同，总电压为单体电压之和。以 3 个单体电池串联电路为例，当其中一个单体电池的 75%发生遮盖或损坏时，其他单体产生的电流仍然会通过损坏部分，这使得损坏部分在伏安特性曲线的第二象限工作。与其他两个单体电池相连后，其工作曲线如图 2-17 右图所示，使得该体系的功率降低到原来的 25%。

4. 旁路二极管

目前常见的太阳能电池组件由 36、48、60 或 72 个单体太阳能电池串联组成，为了防止部分遮挡或损坏造成的能效降低，引入旁路二极管。旁路二极管是指在电池组件中反向并联于太阳能硅电池片组的两端二极管，能够有效避免硅电池片因组件发热或局部发热而烧毁，是光伏太阳能组件的重要组成部分。当电池片出现发热损坏不能发电时，可以起旁路作用，让其他单体电池的电流从旁路二极管通过，维持太阳能发电系统的运作，不会因为某一片单体电池片出现问题而产生电路不通的情况。

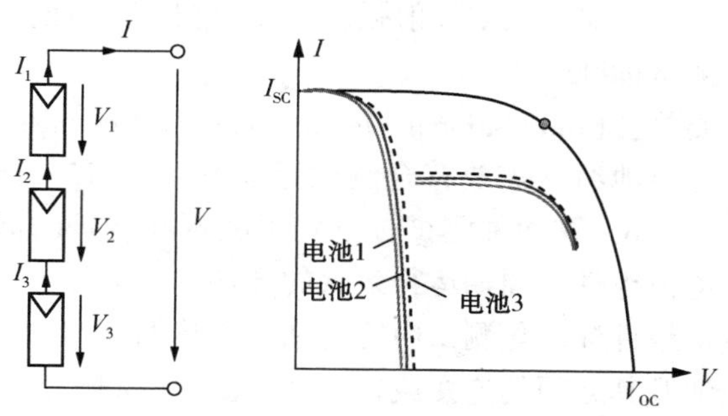

图 2-17　太阳能电池串接：单个电池的电压加在一起

2.4.2　太阳能电池组件连接

1. 光伏组件并联

在串联单体电池组成光伏组件的基础上，要构建光伏发电机，需要将一系列光伏组件进行并联。额外引入的二极管主要是为了防止短路等故障情况下，仍然维持其他部分光伏组件的正常运行。额外引入的二极管会导致电池运行中功率损耗增加，因此目前已经由保险丝替代。

2. 布线错误

在光伏组件布线过程中，如果发生组件数目不等的布线错误，则整个系统会发生一定故障。如，当某两个线路上仅包含两个光伏组件时，这种情况下，由于四组件线路电流会通过两组件线路，严重时可导致电路开路。

3. 失配损失

当光伏组件之间存在一定不匹配性差异时，其具有的电压和电流各不相同。使用这些光伏组件进行组装后，组件的功率之和并不等于整体光伏组件的总功率，且两者之差称为太阳能电池的失配损失。

2.4.3　光伏组件制作

在实际组装过程中，光伏组件由多种材料叠层组合而成。其主要组成部分包括：钢化玻璃板，提供机械稳定性，抵抗一定冲击；黏结剂，主要使用热塑性聚合物，如乙烯-醋酸乙烯酯(EVA)，是固定太阳能电池和保证上下盖板密合的关键材料；两层黏结剂中间加入太阳能电池组件；背板，用于抵抗环境中的腐蚀作用，常使用聚酯材料；此外，还有铝合金边框和接线盒等部分[8]。

2.4.4　光伏组件寿命测试

常规光伏系统的使用寿命约 25 年，之后一般光伏组件的功率会降低到原功率的 80%~90%。使用期间，光伏各组件尽量减少维护需求，其各种性能限制因素包括：昼夜温差和季节温差限制、暴风雪等机械外力影响、沙尘暴等天气侵袭、雨水等造成的湿度影响、太阳辐射强度角度影响等。目前对光伏组件寿命测试已经建立了多个测试标准[9]。

根据国际电工委员会(International Electro technical Commission，IEC)的标准，基于晶体硅的太阳能电池组件需要符合测试标准 IEC 61215，薄膜太阳能电池则需要符合标准 IEC 61646。这两种测试标准均可实现在合理时间和经济成本基础上，完成对太阳能电池组件长周期运行效果的评估。

上述太阳能电池组件标准化测试内容包括：①热循环测试，用于判断热应力是否会破坏单体电池及其之间的连接或接线盒。②湿热测试，用于判断太阳能电池组件在运行过程中是否会存在被腐蚀、密封性下降、附着力降低等问题。③湿冻试验，是为了测试接线盒的分层或附着力。④紫外光测试，因为紫外光会导致封装剂分层，失去附着力和弹性，或由于背板降解而导致接地故障。主要是，紫外线会导致密封剂和背片变色，这意味着它们会变黄。这会导致到达太阳能电池的光量的损失。⑤静态机械载荷，以测试强风或大雪载荷是否会导致结构失效，如破坏玻璃、电极板等。⑥动态机械载荷，这可能导致破碎的玻璃，破碎的互连带或破碎的电池。⑦热点测试，查看是否由于电路问题导致的热点问题。⑧冰雹测试，看模块是否能处理冰雹引起的机械应力。⑨旁路二极管热测试，以研究这些二极管是否过热导致封装剂、背板或接线盒的退化。

2.5 光伏发电系统

光伏发电系统，或称光伏系统，可简单可复杂，简单的光伏系统可以只由一个光伏模块和负载组成，直接通过阳光照射后进行供电。复杂的光伏系统可以建成峰值功率达几兆瓦的大型发电厂，并且实现与电网相连。光伏系统可以进行交流或直流供电，并且配有备用电源，如备用发电机等。根据光伏系统配置不同，可以将其区分为三种主要类型的光伏系统：离网光伏系统、并网光伏系统和混合光伏系统。通过改变光伏系统的基本组成元件类型和数量，以适应特定的要求。

离网光伏系统，也可称为独立光伏系统，只依赖太阳能进行发电。离网光伏系统可以仅由光伏模块和负载组成，也可以包括用于储能的电池模块。当使用电池进行储能时，需要包含充电控制器。并网光伏系统在建筑应用领域受到广泛关注。并网光伏系统通过逆变器连接到电网，使直流电转换成交流电。在小型系统中，如住宅中的光伏发电系统，将逆变器连接到配电板，使得光伏产生的电力被转移到电网或家中的交流电器上。通常情况下，并网光伏系统由于连接了电网，利用电网作为一个缓冲器，可以将过剩的光伏电力输送到电网中，因而不需要电池。在光伏发电不足的时候，电网反之也为负载供电。但是目前实际应用中，越来越多的并网光伏系统也包含电池组件。混合光伏系统将光伏模块与柴油、天然气或风力发电机等互补的发电方式相结合。为了优化不同的发电方法，混合光伏系统通常需要比离网或并网光伏系统更复杂的控制组件。例如，在光伏/柴油混合光伏系统中，当电池达到给定的放电水平时，柴油发动机必须立刻启动，当电池达到适当的充电状态时，柴油发动机必须立刻停止。备用发电机可以用来给电池充电，也可以用来给负载供电。

对于大规模的太阳能发电，太阳能电池板连接在一起形成一个光伏阵列。常见的太阳能光伏发电系统包括：①安装结构：用于固定各模块并引导光伏阵列朝向太阳。②能源储存系统：保证了系统可以在夜间和恶劣天气期间供电，通常使用电池。③DC-DC 转换器：为了将光伏系统输出的电压转换为可兼容的输出电压，该输出电压可作为并网系统中逆变器的输入。④逆变器：在并网系统中使用的逆变器，用于将来自光伏系统产生的直流电转换为可输送到电网的交流电。许多逆变器都包含一个 DC-DC 转换器，用于将光伏阵列的可变电压转换为恒定电压。此外，离网光伏系统可能有一个逆变器连接到电池。⑤充电控制器：在离网光伏系统中，存在用于控制电池充电和放电的充电控制器。充电控制器可以防止电池过度充电，也可以防止夜间光伏阵列的放电。高端充电控制器还包含 DC-DC 转换器以及最大功率点跟踪器，以使光伏电压和电流独立于电池电压和电流。⑥电缆：用于连接光伏系统的不同组件和电力负载。为了尽量减少电阻损耗，选择足够厚度的电缆是很重要的。

参 考 文 献

[1] Hosenuzzaman M, Rahim N A, Selvaraj J, et al. Global prospects, progress, policies, and environmental impact of solar photovoltaic power generation[J]. Renewable and Sustainable Energy Reviews, 2015, 41: 284-297.

[2] Singh G K. Solar power generation by PV(photovoltaic)technology: A review[J]. Energy, 2013, 53: 1-13.

[3] Rahimi N, Pax R A, Gray E M. Review of functional titanium oxides. I: TiO_2 and its modifications[J]. Progress in Solid State Chemistry, 2016, 44(3): 86-105.

[4] Lv L, Yu J, Hu M, et al. Design and tailoring of two-dimensional Schottky, PN and tunnelling junctions for electronics and optoelectronics[J]. Nanoscale, 2021, 13(14): 6713-6751.

[5] Gu S, Lin R, Han Q, et al. Tin and mixed lead-tin halide perovskite solar cells: Progress and their application in tandem solar cells[J]. Advanced Materials, 2020, 32(27): 1907392.

[6] Hadadian M, Smatt J-H, Correa-Baena J-P. The role of carbon-based materials in enhancing the stability of perovskite solar cells[J]. Energy & Environmental Science, 2020, 13(5): 1377-1407.

[7] Chueh C, Chen C, Su Y, et al. Harnessing MOF materials in photovoltaic devices: recent advances, challenges, and perspectives[J]. Journal of Materials Chemistry A, 2019, 7(29): 17079-17095.

[8] Luo W, Khoo Y S, Hacke P, et al. Potential-induced degradation in photovoltaic modules: A critical review[J]. Energy & Environmental Science, 2017, 10(1): 43-68.

[9] Deng R, Chang N L, Ouyang Z, et al. A techno-economic review of silicon photovoltaic module recycling[J]. Renewable and Sustainable Energy Reviews, 2019, 109: 532-550.

第3章 太阳能电池技术

1954 年，美国贝尔实验室的 Chapin、Fuller 和 Pearson 等人研制出第一块效率为 6%的硅太阳能电池。经过逐步改进，太阳能电池的效率可以达到 10%，并于 1958 年配备在美国的先锋 1 号卫星上使用了 8 年。在 20 世纪 70 年代之前，光伏发电主要用于航天航空领域，且光伏发电目前仍然是公认的航空领域的主要电源。近年来，能源危机促使人类社会对新能源进行探索，也促进了太阳能电池技术的蓬勃发展。随着光伏技术的发展，地面的光伏应用越来越多，逐渐将该技术从太空军事领域扩展到地面民用领域。然而，由于太阳能电池价格高昂，应用市场长期受到限制。直到 1997 年，部分发达国家推出了“百万太阳能屋顶工程”，才使得太阳能电池产量的增长率达到 42%。中国太阳能光伏发电产业起步于 20 世纪 70 年代，90 年代中期进入稳步发展阶段，太阳能电池及其组件的产量同比稳定增长。且近年来，太阳能光伏产业在中国实现了跨越式发展。在国家项目(如“光明工程”“乡镇电气化工程”等)和世界光伏市场的带动下，中国太阳能光伏发电取得了长足发展。一般来说，第一代太阳能电池由单晶硅或多晶硅制成，工业产品的效率约为 13%~15%。在目前阶段，能够工业化生产并盈利的太阳能电池属于第一代电池。然而，制造技术和其他因素提高了生产成本。第二代太阳能电池是薄膜太阳能电池，成本低于第一代，大幅度扩大了电池制造面积。但是，与第一代相比，其效率相对较低。第三代太阳能电池应具有薄膜化、高效率、原料丰富、无毒性等特点。本章将选取部分代表性太阳能电池进行概述。

3.1 晶体硅太阳能电池

晶体硅太阳能电池产生光伏发电，包括以下物理过程：①光子吸收导致电子-空穴对激发；②电子-空穴对分离并传输到外部电极[1-5]。因此，高效晶体硅太阳能电池技术通常包括新型电池结构的设计、光吸收的优化、光生载流子的有效收集、抑制光生载流子复合损耗以及降低电极电阻和面积。利用这些技术生产了一系列高效的晶体硅太阳能电池，如钝化发射极背面接触电池(PERC)、钝化发射极背面局域扩散电池(PERL)、钝化发射极背面全扩散电池(PERT)、交叉指式背接触电池(IBC)、异质结电池(HIT)和异质结背接触电池(HBC)[6]。根据国际光伏技术路线图，背场电池(BSF)在未来几年仍将占据市场主导地位，但PERC/PERL/PERT、HIT和IBC电池将获得比BSF电池更大的市场份额，其中HIT和IBC电池将更加重要。有研究学者综述了过去20年来开发的高效硅太阳能电池的材料、器件、物理、发展和现状[7-8]。高效硅太阳能电池的发展速度惊人，特别是在过去三年中，取得了许多具有优异性能的先进技术。

3.1.1　PERC太阳能电池

1983年初，澳大利亚新南威尔士大学Martin Green首次提出钝化发射极接触电池的概念[9]。在1989年，Blakers等[10]基于p型区熔单晶硅(FZ硅)基底制备的小面积PERC太阳能电池已具有22.8%的创纪录效率，与传统太阳能电池相比，效率的提高主要是由于其结构和技术的改进。

PERC太阳能电池是指向标准全面积铝BSF电池添加背面钝化方案，具体涉及后表面钝化膜的沉积，随后局部打开后表面钝化膜，以便形成后触点，如图3-1所示。以减少电池背面复合损耗为目标的后表面优化，摆脱了BSF太阳能电池铝金属膜的固有限制，从而降低了电和光损耗。此外，后侧的优化完全独立于前侧，这意味着前侧的进一步优化，例如采用创新的金属化概念和改进的结特性(junction property)，可以进一步提高PERC结构的电池性能。PERC太阳能电池与现有光伏生产线高度兼容，是各种高效晶体硅太阳能电池技术中最简单的技术之一，使其成为许多晶体硅太阳能电池制造商的首选。

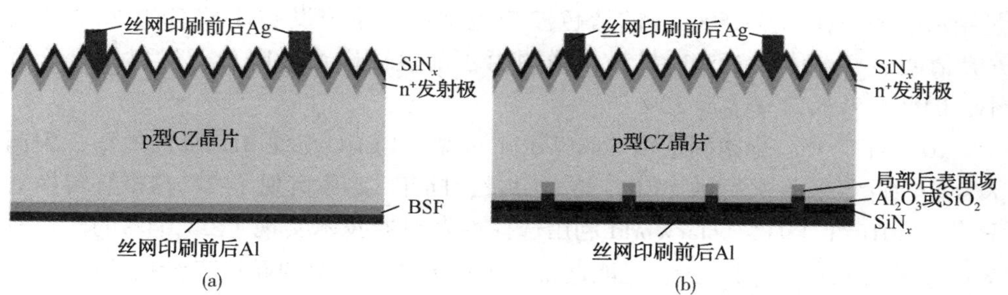

图3-1　(a)标准的全面积Al-BSF电池方案和(b)采用Al_2O_3/SiN_x或SiO_2/SiN_x后部钝化堆栈的丝网印刷前后接触的PERC太阳能电池方案

PERC电池的关键是背面钝化膜的沉积[11]。通常，采用钝化层堆栈(如Al_2O_3/SiN_x或SiO_2/SiN_x)用作高效PERC电池的背面钝化。一方面，Al_2O_3在饱和硅后表面上的悬挂键方面展现出优异的化学钝化能力；另一方面，高固定负电荷密度(约$10^{13}cm^{-2}$)使Al_2O_3成为一种优良的场效应钝化方案[12]。通过在Al_2O_3层上覆盖一层SiN_x层不仅可以进一步增强钝化效果，保护背面钝化膜不被金属化，而且可以补偿后部钝化堆栈厚度，以确保电池背面有足够的内部反射，从而增强长波响应并改善短路电流。目前，Al_2O_3沉积方法主要包括原子层沉积(ALD)[13-15]

或等离子体增强化学气相沉积(PECVD)[16-24]。在背面钝化叠层沉积之后，通常使用激光接触开口局部烧蚀介电钝化层以形成铝和硅之间的接触。

随着光伏产业的发展，银浆用量逐年增加，其价格上涨限制了太阳能电池产业低成本、高通量的协调发展。因此，降低银浆消耗成为最重要的目标之一。2014 年，哈梅林太阳能研究所(ISFH)在工业型 PERC 太阳能电池上应用了 5 母线前栅极和细线印刷银，实现了 21.2%的平均转换效率，这与 3 母线 PERC 太阳能电池 20.6%的平均转换效率形成了鲜明对比[25]。这种转换效率的提高主要是由于阴影损耗的减少使得短路电流的增加，其次是由于金属接触面积的减少使得开路电压的增加，最后是由于指栅电阻损耗的减少使得填充系数(*FF*)的增加。虽然，与 3 母线 PERC 太阳能电池相比，这种多母线 PERC 太阳能电池需要消耗更少量的银浆显著降低了生产成本。但是，这种多母线 PERC 技术对模块互联技术具有更高的要求。

ISFH 还系统地研究了工业 PERC 太阳能电池上的两种发射极形成技术，包括原位氧化和气相回蚀(GEB)[26]，这两种技术可以降低磷表面浓度，从而显著降低 Shockley-Read-Hall 和 Auger 复合。因此，在原位氧化和 GEB 条件下，发射极饱和电流密度分别降低至 $22fA/cm^2$ 和 $28fA/cm^2$，发射极片电阻约为 150Ω/sq。

采用不同发射极技术的 PERC 太阳能电池的内部量子效率(*IQE*)和反射率测量结果表明，在 300~500nm 的蓝色波长范围内，原位发射体和 GEB 发射体的 *IQE* 值明显高于传统 $POCl_3$ 扩散，说明由于前表面磷浓度降低，发射体复合减小，因此，转换效率接近 22%。

2015 年 7 月，德国制造商 SolarWorld 实现了 PERC 电池 21.7%的效率，中国天合光能近年来多次打破 PERC 效率纪录，同年 12 月实现了 22.13%的转换效率[27]。2016 年 1 月，SolarWorld 利用选择性发射器技术实现了 22.04%的转换效率[26]。在之后的 12 月，天合光能宣布了先进 PERC 电池的新世界转换效率纪录，该电池采用低成本工业工艺，在大尺寸($243.23cm^2$)掺硼直拉单晶硅(CZ-Si)衬底上集成了背面钝化、正面高级钝化和防盖(光诱导降解)技术[28]。2017 年 11 月，LERRI Solar 达到了创纪录的 23.26%的转换效率，打破了同年创下的 22.71%、22.43%和 22.17%的转换效率纪录[29]。

2016 年，对于多晶硅 PERC 电池，天合光能在大面积(156mm×156mm)p 型 mc-Si 基底上的转换效率创下了 21.25%的纪录[30]。不久以后，JinkoSolar 打破了这一纪录，其转换效率高达 21.63%[31]。这种高效率的原因主要是先进的光捕获、钝化和氢化技术所产生的优异的光吸收和极低的表面复合速度，以及体积寿命超过 500μs 的高质量多晶硅材料。在 2017 年，JinkoSolar 将多晶硅 PERC 太阳能电池的转换效率进一步提升至22.04%[32]，这是多晶硅PERC太阳能电池转换效率首次超过22%。

此外，ISFH开发了双面PERC电池[33,34]，即PERC+电池，是一种新颖、简单和经济的设计，除了典型的PERC处理外，不需要任何额外步骤。双面PERC电池的出现再次增强了PERC电池的竞争力。使用丝网印刷后铝指栅代替传统的全面积铝后金属化，结合4母线布局，PERC+电池的铝浆消耗量大幅降低至0.15g，相比之下，具有全面积铝层的传统PERC电池的铝浆消耗量为1.6g。此外，对称结构显著降低了晶圆内的机械应力。已获得79%的双面率，前部效率为20.8%，后部效率为16.5%。

一些研究人员指出，随着工业型PERC电池的不断发展，电池效率将超过24%[35]。在不久的将来，PERC电池的关键改进包括先进的发射极结构，如选择性发射极、背面添加硼的铝浆、寿命为1ms的晶片、多线代替母线以及高纵横比的10μm窄指。

3.1.2 隧道氧化物钝化接触太阳能电池

如上所述，PERC电池有一个相对完善的钝化方案，但制造过程复杂，归因于后触点限制在开口区域，开口过程通常会对周围的硅材料造成损坏。此外，开口使得可防止载流子沿着垂直于接触表面的最短路径运输，从而导致载流子拥挤在开口处。2013年，Fraunhofer ISE开发了隧道氧化物钝化触点(TOPCon)技术[36-38]，该技术很好地解决了上述问题。采用湿化学法在太阳能电池背面制备了厚度为1~2nm的超薄SiO_2层。随后，在SiO_2层上沉积20nm磷掺杂硅层，并应用高温退火将硅层转化为掺杂多晶硅，再与SiO_2层结合形成TOPCon结构，取代传统丝网印刷Al-BSF太阳能电池的完全掺杂后表面。最后，使用物理气相沉积(PVD)形成全银背接触层，其转化效率为23.0%。全后置金属触点设计摆脱了PERC电池结构中载流子输运路径局部触点开度的限制，使电流沿一维最短路径简单有效地输运，从根本上抑制了串联电阻损失，从而提高了填充因子(FF)。此外，这种TOPCon设计不仅具有较高的热稳定性，而且大大简化了制造工艺。

2015年，Fraunhofer ISE在200μm厚、电池面积为4cm^2的n型FZ硅基底上实现25.1%的转换效率(V_{oc}=718mV，J_{sc}=42.1mA/cm^2，FF=83.2%)[39]。电池背面采用TOPCon结构和全银后接触，正面采用硼扩散的选择性发射极结构，然后沉积ALD-Al_2O_3和PECVD-SiN_x以钝化表面并减少反射。结果表明，TOPCon电池的效率电势与基底电阻率无关，这使得TOPCon电池在生产环境中具有一定优势，因此可以采用更宽的起始材料掺杂范围。这项研究还表明，大约50%的重组发生在电池的前端。因此，需要进一步优化前发射极和触点的表面钝化以获得更高的效率。之后，基于TOPCon技术，他们在双面接触单晶硅太阳能电池实现了 25.7%的转换效率（V_{oc} = 725mV，J_{sc} = 42.5mA/cm^2，FF = 83.3%），绝对增益为 0.6%[40]。

对于基于 TOPCon 结构的大面积 n 型硅太阳能电池，Tao 等将隧道氧化层与均匀硼发射极上的丝网印刷正面接触结合起来，以提供足够的表面钝化，并最终在 239cm^{2}商用级 n 型直拉单晶硅（CZ）上获得 21.4%的电池效率（V_{oc} = 674mV，J_{sc} = 39.6mA/cm^2，FF = 80.0%）[41]。研究表明，通过在金属触点下方引入选择性发射极以减少金属-半导体前触点处的复合，电池转换效率可以达到 22.5%以上。在第 26 届国际光伏科学与工程会议（PVSEC）上，ISFH 和 Gottfried Wilhelm Leibniz Universität Hannover 研究表明 3.97cm^{2}钝化后接触硅太阳能电池的转换效率为 25%[42]。这种高效率的主要原因在于由掺杂多晶硅层和薄氧化硅组成的“POLO”（多晶硅氧化物）接触点。该 POLO 层可显著抑制金属触点下方的表面复合，从而将开路电压提高至 723mV。同时，POLO 层的两极放置在电池的背面，减少了正面的阴影损失和多晶硅的寄生吸收。最近，模拟研究表明，在大面积 CZ 衬底上，单面 TOPCon 电池可以实现 23.2%的转换效率，电阻率为 10Ω · cm，寿命为 3ms[40]。

3.1.3 IBC 太阳能电池

IBC 太阳能电池是实现高效晶体硅太阳能电池的重要途径之一，越来越被认为是一种有前景的大规模工业生产路线。

发射极和 BSF 掺杂层及其相应的金属化栅极均位于太阳能电池背面的交错结构中，如图 3-2 所示。单元结构最突出的特点是采用了所有后触点，从而完全消除了正面的光学阴影损失。因此，IBC 太阳能电池通常具有更高的吸收和短路电流密度。其他优点如下：①由于没有正面金属栅栏，不需要考虑前侧的接触电阻，为优化前表面钝化性能提供了更多的空间和潜力；②可使用较宽的触点来降低后侧金属触点的串联电阻；③所有后触点的设计使模块中的单元互联更加简单和美观。

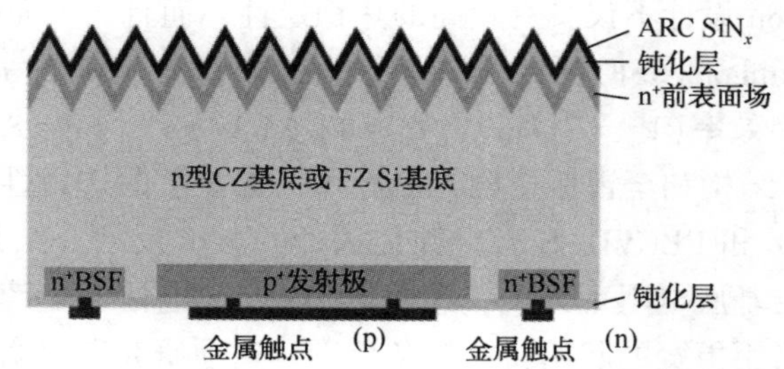

图 3-2　具有 n$^+$BSF（后表面场），p$^+$发射极和触点位于太阳能电池背面的交叉指状结构的 IBC 太阳能电池方案[42]

一般来说，IBC电池主要在具有硼扩散发射极的n型硅基底上制备。金字塔结构和前侧的减反射层改善了光捕获效果，而前后表面的热SiO_2钝化层减少了表面复合，增加了长波响应，从而提高了开路电压。SiO_2钝化层下方的前表面场(FSF)充当电场，排斥前表面的少数载流子，从而减少前表面复合。通过丝网印刷形成的后金属电极通过SiO_2钝化层中的接触孔实现与基底的点接触，可以减小金属电极与硅片之间的接触面积，从而进一步抑制接触界面处的载流子复合。

IBC太阳能电池的核心问题是如何在后表面制备出质量良好且呈交指分布的n型区和p型区。为了避免传统液态硼扩散工艺中扩散不均匀和高温损伤、操作复杂和多次光刻增加成本，可以简化工艺。在后表面上印刷具有交指结构的掺硼扩散掩模层，并且掩模层中的硼扩散到n型基底中以形成p^+区域，而未印刷区域通过磷扩散形成n^+区域。但由于对精准度和印刷重复性的影响，丝网印刷工艺仍存在一些问题。离子注入掺杂在半导体工业中有着广泛的应用。近年来，离子注入技术被应用于IBC太阳电池，该技术可以精确控制掺杂浓度，以获得均匀的p型区和n型区，并且结深可控。此外，这种掺杂技术允许单面掺杂，从而简化了制造过程。然而，掺杂剂的注入和活化需要较高的退火温度，这是光伏行业的难点[43-47]。另外，激光掺杂[48]是代替传统热扩散的另一种选择，具有掺杂深度和浓度易于控制、掺杂区图形化能力强、无须光刻等优点。掺杂源可以是气体、液体或固体[49]。通过激光掺杂技术可以获得选择性掺杂区域，例如选择性发射极，而无须整个硅基底遭受高温过程[50-52]。随着激光技术在太阳能电池中激光织构[53]、激光烧蚀开触点[52]和激光发射触点[54,55]等方面的应用，激光技术在太阳能电池中具有广阔的应用前景。

与传统的晶体硅电池相比，由于IBC太阳能电池的前表面远离位于背面的p-n结，因此前表面的表面复合对电池性能的影响更大。为了抑制前表面复合，需要对前表面进行较好的表面钝化处理。同时，为了保证光子产生的少数载流子在到达后结之前不会重新组合，通常需要具有较长扩散长度的高质量基底材料。

SunPower Corp在IBC太阳能电池的研发方面一直处于领先地位，平均批量生产效率高达23%。2014年，通过优化表面钝化，他们在实验室获得了25%的转换效率($V_{oc}=725.6mV$，$J_{sc}=41.53mA/cm^2$，$FF=82.84\%$)[56]。2016年10月，SunPower研究表明在130μm厚的n型CZ硅基底[57]上进一步降低边缘损耗、串联电阻和发射极复合，电池总面积为153.49cm²，使其转换效率高达25.2%($V_{oc}=737mV$，$J_{sc}=41.33mA/cm^2$，$FF=82.7\%$)。这是第一次大面积晶体硅太阳能电池的转换效率超过25%。第一个模块由72个IBC单元组成，平均效率约为25%，最终记录模块效率为24.1%。

除SunPower外，在2014年，夏普公司和松下公司还将硅异质结(SHJ)与

IBC 技术相结合，实现了高达 25. 6%的转换效率[58,59]。IMEC、Fraunhofer ISE 和 ISFH 在实验室小面积(2cm×2cm)制造的 IBC 电池的效率值分别为 23. 3%、23%和 23. 1%[60-62]。澳大利亚国立大学(ANU)与天合光能合作开发了一种小面积($4cm^2$) IBC 太阳能电池，其效率为 24. 4%(V_{oc} = 703mV，J_{sc} = 41. 95mA/cm^2，FF=82. 7%)[63]。通过 Quokka 3D 器件模拟和自由能损耗分析(FELA)方法进行建模，以量化 24. 4%IBC 太阳能电池中的每种主要损耗机制。损耗分析表明，复合损耗、电阻损耗和光损耗总量分别为 1. 23%、0. 87%和 1. 00%，而边缘损耗仅为 0. 24%。因此，通过使用高质量基底材料、表面处理改善光捕获、优化后表面钝化和减轻边缘损失，可以实现相当大的效率提高。此外，最近的研究表明，IBC 电池的性能在很大程度上取决于间距大小(交替掺杂重复的周期)和发射极分数(即发射极大小与间距大小的比率)。对于发射极分数较大的 IBC 电池，通常会观察到较高的短路电流值。然而，更大的发射极覆盖率通常会导致更多的串联电阻损失。因此，应考虑更高短路电流和更多串联电阻损耗之间的平衡，以获得最大效率。一般来说，对于典型的 IBC 电池设计，发射极比例在 70%~80%。此外，间距越小，到载流子基极接触的平均传输距离越短，从而降低了电阻和复合损耗。然而，这也将导致对制造过程精度的更高要求。

随着大规模工业生产效率的不断提高，IBC 太阳能电池也越来越受到电池制造商的青睐。博世公司和三星公司将离子注入应用于大面积 IBC 电池，转换效率分别达到 22. 1%和 22. 4%[43,63]。天合光能采用低成本工业加工技术，如 IBC 电池的管扩散和丝网印刷技术，在 156mm×156mm 的伪方形晶片上实现了 22. 9%的转换效率(V_{oc}=683mV，J_{sc}=41. 6mA/cm^2，FF=80. 6%)[64]。通过进一步优化背面图案和金属接触面积，实现了 23. 5%的转换效率[63]。之后，在 2017 年 5 月，天合光能[30]利用现有的 PERC 太阳能电池生产线，生产出的大面积 IBC 太阳能电池的转换效率为 24. 13%，积极推动了高效 IBC 太阳能电池的产业化[63]。针对 IBC 太阳能电池的大规模商业化制造，ANU 采用无损伤激光烧蚀代替多个光刻图案化步骤进行晶片图案化，并采用激光掺杂代替热扩散以降低复杂性和消除高温过程。最后，他们实现了 23. 5%的转换效率。2016 年，Dahlinger 等使用激光掺杂(包括硼和磷掺杂)以及激光烧蚀(包括触点打开和金属化图案)开发了间距低于 500μm 的 IBC 太阳能电池，取代了多个光刻步骤，并实现了 23. 24%的转换效率[52]。

3. 1. 4 HIT 太阳能电池

HIT 太阳能电池是硅异质结(SHJ)太阳能电池的进一步改进。SHJ 太阳能电池由掺杂氢化非晶硅和晶体硅衬底组成，但由于未经钝化的单晶硅(c-Si)表面，效率通常较低。1991 年，三洋公司在掺杂的非晶硅(a-Si)层和 c-Si 衬底之间插入了一层非常薄的本征 a-Si 层，并将其称为 HIT(异质结与本征薄层)太阳能电池。与传统的同质晶体硅电池相比，HIT 太阳能电池具有更高的内置电场，可以有效地分离电子-空穴对。此外，氢化非晶硅(a-Si：H)在晶体硅表面具有优良的钝化效果，以降低界面态密度，从而减少表面复合。这两个特性使得 HIT 太阳能电池具有更高的开路电压和更高的效率。

HIT 太阳能电池由于以下优点，每年都吸引着越来越多人员的关注。①结构对称性：与传统的晶体硅太阳能电池相比，对称结构降低了机械应力，因此可以大大降低电池的厚度和生产成本。同时，由这种对称的 HIT 电池组成的双面模块可以吸收双面光，从而提高发电能力。②低温工艺：低温工艺(低于 200℃)不仅可以节约能源，而且还可以防止低质量硅材料(如太阳能级晶体硅)在高温循环过程中发生的体积质量退化。③高开路电压：非晶硅和晶态硅之间的大频带弯曲以及本征非晶硅对晶态硅表面的优良表面钝化导致高开路电压和高转换效率。④稳定性好：采用 n 型硅片作为基底，无光致降解。此外，与传统扩散电池相比，HIT 太阳能电池可以获得更好的温度系数。

首先对 n 型 CZ-Si 基底进行清洁和双面织构。然后，通过 PECVD 方法在正面依次沉积 5～10nm 本征非晶硅层和 5～10nm 的 p 型非晶硅层，以形成 p-n 结。在背面，BSF 结构由对称堆叠层组成，即 5～10nm 本征非晶硅层和 5～10nm 的 n 型非晶硅层。最后，通过溅射法和丝网印刷法分别在两个表面上合成透明导电氧化物(TCO)层和金属电极。所有工艺(包括金属化工艺)均在低于 200℃的温度下进行。

到目前为止，自三洋公司[65]首次将孔径面积为 $1cm^2$ 的 HIT 太阳能电池的效率提高到 20%以来，HIT 太阳能电池已经发展了二十多年。此后，三洋公司一直致力于 HIT 太阳能电池在以下方面的优化：①通过尽可能多清洁 c-Si 晶片并使用低损伤等离子体沉积工艺制备高质量 a-Si：H 薄膜，创造更好的异质界面[66,67]；②通过优化丝网印刷过程中低温银浆的黏度和流变性，以及大纵横比、低电阻的栅极，降低光损耗和电损耗；③通过开发高质量的宽间隙合金(如 a-SiC：H)和具有高载流子迁移率的高质量 TCO 来降低光损耗；④通过使用更薄的晶片降低材料成本[68,69]。因此，在 2013 年 2 月，松下公司[33]在 98μm 厚和 $101.8cm^2$ 尺寸的电池上实现了 24.7% 的转换效率($V_{oc}=750mV$，$J_{sc}=39.5mA/cm^2$，$FF=83.2\%$)[70]。然后，在 2015 年，Kaneka 在基于 160μm 厚、6in(1in = 0.0254m) n 型工业直拉硅晶片的 HIT 太阳能电池上实现了 25.1%的创纪录效率($V_{oc}=738mV$，$J_{sc}=40.8mA/cm^2$，$FF=83.5\%$)[71]。

自 2010 年三洋公司拥有 HIT 太阳能电池核心专利以来，越来越多的研究人员致力于这种电池结构的研发。Silevo 使用隧道氧化钝化层制造大面积($239cm^2$) HIT 太阳能电池，实现了 23.1%的转换效率($V_{oc}=739mV$，$J_{sc}=39.9mA/cm^2$，$FF=80.5\%$)。2013 年，法国的 INES 和日本的 Kaneka 利用电镀铜电极降低贵金属银的消耗，并在 104cm^2 的基底上实现了 22.2%（V_{oc} = 730mV，J_{sc} = 38.7mA/cm^2，FF=78.5%）和 23.5%（V_{oc} = 737mV，J_{sc} = 39.97mA/cm^2，FF = 79.8%）的转换效率[72]。瑞士 CSEM 和大型光伏设备供应商 Meyer Burger 通过建立镀铜金属电极实验平台和测试喷墨打印金属电极实现低成本金属化工艺，实现了 22.4%~22.7% 的高转换效率。

到目前为止，已经实现 HIT 太阳能电池产业化的企业有松下集团、中投新能源有限公司、森普雷姆有限公司等[73]。新奥集团太阳能有限公司和上海微系统与信息技术研究所的 HIT 太阳能电池实验室效率分别达到 22.6% 和 23.1%。人们已经认识到，HIT 太阳能电池通过进一步减小硅片厚度、优化金属电极、改进 TCO 材料和非晶硅薄膜以及实现关键设备和原材料的国产化，在降低成本和与传统硅太阳能电池竞争方面具有巨大的技术潜力。

3.1.5 HBC 太阳能电池

将交叉指式背接触的设计思路（即 IBC 太阳能电池）应用于异质结结构，制成了 HBC 太阳能电池。IBC 太阳能电池具有较高的短路电流密度 J_{sc}，导致这种交叉指式背接触电池没有遮光效应，而 HBC 太阳能电池由于这种异质结太阳能电池的高质量钝化而带来较高的 V_{oc}。两种先进技术的结合已成为当今提高晶体硅电池效率的一种重要而可靠的方法。图 3-3 概述了 HBC 太阳能电池的结构。

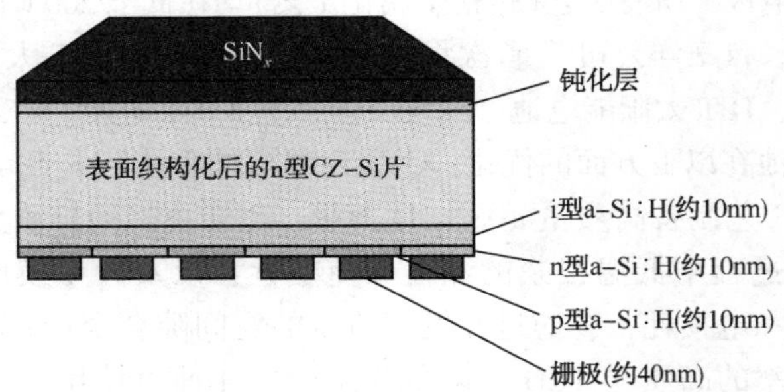

图 3-3　HBC 太阳能电池方案

在 c-Si 晶片的织构前表面沉积了一层具有良好透明性和低表面复合速度的钝化层，随后沉积氮化硅作为抗反射层，再者在后表面上沉积了两层交错分布的叠层，即 i-a-Si∶H/p-a-Si∶H 和 i-a-Si∶H/n-a-Si∶H。最后通过电镀工艺在 n 型和 p 型 a-Si∶H 层上制备栅极。后栅极电极可以足够宽，以优化电气性能，从而大大提高填充系数。

2014 年，夏普公司首先提出了 HBC 太阳能电池，其转换效率高达 25.1%（V_{oc}=736mV，J_{sc}=41.7mA/cm^2，FF=82.0%）[59]。几乎同时，松下公司实现了 25.6% 的更高转换效率（V_{oc}=740mV，J_{sc}=41.8mA/cm^2，FF=82.7%），设计面积

为 143.7cm^2，打破了当时晶体硅基太阳能电池的效率纪录[58]。

2016 年 9 月，Kaneka 公司[48]提出了具有 180.4cm^{2}指定面积的 HBC 太阳能电池的转换效率为 26.3%（V_{oc} = 744mV，J_{sc} = 42.3mA/cm^2，FF = 83.8%）[74]，并给出了 HBC 太阳能电池的结构示意图。该电池是利用工业上适用的电容耦合 RF-PECVD 沉积工具制造的，是通过在尺寸为 239cm^2、厚度约为 165μm、电阻率约为 3Ω · cm 的标准 n 型 c-Si 晶片上制备的 a-Si 层。前表面通过各向异性蚀刻进行纹理化以最小化光反射，而后交叉指状图案则优化以最小化串联电阻。因此，实现了 26.3%的高转换效率，相对于先前的 25.6%的纪录效率提高了 2.7%。随后，基于尺寸为 243cm^2、厚度为 200μm、电阻率为 7Ω · cm 的 n 型 c-Si 晶片的 HBC 太阳能电池，实现了 26.6%的最高转换效率（V_{oc} = 740mV，J_{sc} = 42.5mA/cm^2，FF = 84.6%）[75]。较高效率的提升，主要是由于串联电阻降低了 30%，从而使 FF 从 83.8%增加到 84.6%。

3.2 高效Ⅲ-Ⅴ族化合物太阳能电池

考虑到地球大气层顶部的太阳常数为 1.7×10^{5}TW，目前世界的电能消耗量约为 12~13TW，地球在一小时内接收到的太阳能比全球在一年内使用的太阳能还要多[76]。然而，太阳能的入射功率约为 1kW/m^2，相当稀薄，因此需要大量的能量转换器来满足世界能源消耗。因此，高效的太阳能转换至关重要。太阳能电池，也称为光伏发电，是法国科学家亨利 · 贝克勒尔（Henri Becquerel）在 1839 年发现的一种通过光伏效应将太阳能转换为电能的装置。自 20 世纪 70 年代石油危机以来，太阳能电池已被公认为一种重要的替代能源。太阳能电池也有望成为抑制全球变暖的无碳能源。

太阳能电池的能量转换效率定义为太阳能电池每次产生的电能与入射到太阳能电池中的太阳光能量之比。目前，实验室报告的电池效率最高约为 40%，而热力发电的能量转换效率可超过 50%。然而，这一事实并不意味着热力发电是优越的，因为其资源（如化石燃料）是有限的，而太阳能基本上是无限的。目前，太阳能电池效率的太阳光入射能量通量光谱被标准化为一些具体定义的光谱，例如大气质量 0（AM0）、大气质量 1.5 全局辐射和直接辐射（AM1.5G 和 AM1.5D）[77,78]。图 3-4 显示了 AM1.5G 光谱，在非集中阳光光谱测量下，最常用于地面使用的太阳能电池。太阳光谱的范围很广，从 300nm 到 2000nm，其峰值大约在 500~600nm，很大一部分来自可见光范围。在 1100nm、1400nm 等处观察到的明显的衰减是由于大气中主要由 CO_2和 H_2O 吸收。如图 3-4 所示能带隙为 1.4eV 的理想单结（即配备一个 p-n 结）太阳能电池所利用的太阳光谱的能量部分所能达到的能量转换极限，由 Shockley 和 Queisser[41]在 1961 年首次计算出来（也称s-q 极限)。太阳能电池产生的能量光谱与太阳照射辐射的面积比对应于能量转换效率，在这种情况下为31%。使用透镜将阳光集中到较小的入射区域对于太阳能电池应用有两个优点：第一个是降低材料成本，减少产生相同能量所需的电池面积。第二个是提高效率，较高的开路电压 V_{oc} 随光电流与恒定暗电流或复合电流的比率呈对数增加，而光电流只是与太阳能集中度成比例增加。然而，过多的阳光集中会随着温度的升高而减少 V_{oc}，并且还会因串联电阻而导致显著的功率损耗。因此，每个太阳能电池都有一个优化的浓缩系数，实际上是几百个太阳光的聚光系数。

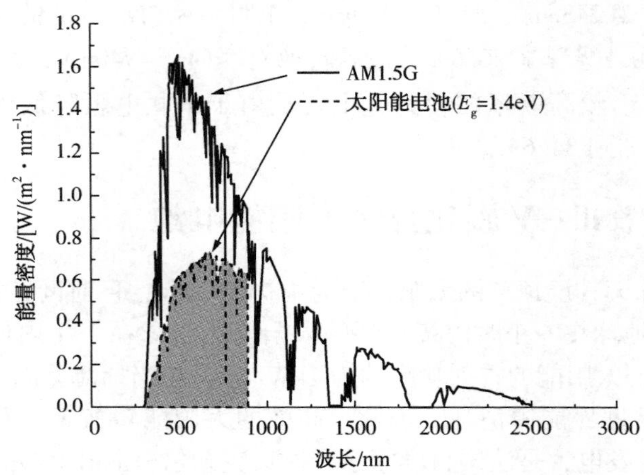

图 3-4　AM1.5G 的太阳辐射光谱和能带隙为 1.4eV 的单结太阳能电池的能量利用光谱。计算能量转换效率 η=31.3%[77,78]

除了具有高效率的潜力外，Ⅲ-Ⅴ族半导体化合物材料还具有以下优点：可通过元素成分进行带隙调谐、通过直接带隙能量进行更高的光子吸收、对空间中高能射线的更高电阻率以及比硅太阳能电池更小的热效率退化。Ⅲ-Ⅴ族太阳能电池的能量转换效率逐年稳步提高，实验室规模电池的能量转换效率接近40%。迄今为止，为了进一步改善电池性能，为了发展太空活动和解决能源危机和全球环境问题，人们已经做出了大量努力。本书综述了最近深入研究的Ⅲ-Ⅴ族半导体化合物太阳能电池性能增强的关键因素。

3.2.1　多结Ⅲ-Ⅴ族太阳能电池的发展

太阳能电池中能量损失的主要因素之一是光伏材料的光子能量和带隙能量 E_g 之间的间隙。如果光子能量小于带隙能量，则不会发生吸收，并且只有光子能量中与带隙能量相等的部分可以提取为电能，而光子能量大于带隙能量的那一部分则作为热能浪费掉。因此，不同带隙能量的光伏材料的多级堆叠通常用于高效Ⅲ-Ⅴ太阳能电池，以减少这种能量损失，并更广泛、更有效地吸收太阳光谱中的光子能量。选用几种具有不同带隙的半导体材料，每一种半导体构成一种单结子电池，然后按照半导体宽度的不同，由大到小将这几种单结子电池串联起来，就构成了串联式多结太阳能电池[79]，称为多结或串联电池。

对于多结电池，串联或两端整体结构通常受到青睐，而不是昂贵且不切实际的三端或四端结构。多结太阳能电池通常采用金属有机化学气相沉积法（MOCVD）通过外延生长进行分层，需要堆叠半导体材料之间的晶格匹配[80-83]。图3-5[84]显示了常用Ⅲ-Ⅴ半导体化合物的晶格常数和带隙能量之间的关系。

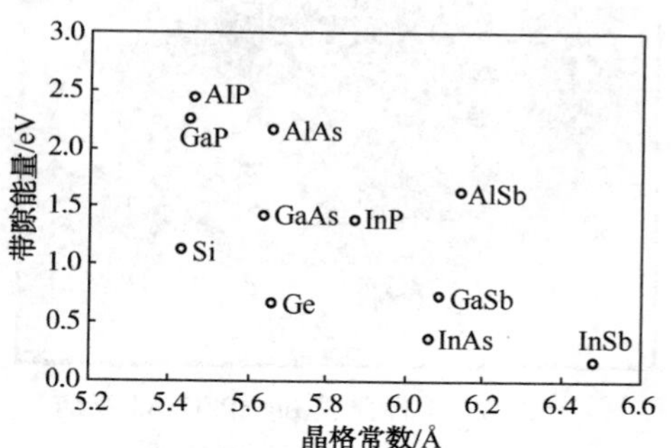

图3-5 作为半导体晶格常数函数绘制的带隙能量

最常见和效率最高的电池之一由$In_{0.49}Ga_{0.51}P$和GaAs组成，其晶格常数为5.64Å，带隙能量分别为1.86eV和1.42eV[85-87]。在单片电池中，该InGaP/GaAs电池在AM1.5G太阳光谱和1个太阳辐射强度（100mW/cm^2）下的最高效率为30.3%[88]，而对于晶格失配的GaAs/GaSb堆栈（GaSb：6.09Å，0.70eV），4端配置允许在100个太阳辐射强度的AM1.5D光谱下的最高效率为32.6%。最近，还报道了在1000个太阳辐射强度下AM1.5D下32.6%效率的单片InGaP/GaAs 2J电池[88]。

对于目前最常见的电池，如将Ge底部电池添加到InGaP/GaAs电池中以形成InGaP/GaAs/Ge结构，Ge晶格常数为5.66Å，几乎等于InGaP/GaAs的晶格常数。这种结构生长在锗衬底上，其优点是与生长在砷化镓衬底上的电池相比，锗是一种比砷化镓更便宜、机械强度更强的材料。Spectrolab是高性能Ⅲ-Ⅴ电池的领先制造商，于2005年推出了晶格匹配的$In_{0.495}Ga_{0.505}P/In_{0.01}Ga_{0.99}As/Ge$三结（3J）电池，在AM1.5D条件下的转换效率为39.0%，随后是2007年[89]推出的一种变质（即轻微晶格失配）的$In_{0.56}Ga_{0.44}P/In_{0.08}Ga_{0.92}As/Ge$电池，在240个太阳辐射强度下转换效率为40.7%。顶部InGaP和中间InGaAs亚电池中较高的铟含量会降低其带隙能量，并增加这些亚电池中的光电流，以获得与底部Ge亚电池更好的电流匹配。2009年，Fraunhofer研究所采用变质$In_{0.65}Ga_{0.35}P/In_{0.17}Ga_{0.83}As/Ge$ 3J电池，在AM1.5D条件下，实现了454个太阳辐射强度下41.1%的转换效率[90]。

太阳能电池的效率纪录实际上大部分是由InGaP/（In）GaAs/Ge 3J及其衍生物InGaP/（In）GaAs/InGaAs产生的。通过对InGaP/GaAs/Ge 3J体系的改进，其效率纪录仍在逐年递增。但是，需要注意的是，作为电池底部亚电池的材料，Ge的带隙能量为0.66eV并不是最优的。

图3-6　柔性薄膜InGaP/GaAs双结4cm×7cm薄膜层压电池照片

特别是在空间应用方面，最近正在开发非常薄、轻和灵活的InGaP/GaAs和InGaP/GaAs/Ge电池。图3-6[91]显示了一个灵活的InGaP/GaAs电池的照片。尽管制造工艺尚未公开，但是光伏层附着到金属或聚合物支撑膜上，并且用于外延生长的母衬底以某种方式移除。

为了进一步提高电池效率，正在提出具有更多结的电池，例如InGaP/GaAs/InGaAsN/Ge四结（4J）结构的电池[92]。一种(Al)InGaP/InGaP/Al(In)GaAs/(In)GaAs/InGaAsN/Ge的六结(6J)电池已经被证实为更高效电池。在1个太阳辐射强度(135mW/cm^2)的AM0条件下，该6J电池的转换效率为23.6%。这种效率远低于最高效率的3J电池，尽管可能由于低量子效率的电流限制InGaAsN层的结的数量更多。然而，该6J电池的V_{oc}为5.33V，明显高于最高效率3J电池的3.09V，这仅仅是由六种半导体材料的串联连接导致的。

目前正在进行研究的In-Ga-N氮化物化合物太阳能电池，E_g高于$In_{0.49}Ga_{0.51}P$的1.8eV[93-95]。这种In-Ga-N系统的一个吸引人的优势是其广泛的可用E_g，从0.7eV的InN到3.4eV的GaN[96]。掺入铝形成的Al-In-Ga-N将进一步提升上边缘，对于AlN而言高达6.2eV。对于四元化合物，晶格匹配的多结电池原则上可以通过其晶格常数和带隙能量的独立可调性来构建，而在适当的位错密度和p/n掺杂下，其制备仍然具有挑战性。

美国国防部高级研究计划局(DARPA)项目的一个合作团队正在研制一种新型太阳能电池模块，该模块通过二向色滤光片进行太阳光光谱分割，并具有不同带隙能量的独立定位电池[97,98]。在该架构中，每个电池将接收太阳光谱的一部分，最有效地吸收并转换为电能，并且可以避免子电池之间的电流匹配问题以及单片器件的上部子电池中的自由载流子吸收损耗[99-101]。他们测试了独立的InGaP/GaAs 2J、Si 1J和InGaAsP/InGaAs 2J电池，没有光分裂结构，但是具有适当的滤光器来模拟入射到每个电池的光谱，并且简单地通过将三个电池的效率相加就报告了42.7%的效率，表明了非常高效率的光伏模块的潜力。

3.2.2　0eV带隙子电池

考虑到三个子电池之间的电流匹配，假设顶部2J结构为(Al)InGaP/GaAs，已知3J太阳能电池中底部电池的最佳带隙能量约为1.0eV。除了用1.0eV带隙材料替换Ge子电池外，在GaAs和Ge子电池之间插入1.0eV材料也将提高电池效率。串联AlInGaP(1.9eV)/GaAs(1.4eV)/1.0eV/Ge(0.66eV)4J太阳能电池在1000个太阳辐射强度下的详细平衡极限效率计算为60.9%(在AM1.5G，1个太阳辐射强度下为47.7%)。InGaP/GaAs/Ge 3J电池中的GaAs中间子电池限制了总光电流(即在三个子电池中具有最小的光电流)，因此，通过添加Al和增加AlInGaP四元电池中的Al含量来增加InGaP顶部子电池带隙将提高效率。然而，添加铝会导致InGaP电池的光电流显著降低，这可能是由于铝和相关氧污染对少数载流子特性的不利影响。通过用In替代部分Ga含量来降低限流GaAs中间子电池的带隙是比InGaP/GaAs/Ge 3J电池效率更高的另一种方法，尽管这种方法伴随晶格失配，并且需要梯度缓冲层，否则会遭受大密度的位错[102]。将InGaP子电池变薄以将一部分光子传递到GaAs子电池是一种替代的、适当的解决方案[102]。

$In_xGa_{1-x}As_{1-y}N_y$可以与GaAs晶格匹配，以满足$x=3y$的要求，并且可以具有约1.0eV的带隙[103]。尽管这种InGaAsN被认为是最有希望的候选材料，但其少数载流子扩散长度太短，导致输出光电流较低[103-106]。其他候选材料，如$ZnGeAs_2$、$GaTlP_2$和InGaAsB也没有显示出更优异的性能。

最近，Sb被纳入氮化物系统中，以形成与GaAs相匹配的InGaAsNSb电池晶格，具有0.92eV的带隙，并且显示出相对较高的量子效率和电流密度，足以与InGaP/GaAs电池进行电流匹配[107]。此时观察到的低V_{oc}掩盖了这种InGaAsNSb相对于Ge电池的优势，但生长晶体质量的改善将这种新化合物推向有希望的候选材料名单。

另一种选择是与外延生长中成分梯度的GaAs晶格不匹配的1.0eV InGaAs材料。美国国家可再生能源实验室(NREL)通过透明成分梯度层，在反向生长的GaAs/InGaP 2J子电池上生长了约1eV的InGaAs子电池，与GaAs晶格不匹配达2.2%。将该外延结构安装到预金属化的Si支撑晶片上，然后选择性地移除母GaAs衬底，形成InGaP/GaAs/InGaAs 3J电池。这种反向生长的电池在AM1.5D、140个太阳辐射强度下[108]，达到了40.8%的转换效率，并且在AM1.5G、1个太阳辐射强度条件下实现了转换效率33.8%[109]。

直接晶圆键合也可用于晶格失配的堆叠。通过将InGaP/GaAs 2J子电池和晶格失配率为4%的InP基1eV InGaAsP/0.73eV-InGaAs 2J子电池进行复合，制备了晶格失配率为4%的键合GaAs/$In_{0.53}Ga_{0.47}As$单片2J电池，表明了InGaP/GaAs/InGaAsP/InGaAsP/InGaAs 4J电池具有优异的潜力，如图3-7所示[110]。通过调整基板可以降低制造成本，目前研究已经证明，通过将Ge和InP薄膜在Si衬底上生长，制备的Ge/Si和InP/Si交替生长衬底，以及在每个衬底上生长的

InGaP/GaAs 2J 和 InGaAs 1J 电池，其电池效率分别与在块体 Ge 和 InP 衬底上生长的电池相当[111,112]。

3.2.3 高能光子的利用

利用更高能量光子的一种方法是通过碰撞电离从一个光子中激发多载流子，如图 3-8 所示，这是俄歇复合的逆过程[113]。这种非线性现象通常被称为“多重激子产生”或“载流子倍增”。在半导体量子点(QD)中，也称为“纳米晶体”，由于载流子态密度的离散特性，载流子冷却速率可以显著降低。此外，由于三维载流子约束，动量匹配条件缓和，激子间库仑相互作用增强，碰撞电离速率大大提高。因此在量子受限半导体量子点中，多载流子激发非常有效，而在体半导体中，由于载流子复合速率比碰撞电离速率快得多，多载流子激发效率很低[114]。目前，利用高能入射光束对 PbSe、PbS 和 CdSe 量子点利用多载流子激发过程提高量子效率的研究非常深入。令人惊讶的是，在 PbSe 量子点上已经证明量子效率(QE)为 300%[115]，每个入射光子激发三个电子-空穴对，在 2006 年出现了更引人注目的量子效率(700%)[116]。研究人员通过双激子衰变寿命时间尺度上的时间瞬态吸收测量检测激子变化，验证了量子点中每个入射光子产生多个激子对[117,118]。在 InAs[119,120] 和 Si[112] 量子点中也观察到多重激子产生。

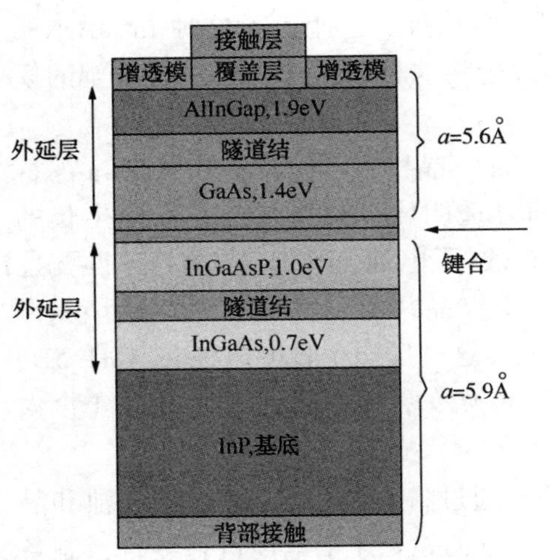

图 3-7 直接键合单片晶格失配四结太阳能电池的横截面示意图

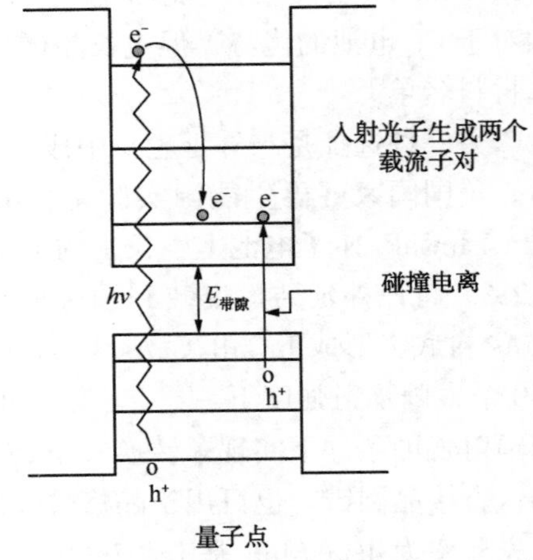

图 3-8 从每个入射光子生成两个载流子对的碰撞电离能量示意图

有效利用多载流子激发存在的一个问题，在于就入射光子能量而言，多激发产生的阈值。在大多数实验研究中，观察到载流子倍增能量阈值 E_{CM} 明显高于预

期的 $2E_g$。这一现象在体半导体中更为突出[88,89]。在体半导体中，由于碰撞电离涉及的载流子之间的能量和动量守恒要求，$E_{CM} \sim 4E_g$ 提供了电子有效质量 $m_e \sim$ 空穴有效质量 m_h[112, 120]。。然而，最近观察到，利用 InAs 量子点[85]中的动量扩散和较小的 m_e/m_h，E_{CM}成功地降低到约 $2E_g$。在这一方面，Ⅲ-Ⅴ半导体化合物量子点在更小的 m_e/m_h和更强的激子-激子-库仑耦合方面实际上比Ⅱ-Ⅵ量子点更有用，这是由于更小的介电常数以及已建立的器件制造技术和规避铅盐的毒性。对多载流子激励下的太阳能电池效率进行了详细的平衡极限计算[121,122]。例如，在 1000 个太阳辐射强度下(1 个太阳辐射强度为 39%)，相对于在无多载流子激发的情况下为 38%(1 个太阳辐射强度为 31%)，从一个光子产生多达 8 个电子-空穴对的单结电池的效率极限估计为 58%，其最佳能带隙假设为 $E_{CM} \sim 2E_g$。

多载流子激发的机制目前还不明确，正在深入讨论[123,124]。例如，提出了一些新的物理模型，表明纳米晶体中约束增强的库仑相互作用以及高能单激子和多激子态的大光谱密度的贡献，并声称实验观察到的如此高的量子效率不能仅仅用碰撞电离来解释[114,123]。甚至多载流子激发过程本身的存在也有一些争议[125]，因为还没有直接观察到从半导体中提取的光电流形式的多载流子激发。

利用高能光子的另一个想法是通过在光伏材料的带隙中引入杂质能级，从一个高能光子的入射诱导两个低能光子的发射。这一概念被称为下转换，并在 Eu^{3+} 掺杂的 $LiGdF_4$ 中得到证明，通过从激发的 Gd^{3+} 到发射两个光子的 Eu^{3+} 的两步能量转移，每个吸收的 UV 光子发射两个可见光子[125]。研究表明，掺有适当杂质的Ⅲ-Ⅴ族半导体化合物如 AlAs 和 GaP 可以作为下变频器[126]。最近，在 SiO_2 基质中含有 Er^{3+} 离子的 Si 量子点中也发现了类似的下转换过程[127]。

3.2.4 低能光子的利用

另一个新型电池领域是利用比光伏材料的带隙能量更低的光子，通过将较低能量光子向上转换为较高能量的光子，这些光子在传统太阳能电池中会被浪费为热量损失。例如，两个红外光子被掺有某些稀土的玻璃陶瓷吸收，可以发射一个可见光子[127]。亚带隙光子可以通过将这种上转换材料放置在太阳能电池前面或太阳能电池后面(在上转换器后面有一个反射器)来利用。这一概念已被证明适用于带有稀土掺杂的玻璃陶瓷上变频器的 GaAs 电池[128,129]。

利用低能量入射光子的另一个想法是在半导体光伏材料内部添加中间带，而不是上述上转化方法。提出了在光伏材料的带隙中插入杂质能级，通过能量低于带隙的光子激发载流子[130]。如量子阱(QW)/量子点(QD)结构材料也可以使能量低于原始光伏材料带隙的光子被较窄带隙吸收[112,131-133]。量子阱/量子点中产生的载流子或激子可以热逸出到电子的导带或空穴的价带上，以促进总光电流增强，理想地保持原始材料的光电压。在 IR 区域观察到具有InGaAs/GaAs 多量子阱(MQW)的 GaAs 太阳能电池相对于不具有多量子阱的 GaAs 电池的光电流更强[134]。在 46000 个太阳辐射强度下，这种中间带太阳能电池的效率极限估计为 63%[135]。

3.2.5 用于增强光吸收的等离子体纳米金属结构

已知金属纳米颗粒相对于大块金属表现出独特的光学特性，例如表面增强拉曼散射(SERS)和二次谐波产生(SHG)[136-138]。金属纳米颗粒的代表性应用是生物分子操纵、标记和 SERS 检测[139]。受金属纳米颗粒启发的其他光电子领域正在兴起，例如用于显微镜、微加工和光学数据存储的多光子吸收和荧光激发[140,141]。

这些特性高度依赖于表面等离子体吸收，即通过入射光子与金属表面自由电子的集体振荡之间的耦合来增强对光或电磁场的吸收[142]。从理论上说，电磁能量可以沿着紧密间隔的金属纳米颗粒的周期性链状阵列引导，这些金属纳米颗粒将光学模式转换为无辐射的表面等离子体。这种等离子体激元装置利用电浆激元频率下相邻纳米金属粒子中的偶极-偶极耦合或电子的集体偶极-等离子体激元振荡中的光局部化。实验观察到，由直径约 30nm 的紧密间隔的银纳米颗粒组成的等离子体激元波导通过近场粒子相互作用将电磁能量引导到几百纳米的距离上[137]。此外，有人提出，光可以有效地绕过纳米颗粒链阵列的尖角[143]。这种等离子体激元波导技术有可能用于构建全光纳米级网络[144,145]。

太阳能电池结构在有源光伏层的厚度上需要进行多方考量。如图 3-9[146] 所示，较薄的光伏层光吸收较少，而较厚的光伏层会使载流子复合加剧。这两个因素都会降低对入射太阳能的能量转换效率。因此，通常会优化光伏层的厚度，实现能量转换效率的最大化。金属纳米结构可以激发表面等离子体激元，并且可以显著增加薄有源光伏层中的光程长度，以增强整体光吸收。在本节中，将介绍两种利用表面等离子体激元进行太阳能电池应用的方案。

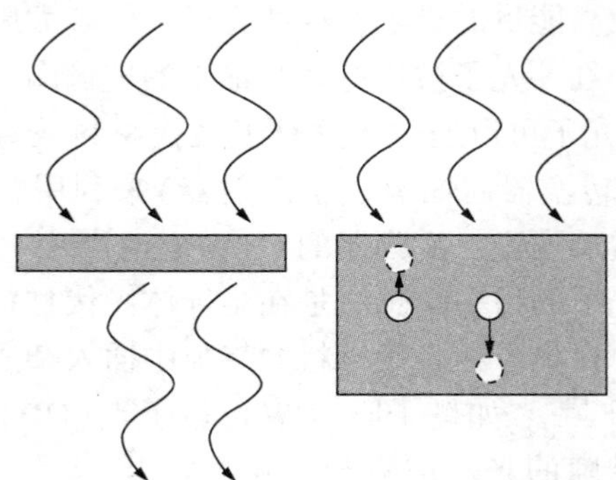

图 3-9　光伏层厚度权衡问题示意图。较薄的光伏层(左)导致光吸收较少，而较厚的光伏层(右)将会使载流子复合加剧

太阳能电池表面上的金属纳米颗粒可以作为“天线”，以其在表面等离子体共振进行入射光收集，然后将入射光散射到更大范围，以增加吸收层中的入射光波长[图 3-10(a)]。这种效应有可能降低电池成本和重量，因为使用了更薄的吸收层，也有可能提高与载流子激发水平相关的效率。贵金属颗粒的光散射速率比吸收速率高得多，通过合理选择颗粒直径(根据经验大约为 100nm)，可以将吸收损耗降至最低。在准静态极限近似中，较大粒子的散射/吸收速率对于亚波长尺度粒子有效，而尺寸与入射波长相当或大于入射波长的粒子将遭受电动阻尼，从而失去太阳能，就像粒子中产生的热量一样。几个研究小组已经观察到这种方案对硅电池的光电流增强[129,147-152]。还报道了此类等离子体金属纳米颗粒在其他类型太阳能电池(如染料敏化太阳能电池和有机太阳能电池)中的应用[153-155]。

吸收长度和载流子扩散长度之间的平衡当然也存在于Ⅲ-Ⅴ半导体化合物太阳能电池中。一些研究小组已经研究了光学薄膜砷化镓太阳能电池，其顶部有亚波长大小的金属颗粒阵列，并观察到光电流的增强，特别是在近红外区域，甚至在整个电池效率方面[156,157]。

如图 3-10(b)所示，通过将金属层放置在光伏层的底部，入射光可以通过一些亚波长尺寸特征(如纳米级凹槽)，耦合到在半导体/金属界面传播的表面等离子体激元中[148,158,159]。通过这种方式，可以将能量通量的方向从垂直方向转换为相对于光伏层的横向方向。应用这种表面等离子体传播的太阳能电池，是从太阳获取更多的能量的一个新概念[153]。

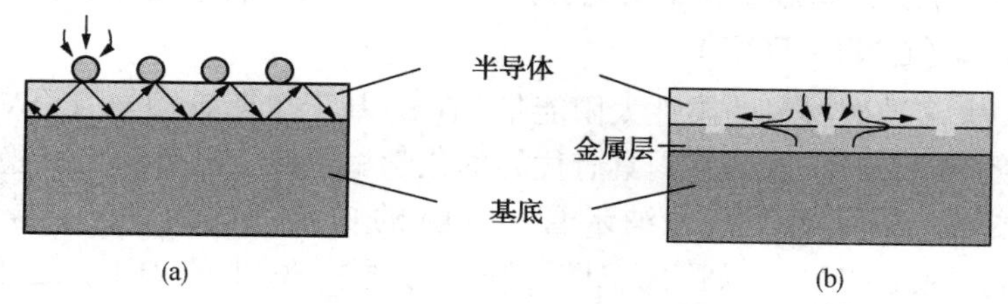

图 3-10 太阳能电池结构的横截面示意图：(a)顶部金属纳米颗粒；(b)背面金属层[(a)入射太阳光被具有大消光截面的亚波长级金属颗粒收集，并以多个角度重新辐射到半导体中，以增加薄膜光伏层中的光路长度；(b)入射太阳光通过亚波长尺寸的凹槽耦合到在半导体/金属界面传播的表面等离子体，通过将光方向从垂直于光伏层的方向切换到横向来增加光路][152,160]

某些类型的常规太阳能电池(例如硅太阳能电池)也具有金属背反射器以增加光路，而Ⅲ-Ⅴ族半导体化合物太阳能电池(例如 GaAs 电池)在厚基板顶部具有薄的光伏活性层。然而，研究中观察到的由金属背结构引起的等离子体诱导的吸收增强仅在强吸收或直接带隙半导体中才会显著发生，从而解释了金属中的能量消耗。

对在材料界面传播到金属和半导体中的耦合表面等离子体激元的能量耗散分数的计算表明，对于太阳能电池应用所关注的，在可见光波长范围内，大部分能量被 GaAs 吸收，而不是被金属吸收，特别是对于 Ag 和 Al。这一结果意味着 GaAs 可以有效地从耦合的表面等离子体激元中获取能量，具有很强的吸收或较大的介电函数虚部，克服金属中的欧姆损耗。此外，硅是一种弱吸收体，在金属中会受到欧姆损耗的影响，其能量吸收分数要低得多。这对于直接带隙半导体材料来说是一个巨大的好处，因为直接带隙半导体材料是更强的吸收体，适用于此类“等离子体”太阳能电池。基于这一概念，制作了具有 Ag 背层的原型薄膜 GaAs 太阳能电池，与具有吸收 GaAs 背层的参考 GaAs 电池相比，在整个太阳光谱范围内具有净光电流增强功能。在 GaAs 能带边缘附近发现了一个归一化光电流峰值，这归因于 Ag 背层的多角度反射。在 600nm 处发现另一个光电流增强峰，这是由于 GaAs/Ag 界面的表面等离子体耦合或法布里-珀罗共振效应。

在本节中，介绍了Ⅲ-Ⅴ族半导体化合物光伏领域的最新进展，并讨论了进一步提高效率的可能方法。多结太阳能电池已经实现了大约 40%的效率。为了进一步提高效率，目前正在寻找与 GaAs 和 Ge 晶格匹配的 1.0eV 带隙材料。氮化物虽然是较好的候选物，但其量子效率低。

3.3 薄膜太阳能电池

3.3.1 用于薄膜太阳能电池(SC)的碳纳米管基柔性太阳能带(CNT-TCF)

目前，大多数碳材料的柔性太阳能带(TCF)基于单壁碳纳米管(SWNT)和多壁碳纳米管(MWNT)，因为它们具有优异的化学稳定性、显著的机械稳定性和成熟的制造技术。研究表明，碳纳米管(CNT)的功函数约为 5eV，与氧化铟锡(ITO)相当，因此 CNT 可以替代 ITO 薄膜作为薄膜 SC 中的 TCF。近年来，CNT 作为 TCF 已成功应用于不同的薄膜 SC，如有机太阳能电池(OSC)、染料敏化太阳能电池(DSSC)和钙钛矿太阳能电池(pero-SC)。

1. 用于 OSC 的 CNT-TCF

OSC 被认为是一种很有前途的下一代电源，因为该器件重量轻、元素丰富且易于低成本卷对卷制造。作为 OSC 的一种有前途的 TCF，迫切需要开发可扩展的大面积处理技术，用于在柔性基板上沉积 CNT。尽管单个 CNT 的良好特性[电子迁移率≈$10^5cm^2/(V\cdot s)$、电导率≈$3\times10^6S/cm$ 和最大电流密度≈$10^9A/cm^2$]使它们在各种电子设备的应用中非常有前途[161]，由随机网络制成的 CNT-TCF 通常表现出较差的光电性能[在 90%透射率(T)时，R_{sh}通常为 400Ω/sq]，这是由于大导线-碳纳米管之间的线接触结电阻。CNT-TCF 的导电性受多种因素影响，例如纯度、束尺寸、晶格完美度、壁数、直径、长度、金属/半导体比率、掺杂水平和每单位面积薄膜的 CNT 结数量。

用于制造 CNT-TCF 的各种技术包括旋涂、喷涂和印刷。通常，所有技术可以根据样品条件分为两类：湿法工艺和干法工艺。其中通过干法工艺获得高质量的碳纳米管薄膜，但这种方法工艺复杂、成本高且难以大规模生产。相比之下，通过湿法工艺制造 CNT-TCF 引起了人们极大的关注，因为易于加工，且具有成本效益，与低温兼容，适用于各种柔性基材。因此，制备高质量、低成本、批量生产和可印刷的碳纳米管墨水对于基于溶液的沉积技术至关重要。共轭聚合物包裹由于其简单和快速的操作过程而被认为是富集单壁碳纳米管的有前途和可扩展的方法，但是，该过程受到聚合物残留物的严重污染和共轭聚合物的高成本的影响[137]。为了制造低成本和高纯度的半导体单壁碳纳米管，可使用一种基于亚胺的共轭聚合物，用于选择性分散单壁碳纳米管，效率高达 23.7%，选择性高达 99.7%。更重要的是，这种方法制备的材料是可回收的，成本低，聚合物污染少，有望应用于高性能电子设备[162]。

除了制造高质量和低成本的 CNT 材料外，还开发了许多沉积技术来制造基于 CNT 的 TCF。在早期的尝试中，几个研究团队通过过滤 SWNT 形成 TCF，为 OSC 制备了 CNT-TCF。这些薄膜可以转移到不同的柔性基材上，并且通常表现出优异的光电性能[163]。通过过滤/转移方法将 CNT 从氯磺酸超强酸溶液中沉积到柔性基材上，据报道，其具有迄今为止最高的光电性能，在 90.9% T 下具有 60Ω/sq 的 R_{sh}，其中可与商业柔性 ITO 的性能相媲美。然而，这种薄膜呈现出显著的粗糙度和碳纳米管的中心聚集，这会在薄膜 SC 的制造过程中导致短路。更重要的是，这种工艺不适合大规模生产。为此，开发了包括浸涂、喷涂和刷涂在内的各种技术来大规模生产 CNT-TCF。2012 年，Mirri 等通过浸涂证明了来自氯磺酸溶液的高性能 CNT-TCF，该浸涂在没有超声处理的情况下具有固有的可扩展性[164]。使用这种技术，可以在不同的基板上制造具有约 10μm 长 CNT 的 CNT-TCF，从而产生卓越的光电性能。尽管浸涂非常简单且成本低廉，但它需要光滑且高亲水性的基材，否则会在薄膜中形成具有大 CNT 聚集体的厚度不一致的薄膜。下拉棒涂层是另一种生产大面积 CNT-TCF 的技术，Dan 等报道了一种用于制造 SWNT 薄膜的下拉 Mayer 棒涂层技术[165]。镀膜设备通常由光滑的平面玻璃垫和不锈钢棒组成。重型夹子用于固定基板以压下玻璃垫；Mayer 棒通过在基材上流动来刮掉涂层，然后形成薄的液体膜[165]。优化的表面活性剂可以将 SWNT 的电导率提高多达 5 倍，品质因数（*FOM*）测量表明，除了最近的空气喷涂之外，该技术优于所有其他文献报道的技术。另外，还有一种超声波喷涂技术，通过超声波喷涂在任意柔性基板（6in×6in）上制备具有优异光电性能和极低表面粗糙度的 SWNT 薄膜。这种技术与用于光伏的 SWNT-TCE 的低成本卷对卷制造兼容，实现了功率转换效率（*PCE*）为 3.1%的 OSC，与基于 ITO 的类似设备相比，其 *PCE* 损失最小。这种可扩展的工艺适用于制造柔性和大面积的 CNT-TCF，并可应用于不同的柔性电子产品。

2. 用于 DSSC 的 CNT-TCF

尽管 CNT 已广泛应用于 DSSC，但关于 CNT 在 DSSC 中作为 TCF（阳极）应用的报道很少。Wei 等[166]通过使用新型离子液体凝胶作为电解质，ZnO 纳米颗粒和 CNT-TCF（通过真空过滤法制造）在 PET 上作为光阳极，制备了一种柔性固态 DSSC。尽管 CNT 具有比 ZnO（4.4eV）更高的功函数（4.7～4.9eV），但其基于 CNT-ZnO 的柔性 DSSC 表现出非常低的效率，J_{sc} 仅为 2.23mA/cm^2，开路电压（V_{oc}）仅为 0.23V[167]。为了提高 CNT-DSSC 的性能，Du 等报道了使用液体 I_3^-/I^- 氧化还原对作为电解质的柔性液体 DSSC，采用电化学沉积制备的染料敏化多孔 ZnO 膜作为光阳极，虽然获得了相对较高的 *PCE*（2.5%），但是基于 CNT-TCF 的 DSSC 的性能仍远低于基于传统 TCO 薄膜的 DSSC[167]。基于 CNT-TCF（阳极）的 DSSC 的 *PCE* 较差的主要原因可以通过它们的工作原理来解释：在典型的液体 DSSC 中，从半导体氧化物（如 TiO_2或 ZnO）导带激发的电子，会在电解质/电极界面处与 I_3^- 重新复合。CNT 是 DSSC 常用的对电极（CE），并且表现出将 I_3^- 还原为 I^-的高催化性，这大幅度加速了注入电子与 I_3^- 的复合。因此，在液体型 DSSC 中利用碳基 TCF（阳极）仍然具有挑战性，应该寻求一些有效的 CNT-TCF 改性技术。为此，部分研究证明氧化钛改性的 CNT-TCF 可以有效抑制电子与 I_3^-的复合，不会牺牲 CNT-TCF 的透射率和电导率，与约为 0 相比，基于 TiO_x 改性碳纳米管的 DSSC 的 *PCE* 显著提高至 1.8%（V_{oc}为 0.644V，J_{sc}为 6.547mA/cm^2，*FF* 为 43%）。

3.3.2 用于薄膜 SC 的石墨烯 TCF

作为 TCF，单层未掺杂石墨烯片的理论光电极限为 97.7%*T*，R_{sh} 为 6kΩ/sq[168]。2010 年，Bae 等卷对卷制造的 30in 石墨烯薄膜通过 CVD 和湿化学掺杂[169]，在约等于 90%*T* 时产生低至约等于 0Ω/sq 的 R_{sh}。此外，石墨烯已被证明与 ITO 相比，显示出更高的化学稳定性、优异的机械柔韧性、更高的载流子迁移率［200cm^2/（V·s）］、更高的载流容量（3×10^8 A/cm^2）以及与有机材料的更低接触电阻[170]。这些年来，已经做出巨大努力来促进石墨烯在电子设备中的应用，例如薄膜 SC[171-174]、电池[175-179]、储氢[180-182]、晶体管[183-185]和传感器[186]。在本节中，我们主要关注用于 OSC 和 pero-SC（钙钛矿太阳能电池）作为 TCF 的石墨烯电极的最新进展。由于石墨烯 TCF 的发展仍处于早期阶段，在 OSC 中利用石墨烯作为 TCF（阳极）的研究很少。石墨烯在薄膜 SC 中商业应用的主要技术障碍总结如下。

1. 高透明低并联电阻 R_{sh} 石墨烯电极量产

迄今为止，已经开发了各种技术，包括机械剥离[187]、CVD[169,172,188-190]、还原氧化石墨烯（rGO）[191-193]、液相剥离[194-201]、SiC 的热分解[202]来制造石墨烯 TCF。在这些技术中，还原石墨烯（GO）和 CVD 生长的石墨烯在柔性 TCF 的卷对卷大规模生产方面显示出强大的潜力[153]。在此背景下，已经进行了多次尝试将 rGO 和 CVD 生长的石墨烯用作 OPV 中的 TCF。通常，由于生长的石墨烯 TCF 的 CVD 生长工艺复杂且制造成本高，金属箔上的石墨烯薄膜需要通过多重工艺转移到目标柔性基板上。相比之下，通过用适当的化学物质还原来化学剥离氧化 GO 是 OSC 应用更低成本的选择[203-205]。2010 年，据 Yin 等[171]观察，器件性能取决于从有源层到 rGO 电极的电荷传输效率，当透射率高于 65%时，它对 rGO 电极的透射率不敏感。

虽然研究人员通过增加厚度来降低 rGO 薄膜的 R_{sh}，但 rGO 薄膜的优化光电性能仍然很差（在 55%T 时，$R_{sh}=1600\Omega/sq$），相应的 PCE 仅为 0.78%。通过在 OSC 设备上施加 2.9%的拉伸应变进行的机械柔韧性测试表明它可以承受一千次弯曲循环。尽管使用 rGO 作为 TCF 来改善 OSC 的 PCE，但 rGO 薄膜的光电性能仍然很差（在 70%T 时，$R_{sh}\approx 1k\Omega/sq$），因此相应的 PCE 仍然很低（约 1.0%）。为了解决这个问题，最近，Konios 等通过使用基于激光的图案化技术改善了 rGO 薄膜的光电特性。获得的 rGO 材料可以显著改善导电性和透明度之间的平衡[206]。所制备材料透射率从 22.5%增加到 59.1%，而 R_{sh} 从 281Ω/sq 增加到 565Ω/sq，使 PCE 从 1.78%显著增加到 3.05%。

尽管 rGO 的液相裂解为石墨烯的加工提供了一种低成本的替代方法，但这种薄膜相对较差的光电特性仍然是其在柔性 OSC 中应用的主要问题。尽管工艺复杂、成本高，但 CVD 仍然是批量生产高透明低 R_{sh} 石墨烯电极最成功的技术。Zhou 等人介绍了一种 CVD 技术，在 PET 上制造大面积、光滑、少层的石墨烯薄膜，其 R_{sh} 和透射率控制在 72%T 时的 230Ω/sq 和 91%T 的 8.3kΩ/sq 的范围内[172]。与 ITO 薄膜相比，石墨烯/PET 薄膜表现出显著的机械稳定性，100 次弯曲循环后 R_{sh} 仅增加 7.9%，而商业 ITO/PET 薄膜增加了三个数量级。获得了 1.18%的总体 PCE，FF 为 52%。为了提高光电性能，Lee 等[173]使用化学掺杂法提高石墨烯材料的光电效应。该技术包括 CVD 生长、Ni 膜蚀刻、转移和 HNO_3 或 $SOCl_2$ 掺杂等过程。掺杂石墨烯 TCF 的 R_{sh} 比原始薄膜低两倍。PET/石墨烯/PEDOT：PSS/P3HT：PCBM/Ca/Al，获得了 2.54%的高 PCE，FF 高达 55.9%。在弯曲试验下，当弯曲半径从 27mm 减小到 5.2mm 时，FF 值几乎保持不变。Park 等用 CVD 生长的石墨烯作为阳极和阴极，MoO_3 作为电子阻挡层，ZnO 薄膜作为电子传输层制造了柔性 OSC[207]。

2. 表面亲水处理

石墨烯是疏水的，很难直接在其上沉积高质量的 PEDOT：PSS 层，这对 OSC 的性能至关重要。由于传统的 ITO 等离子体亲水处理会严重损坏石墨烯 TCF，因此找到一种无损伤的方法来改善其润湿性能而不增加其 R_{sh} 或降低其透射率至关重要。在早期的尝试中，可通过引入芘丁酸琥珀酰亚胺酯(PBASE)，通过 π-π 相互作用以面对面取向堆叠在石墨烯片的表面上，对 CVD 生长的石墨烯进行非共价改性。PBASE 改性石墨烯被用作 OSC 中的阳极，其结构为石墨烯/PEDOT：PSS/P3HT：PCBM/LiF/Al，*PCE* 为 1.71%，远高于未改性石墨烯(*PCE*=0.21%)。*PCE* 的显著改善可归结于以下原因：①PBASE 修饰将石墨烯的功函数从 4.2eV 增加到 4.7eV，这有利于增加 V_{oc} 以实现有效的电子空穴分离；②PBASE 修饰后没有观察到光电性能的明显下降，因为非共价功能化不会显著中断石墨烯中的共轭；③PBASE 提高了石墨烯的亲水性，并允许在石墨烯上实现 PEDOT：PSS 的完全覆盖和均匀性，这有利于空穴注入。除了 PBASE，由 $AuCl_3$ 掺杂的 CVD 生长石墨烯不仅可以增加石墨烯表面的亲水性以均匀旋涂 PEDOT：PSS，而且还可以改变功函数并降低石墨烯 TCF 的 R_{sh}。*PCE* 的持续改进 OSC[石墨烯/PEDOT：PSS/铜酞菁(CuPc)/C_{60}/浴铜灵(BCP)/Ag]与 $AuCl_3$ 掺杂的石墨烯 TCF 实现了从 0.57%到 1.63%的转换效率。此外，在石墨烯和 PEDOT：PSS 之间涂上 PEDOT：PEG 亲水中间层作为界面空穴传输层(HTL)。具有石墨烯/PEDOT：PEG/PEDOT：PSS/DBP/C60/BCP/Al 结构的基于改性石墨烯 TCF 的 OSC 实现了 2.9%的 *PCE*，这与在 ITO 上获得的结果接近。Park 等人[208]在 IPA 掺杂和未掺杂 PEDOT：PSS 在石墨烯上的接触角测量值分别为 19.6°和 79.6°。

最近，采用 PEDOT：PEG 作为界面空穴传输层，PEDOT：PSS 可以直接均匀地涂覆在 PEDOT：PEG 改性石墨烯上[209]。PETDOT：PSS 液滴在改性石墨烯上的小接触角(28.1°)表明亲水性大大增加。在 PEDOT：PEG 的帮助下，石墨烯/PEDOT：PSS/DBP/C_{60}结构的 OSC 实现了 2.9%的 *PCE*，略低于基于 ITO 的器件(3.1%)。除了提高 PEDOT：PSS 对石墨烯的润湿性外，Park 等引入了另一个空穴传输层(HTL)，聚(噻吩-3-[2-(2-甲氧基乙氧基)乙氧基]-2,5-二基)(RG1200)以代替 PEDOT：PSS 用于 OSC。RG1200 不仅表现出优异的光学性能(λ=550nm 处的 *T* 为 96.0%)和良好的电学性能(500~3000Ω · cm)，而且还可以直接旋涂到石墨烯上而无须任何表面改性。RG1200HTL 覆盖均匀，对应的 OSC 产生 2.72%的 *PCE*，远高于 PEDOT：PSS 的器件(0.03%)，接近基于 ITO/RG1200 的器件(2.78%)。此外，还利用金属氧化物层来改善石墨烯的界面性能。2011 年，Wang 等通过在石墨烯上蒸发一层薄薄的 MoO_x 来改善石墨烯的亲水性[210]。紫外光电子能谱测量表明，MoO_3改性的石墨烯比 CVD 生长的石墨烯具有更高的功函数(5.47eV)，这适用于增加开路电位并有利于有效的电子-空穴分离。在MoO_3层的帮助下，石墨烯的亲水性大大提高，PETDOT：PSS 可以均匀地旋涂在石墨烯上，使得沉积 MoO_3后相应 OSC 器件的 *PCE* 从 0.12%显著提高到 2.5%。尽管已经为改善石墨烯 TCF 的界面做出了巨大努力，但基于石墨烯的 OSC(约3%)的性能仍远低于基于 ITO 的设备(8%~9%)[211,212]。为了提高性能，有研究在 PEDOT：PSS 层和 PTB7：PC71BM 聚合物混合物之间插入 MoO_3层作为电子阻挡层，以防止在 PEDOT 改性石墨烯和聚合物界面处发生电荷复合，产生 7.1%的最高 *PCE*[207]。按照这种方法，Sung 等在 PEDOT：PSS 和石墨烯 TCF 层之间沉积了一层薄薄的 MoO_3层，以提高 PEDOT：PSS 的润湿性[213]。他们发现 MoO_3的厚度极大地影响了 PEDOT：PSS 的润湿性，并且当用 2nm 厚的 MoO_3界面层改性时，*PCE* 达到了创纪录的 17.1%。

3.3.3 聚合物透明导电膜

在各种导电聚合物中，PEDOT：PSS 是电子设备中用作 TCF 的最广泛使用的聚合物之一[214-217]。与其他 ITO 替代品相比，PEDOT：PSS 在商业化应用中取得了初步成功。Heraeus 公司已经开发了一些量产的 PEDOT：PSS，如 CleviosPH500、CleviosPH510 和 CleviosPH1000 作为电子设备的 TCF。至关重要的是，PEDOT：PSS 适用于溶液处理，因此通过使用成熟的涂层和印刷技术与卷对卷设置兼容。更重要的是，在 OPV 模块中，PEDOT：PSS 估计仅占 OPV 模块成本的约 1%，而 ITO 估计占模块成本的 24%。PEDOT：PSS 具有在可见光范围内的高透明度、良好的热稳定性和显著的机械柔韧性等突出优点。然而，原始的 PEDOT：PSS 薄膜通常表现出较差的导电性，因为 PSS 是绝缘体，并且 PEDOT 的结晶度不够高，无法提供强大的载流子传输和收集能力。因此，原始 PEDOT：PSS 薄膜(<1.0S/cm)的电导率通常比 ITO(>4000S/cm)低三个数量级[218]。近年来，通过不同的技术，例如添加有机化合物[包括乙二醇(EG)、二甲基亚砜(DMSO)等]、离子液体、表面活性剂、盐溶液、两性离子等添加剂，酸/碱处理，提高材料的导电性能。在这些技术中，硫酸(H_2SO_4)处理被认为是一种非常有前途的制造高透明导电 PEDOT：PSS 薄膜的方法。Xia 等[219]提出了一种简单的技术来制造电导率高达 3065S/cm 的 PEDOT：PSSTCF，只需在 160℃下将 H_2SO_4溶液滴在干燥的 PEDOT：PSS 薄膜上。与其他实验室报道的其他技术相比[214](当 PEDOT：PSS 薄膜分别用 EG 和 DMSO 处理时，它们只有 $700cm^{-1}$ 和 $600Scm^{-1}$)，这种技术能够显著提高薄膜的电导率。更重要的是，对于 H_2SO_4处理膜，在 2 个月后观察到电导率的降低可以忽略不计。此外，将 H_2SO_4处理的 PEDOT：PSS 薄膜作为 TCF 应用于柔性 OSC，实现了 3.56%的高 *PCE*。最近，Kim 等通过 H_2SO_4后处理研究了 PEDOT：PSS 中溶液处理的晶体形成[220]，他们

发现浓 H_2SO_4处理可以在 PEDOT 中引起显著的结构重排，然后通过电荷分离的转移形成结晶纳米纤维机制。经过这样的处理，电导率急剧增加到约等于 4380S/cm，这是该系统的历史最高值，几乎与 ITO 相当。这种 PEDOT：PSSTCF 进一步应用于 OSC 作为阳极，产生高达 6.6%的 *PCE*，这也几乎与基于 ITO 的器件的值相当。

虽然 H_2SO_4是提高 PETDOT：PSS 导电性的最有效方法之一，大多数上述研究是在刚性玻璃基板上进行的，因为 H_2SO_4具有很强的腐蚀性，这可能会严重降低塑料基板的透明度和柔韧性，尤其是在高温下。此外，H_2SO_4也给人类带来了严重的环境污染问题和风险[221]。此外，当直接在材料中加入 PEDOT：PSS 水溶液时，大多数塑料材料显示出天然的疏水性，且缺陷较多，结晶度较少。在这方面，Fan 等[222]制备了优化后的 PEDOT：PSSTCF，其导电率在玻璃基板和聚对苯二甲酸乙二醇酯材质基材(PET)上分别可达 4800S/cm($R_{sh}\approx 32\Omega$/sq)和 3560S/cm。电导率的显著提高极大地提高了 OSC 性能，产生了 3.92%的 *PCE*，这是基于 P3HT：PCBM 的可弯曲 SC 的创纪录高效率。此外，在弯曲半径为 14mm 的机械弯曲 100 次后，这种柔性 SC 仍保持初始 *PCE* 的 80%。

尽管导电性显著提高，但常用的旋涂溶液处理技术很难在连续的卷对卷工艺中实施。为此，Bao 等采用溶液剪切可扩展沉积技术来制造高性能 PEDOT：PSSTCF[223]。优化溶液剪切参数后，获得了具有 4600S/cm±100S/cm 创纪录高电导率的 PEDOT：PSSTCF，并在 97.2%*T*±0.4%*T* 下产生了 17Ω/sq±1Ω/sq 的 R_{sh}。可扩展的 PEDOT：PSS 电极获得了 *PCE* 为 2.87%的优化 OSC，与基于 ITO 的器件(2.86%)相当，并且高于基于旋涂 PEDOT：PSS 薄膜的器件(2.20%)。

尽管所有提到的 ITO 替代品都经历了快速发展并在商业应用中取得了不同程度的成功，但并非所有替代品都为薄膜 SC 的应用带来了优于 ITO 的竞争优势。用超长纳米线(NW)、电纺纳米槽、自成型裂纹或光刻法制造的金属 TCF 通常表现出显著的导电性、透明度和机械灵活性，甚至优于 ITO 设定的基准。更重要的是，大多数金属 TCF 与大面积卷对卷制造具有良好的兼容性，特别是对于可以通过非常低成本的溶液路线制备的金属 NW。然而，较差的化学稳定性和高表面粗糙度阻碍了它们在 SC 中的应用。包括碳纳米管和石墨烯在内的碳材料储量丰富、化学稳定性高，非常有希望成为 ITO 的替代品，但具有优异光电性能的高质量碳纳米管和石墨烯通常采用热和等离子体 CVD 技术制备，这增加了制造成本。PEDOT：PSS 与低成本的卷对卷工艺兼容，它已广泛用于薄膜 SC 作为界面缓冲层，但作为 ITO 的替代品，它仍然存在导电性和化学稳定性差的问题。将两种或多种不同的导电材料集成在一起可能会获得互补的优势。例如，涂有导电聚合物的金属网可以有效降低表面粗糙度，涂有石墨烯的金属纳米线可以大大提高其化学稳定性。杂化的 TCF 将为设计和制造用于薄膜 SC 的优秀 TCF 开辟一条新途径。

在这些年来广泛研究的各种薄膜 SC、OSC 中，有研究者设计和制造了大面积无 ITO 的 OSC 模块。使用卷对卷印刷金属网作为 TCF，产生高达 3.2%的 *PCE*（单细胞约为 3.8%）。这些努力表明无 ITO 的柔性薄膜 SC 可以在环境条件下通过成熟的卷对卷工艺大规模制造，并具有可接受的性能。此外，pero-SC 仍处于早期阶段，但其快速增加的 *PCE* 可能使其成为下一代灵活、低成本、高效的无 TCO 薄膜 SC。如果能有效解决其稳定性问题，对于 FSSC，它们的特定配置使其适用于未来的无 ITO 的 SC。然而，稳定性、安全性和大面积制造问题限制了它们的商业应用。总体而言，随着 ITO 替代 TCF 的大规模生产以及新功能材料和 SC 开发的技术突破，相信上述不含 ITO 的 TCF 将占据更多和柔性薄膜 SC 的更多市场份额。

3.4 其他太阳能电池

3.4.1 染料敏化太阳能电池

人们在 1887 年首次报道了光电极的敏化。其运行机制，是利用光激发染料分子中的电子从而注入 n 型半导体的导带之中，此方法始于 20 世纪 60 年代。随后在接下来的几年中发展起来，首先发展的思路是染料在半导体表面化学吸附，其次发展的思路是使用分散的颗粒来提供足够的界面面积。目前，使用钌配合物的太阳能电池在 AM1.5 条件下展现出约 11%的电能转换效率。总体而言，DSSC 方案被认为是解决能源问题的一种低成本、有前途的解决方案[224-226]。

1. DSSC 的工作原理

实际的染料敏化太阳能电池[226]包括五个组件：①涂有透明导电氧化物的载体；②半导体薄膜，通常是 TiO_2；③吸附在半导体表面的增感剂；④含有氧化还原介质的电解液；⑤一种可再生铂类氧化还原介质的对电极。染料敏化太阳能电池示意图如图 3-11 所示。

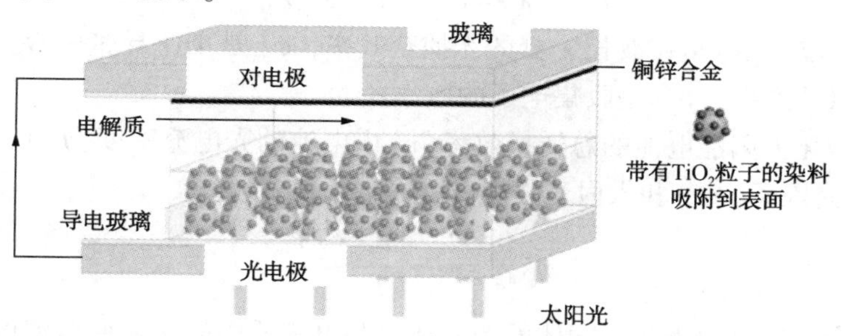

图 3-11 染料敏化太阳能电池示意图[227]

由于多方面的优点，二氧化钛成为光电极的首选半导体。它成本低，可广泛使用，而且无毒。钌配合物如钌(4,40-二羧基-2,20-联吡啶)配体，很早就被用作敏化剂[228]，现在仍是最常用的敏化剂。最后，使用的主要氧化还原对是三碘化物/碘。

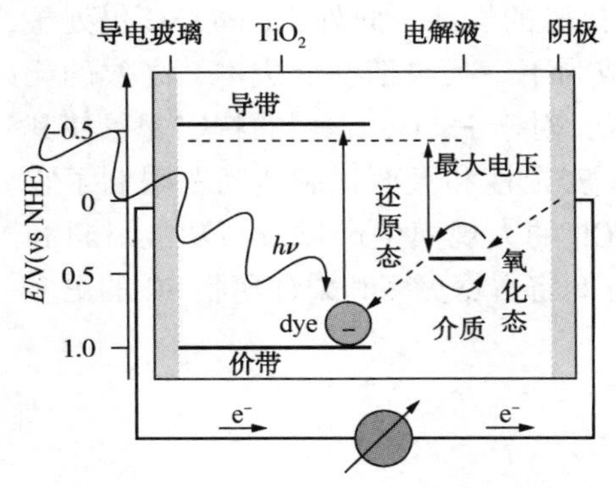

图 3-12　染料敏化太阳能电池的工作原理和能级图[230]

图 3-12 展示的是染料敏化太阳能电池的工作原理和能级图。第一步是增感剂 S 对光子的吸收。首先，产生激发敏化剂 S^*，它将一个电子注入半导体的导带，使敏化剂处于氧化态 S^+，注入的电子流经半导体网络到达背面触点[229]；其次，通过外部负载到达对电极，以降低氧化还原介质浓度；最后，生成敏化剂，这就完成了这个循环。在光照下，该装置构成了可再生、稳定的光伏能量转换系统[176]。

但同时，也会发生一些导致电池效率损失的副反应[178]。例如，注入的电子与氧化敏化剂复合，或与 TiO_2 表面的氧化还原电偶复合。

染料敏化太阳能电池的总效率取决于这些成分的最佳化和兼容性，特别是半导体薄膜以及染料光谱响应[231]。一个非常重要的因素是大的表面积和适宜的厚度，这会增加半导体薄膜的染料载量，从而提高光密度，进而实现高效的光收集。

入射单色光子-电流转换效率(*IPCE*)，有时也被称为“外量子效率”(*EQE*)，是器件的重要特性[232]。具体地说，使用具有相同架构的器件，可以比较感光剂的捕光性能。它被定义为外部电路中的光产生的电子数除以入射光子数作为激发波长的函数，如下式所示：

$$IPCE(\lambda)=LHE(\lambda)\times\varphi_{\text{inj}}\times\eta_{\text{coll}}$$

式中，$LHE(\lambda)$是在波长 λ 处的光捕获效率，φ_{inj}是 TiO_2 导带中激发敏化剂注入电子的量子产率，η_{coll}是收集电子的效率。

染料敏化太阳能电池的总转换效率(η)由电池的光电流密度(J_{sc})、开路电位(V_{oc})、填充因子(FF)和入射光强度(I_S)决定。

$$\eta_{\text{global}}=\frac{J_{sc}\cdot V_{oc}\cdot FF}{I_S}$$

开路光电压是由光照下固体的费米能级和电解质中氧化还原电偶的能斯特电势之间的能量差决定的[233]。然而，实验观察到的各种敏化剂的开路电压(V_{oc})都小于导带边缘和氧化还原电偶之间的差值，这通常是由于电子转移和电荷复合途径之间的竞争。了解这些相互竞争的反应速率和机理对于设计有效的增敏剂从而改进材料性能至关重要。填充因子反映了 DSSC 运行期间发生的电化学损耗[233]。由此可见，增感剂的光物理和电化学性质将主要决定器件的性能[234]。

2. DSSC 的改进

Chen 等[235]报道了以三苯胺和 2-氰基乙酸为受体基团合成不同咪唑衍生物的方法，合成了两种新的 2D-π-A 染料，分别命名为 CD-4 和 CD-6。咪唑衍生物在三苯胺核中的加入对 DSSC 的光伏性能有很大影响。咪唑部分(CD-4)通过引入对甲氧基苯基，得到比咪唑部分(CD-6)更高的 J_{oc} 和 V_{oc}。这是由于 CD-6 在咪唑单元上比 CD-4 具有更好的平面性，导致了 π 堆积聚集体的形成[183]。

受体-给体-受体(A-D-A)染料 16 是由 Lauren G. Mercier 等[236]合成的，以二硫并[3,2-b：2′,3′-d]吡咯为中心单元，噻吩[2,3-c]吡咯-4,6-二酮为封端基团。通过引入噻吩间隔基来减小 HOMO-LUMO 间隙[184]。染料 16/PC_{71}BM 的总效率为 2.6%。

3. 展望

在自然光合作用原理的启发下，染料敏化太阳能电池已成为固态 p-n 结器件的可靠替代品[237]。在实验室中，单结电池和串联电池的转换效率分别超过 11% 和 15%，还有很大的改进空间。未来的改进将集中在 J_{sc} 上，通过延长感光剂在近红外光谱区域的光响应来实现。引入有序氧化物细观结构和控制界面电荷复合动力学有望获得更好的性能[238]。介观电池非常适合从低功率市场到大规模应用的整个应用领域。它们在漫反射光中的出色性能使其在为室内和室外的独立电子设备提供电力方面具有比硅更强的竞争优势。此外，与非晶硅不同，DSC 的内在稳定性已被过去十年进行的大量测试所证实[187]。DSC 在建筑一体化光伏领域的应用已经起步，并将成为未来商业发展的沃土。

3.4.2　有机太阳能电池

有机太阳能电池作为一种重要的光伏技术，由于其功率转换效率(*PCE*)参数的快速提升，在科学界和工业界引起了广泛关注。据统计，有机太阳能电池(OPV)器件的功率转换效率纪录已超过 18%，经美国的国家可再生能源实验室(NREL)认证的功率转换效率为 17.4%。

实验室常用的 OPV 器件主要由五层组成，包括一个光子吸收层，两个电荷提取层和两个电极[239]。光收集材料，通常称为给体和受体，可以吸收具有适当能量的光子以产生激子，然后激子向给体/受体(D/A)界面扩散并解离成自由电荷，再利用电子(空穴)提取层的功能，选择性地提取自由电子和空穴。最后，由电极收集自由电荷[240]。

OSC 的功率转换效率公式如下：

$$PCE=V_{oc}\times J_{sc}\times FF/P_{in}$$

式中，V_{oc}是开路电压，J_{sc}是短路电流密度，FF 是填充因子，P_{in}是标准太阳辐射强度（AM 1.5G，100mW/cm^2）[241]。影响这些参数的基本因素有：①光带隙、吸收光谱、光伏材料的能级；②活性层的纳米形态，包括相纯度、相尺寸和结晶度；③设备架构和设备工作机制[242]。

1. 有机太阳能电池研究的进展

OPV 器件的研究始于 20 世纪 50 年代，由 Kallmann 和 Pope 首次报道[243]，以蒽单晶为活性层并夹在具有不同功函数的两个金属电极之间获得 200mV 的 V_{oc}。然后，金属-绝缘体-半导体（MIS）结构的利用显著提高了 OSC 性能。以汞硫型光敏染料为活性层，Feng 等[244]和 Fishman 等[245]在 1978 年获得的 PCE 分别为 0.7%和 1%。

有机太阳能电池中激子解离的驱动力是两个电极的功函数差异产生的。然而，弱的驱动力不能充分解离激子。因此，早期报告的 PCE 普遍较差。之后，Tang 于[246]1986 年引入的双层异质结结构是 OPV 的重大突破。施主层和受主层夹在两个电极之间。由于施主层和受主层的 LUMO 能级之间的能量差异，激子可以在 D/A 界面有效分离。使用双层平面异质结，实现了大约 1%的 PCE[195]。然而，吸收穿透深度比激子扩散长度大几个数量级，这意味着只有在 D/A 界面产生的激子才能有效地分离成自由电荷。因此，给体和受体之间有限的界面面积决定了激子分离不充分，导致强电荷复合。

体异质结（BHJ）随后成为构建 OPV 器件的主要结构。通过将施主和受主混合在一起，活性共混膜可以形成明显的相分离，从而形成双连续网络，并且还可以提供较大的 D/A 界面面积。与双层 OSC 相比，光生激子可以很容易地扩散到 D/A 界面并分离成自由电荷，然后被电极有效收集[247]。实际上，BHJ 概念的原型最早是由 Hiramoto 等[248]在 1991 年提出的，所展示的 OSC 是三层的，在各个颜料层之间有一个共沉积的 n 型二萘嵌苯四羧酸衍生物（Me-PTC）和 p 型无金属酞菁（H_2Pc）颜料的夹层，且已经证明中间层对于有效的电荷产生起着关键作用。三层结构的 PCE 为 0.7%，OSC 的 J_{sc}为 2.14mA/cm^2，是相应的两层结构器件的两倍。Heeger 等[249]报道了真正意义上的 BHJ OSC，Friend 等[250]通过将 MEH-PPV 与 C_{60}或其功能化衍生物混合来制造 OPV 器件。从给体（MEH-PPV）到受体（C_{60}）的光诱导电子转移以及内部给体-受体异质结的双连续网络中可观察到有效的电荷分离和收集过程。优化后的 OSC 显示出 2.9%的 PCE，比使用纯 MEH-PPV 制造的设备实现的 PCE 高两个数量级以上。在此之后，几乎所有的高效单结 OSC 都是基于 BHJ 结构制造的。

对于单结OSC，由于吸收光谱有限，只能收获一小部分光子。由具有互补吸收光谱的两个或更多子电池组成的串联或多结OSC可以克服光子吸收不足的局限性。此外，通过串联或多结方法，也可以通过吸收宽带隙电池中的较高能量光子和较小带隙电池中的较低能量光子来减少OSC中的热损失[251,252]。1990年报道了第一个串联OSC，是由两个相同的子电池组成的。在这个串联装置中，每个子电池由50nm厚的H_2-酞菁层和70nm厚的二萘嵌苯四羧酸衍生物层组成。此外，这两个子电池由2nm厚的Au膜隔开。使用串联结构，获得的V_{oc}几乎为原来的两倍[253]。多异质结OPV器件首先由Forrest等[254,255]提出，通过串联堆叠多个子电池，由作为给体的CuPc和作为受体的PTCBI组成，使用串联电池和三元电池结构，获得了2.5%和2.3%的*PCE*，是单结对应物的两倍。Gilot等人[256]通过完全溶液法制备可实现串联电池的突破，如将ZnO纳米颗粒和PEDOT的中间层用作复合中心，后通过全溶液处理方法用串联和三结OSC实现1.53V和2.19V的V_{oc}。全溶液制备方法不仅极大地促进了串联或多结OSC的发展，也为串联电池的大规模生产开辟了可能性。最近，Chen团队[257]将串联OSC的最大*PCE*提高到17.3%。

2. 给体材料的发展

OSC给体的演变，包括均聚物到共聚物各种各样的给体材料。OPV领域早期使用的聚合物主要是烷基或烷氧基取代的聚(对亚苯基亚乙烯基，PPV)。代表性PPV聚合物的化学结构如图3-13所示。

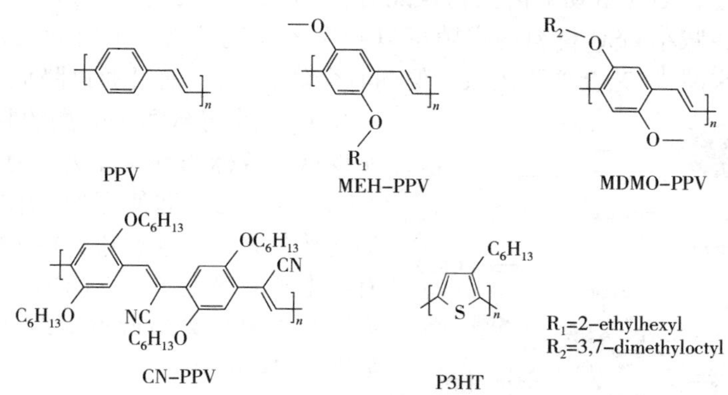

图3-13 PPV、P3HT和相应衍生物的化学结构

1990年，Holmes等[258]通过可溶液加工的前体方法合成PPV，并将其用作有机发光二极管(OLED)中的发光层，最终量子产率为8%。然而，纯PPV是不溶性的。在基于PPV的共轭聚合物中，由Greenwald等[259]合成的聚[2-甲氧基-5-(2′-乙基己氧基)-对亚苯基亚乙烯基](MEH-PPV)是应用最广泛的一种。如前所述，

Yu 等[249]基于 MEH-PPV：C_{60}和 MEH-PPV：C_{60}衍生物制造了 BHJ 型 OSC，并且优化的设备显示出 2.9%的 *PCE*。

此外，Reynolds 等[260]通过在 PPV 骨架上引入氰基(CN)，制造了一种名为 CN-PPV 的基于 PPV 的聚合物。与纯 PPV 相比，CN-PPV 的 HOMO 和 LUMO 能级均降低了 0.5eV，这是因为 CN 官能团具有很强的吸电子能力。1995 年，Friend 等[250]基于 MEH-PPV 和 CN-PPV(C_6)的受体制造了 OSC。该器件的 V_{oc}为 0.6V，*EQE* 值高达 6%[199]。在一项平行研究中，Heeger 等人[261]报告了基于 BHJ 混合物的 OSC，包括 MEH-PPV 作为给体和 CN-PPV 作为受体，OSC 的 *EQE* 值高达 5%，V_{oc}为 1.25eV，最终 *PCE* 为 0.9%。

基于 PPV 的 OSC 成为研究最多的体系之一。虽然通过器件优化获得了 *PCE* 超过 3%的 OSC，但 PPV 基材料的低电荷迁移率和窄的光吸收范围限制了光伏效率的进一步提高[262]。因此，迫切需要具有更好光学和电学性能的新型给体材料以进一步提高性能。

在新型聚合物中，聚噻吩(PT)被认为是最重要的材料之一。与上述 PPV 家族聚合物相比，PT 衍生物具有优异的光学和电学性能。它们广泛应用于 OLED、有机场效应晶体管(OFET)和 OSC。对于 OSC，聚(3-己基噻吩)(P3HT)无疑是早期最著名的给体。区域规整 P3HT 的化学结构如图 3-13 所示。即使是现在，P3HT 仍然由于其简单的分子结构和优异的稳定性被认为是 OSC 商业化很有前途的材料。

(1) 给体-受体(D-A)交替共聚物

如前所述，当与富勒烯衍生物匹配时，P3HT 显示出较宽的光学带隙和有限的吸收光谱，减小 OSC 材料的带隙可以看作增强光子吸收的有效方法。通过降低氧化电位来减少 E_g 会增强吸收，但同时会降低 V_{oc}，而且通过降低还原电位来减少 E_g 也会导致激子分离的驱动力降低。实现这一目标的有效方法是 D-A(也称为“推拉”)方法，即使用“给体”和“受体”的交替共聚物，这意味着在主链中分别具有给电子和吸电子特性的单元。通过这种方法可以很容易地调整能级和吸收光谱，如图 3-14 所示。

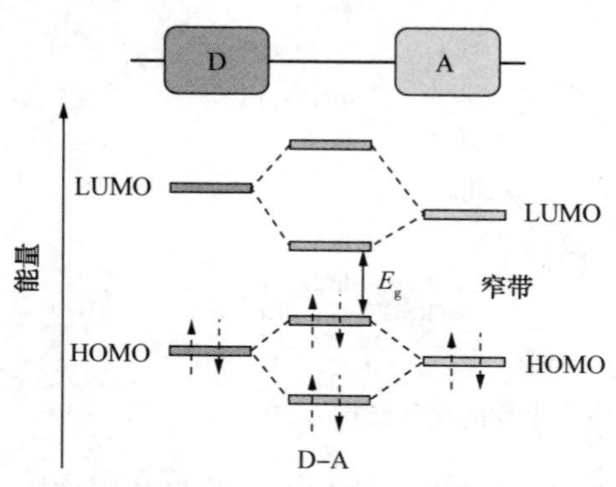

图 3-14　D-A 共聚物的分子轨道杂化

交替 D-A 结构材料是由 Havinga 等[263]首先提出的。在接下来的几年里，通过交替 D-A 方法设计和合成了大量的低带隙聚合物给体。

OSC 中使用的 D-A 型材料最早由 Janssen 等报道，他们报道了第一个用于 OSC 的低带隙共轭聚合物，名为 PTPTB，由富电子的 *N*-十二烷基-2,5-双(2′噻吩基)吡咯(TPT)和缺电子的2,1,3-苯并噻二唑(BT)单元交替组成。

2014年Chen等[264]基于氟化苯并噻二唑基团(FBT)作为吸电子单元和两个末端噻吩环作为给电子单元，合成了FBT-Th4(1,4)的低带隙聚合物。FBT-Th4在溶液中表现出很强的聚集效应，其*PCE*达到7.64%。

研究人员开发了多种分子设计方法，以精确控制光伏材料的性能。通常，共轭聚合物给体由刚性主链、柔性侧链和官能团组成。刚性主链通常会影响材料的主要性能，包括聚集和分子堆积行为。柔性侧链不仅可以提供足够的溶解度，而且可以影响分子间的精细堆积。此外，在分子中引入官能团可以有效调节分子的能级、光学性质、迁移率等。因此，刚性主链的调节、柔性侧链的优化、官能团的引入是三种有效的分子优化方法，真正促进了OSC的发展。

(2) 受体-给体-受体(A-D-A)交替小分子

还有几种具有优异光伏性能的小分子给体可用于OSC中。小分子与聚合物对应物相比具有一些独特的优势，例如，小分子由于其明确的化学分子结构而具有高纯度和小的批次间变化；小分子的结晶度相对较强，导致载流子迁移率较高；小分子的化学结构对细微的结构变化很敏感，可轻松系统地调整能级和光吸收光谱以优化其光伏特性。

小分子给体的发展历史悠久。2007年，Roncali等[265]报道了一系列通过溶液法制备的高效OSC，以四面体形低聚噻吩分子为给体，$PC_{61}BM$作为受体。结果表明，确实可以从溶液中加工小分子给体以提供工作的OSC。然后，受D-A型共轭共聚物的启发设计合成了多种由各种D/A单体和π共轭桥组成的小分子。π共轭桥通常用于调整电子结构[266]。小分子可分为多种类型，包括A-D-A、D-A-D、D-π-A-π-D、A-π-D-π-A等。在这些小分子中，A-π-D-π-A型小分子在制造高效OSC方面表现出优越性。根据之前的报道[267]，基于低聚噻吩、卟啉、二噻吩并噻吩和苯并二噻吩的小分子是四种具有代表性的小分子给体类型。2006年，Schulze等[268]设计并合成了一种基于低聚噻吩的小分子给体，命名为DCV5T，通过真空沉积制造的优化双层OSC显示出3.4%的*PCE*。

除了低聚噻吩基小分子外，卟啉基小分子给体由于在可见光谱的蓝色和红色区域均具有强吸收和高热稳定性等优点，也引起了人们的广泛关注。因此，研究人员设计并合成了许多基于卟啉的小分子化合物。2011年，由Heeger等[269]首先报道的以二噻吩并噻咯(DTS)为基础的小分子是另一种重要的材料，基于小分子$DTS(PTTh_2)_2$的OSC显示*PCE*为6.7%。

3. 受体的发展

(1) 基于富勒烯和富勒烯衍生物的受体

在OPV研究的早期阶段，人们致力于合成高效的给体材料，而对受体材料的研究较少。富勒烯及其衍生物具有各向同性结构、高电子迁移率和三维电荷传输等特点，因此，近 20 年来，富勒烯及其衍生物一直是 OPV 电子受体的主要选择。典型的富勒烯受体的化学结构如图 3-15 所示。

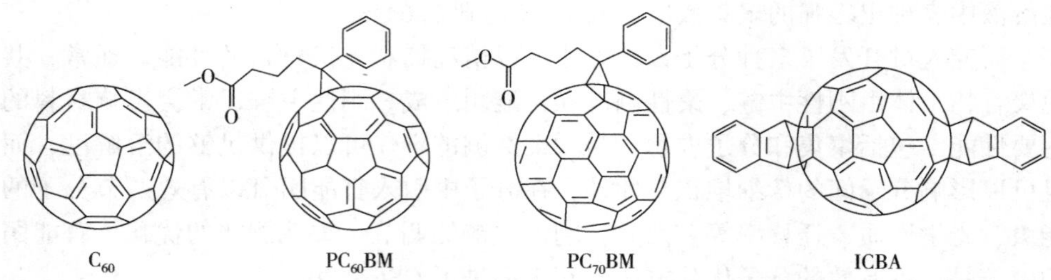

图 3-15　富勒烯和代表性富勒烯衍生物的化学结构

1985 年富勒烯(C_{60})的成功合成，由于其高电子迁移率和亲和力，极大地促进了 OPV 的早期发展[270]。但是，对于 C_{60}，溶解性溶剂主要是对二甲苯、均三甲苯、甲苯、苯、二硫化碳等，它不能溶解于制备 OSC 常用的溶剂氯苯(CB)和二氯苯(DCB)中。此外，C_{60}在可见光区的吸收相当弱。因此，需要对 C_{60}进行进一步的改性以提高其光伏性能。通过将侧链引入 C_{60}，Wudl 等[271]合成了富勒烯衍生物 $PC_{61}BM$。与 C_{60}相比，$PC_{61}BM$ 具有更好的溶解性、更低的 LUMO 能级(-3.91eV)和更高的电子迁移率[$10^{-3}cm^2/(V \cdot s)$]。2010 年，Li 等[272]报道了一种比 $PC_{61}BM$ 具有更强吸收和更高 LUMO 能级的新受体 ICBA。基于 P3HT：ICBA 的 OSC 显示出 0.84V 的高 V_{oc} 和 5.44%的 *PCE*。此外，通过形貌优化可以实现基于 P3HT：ICBA 的 6.48%的 *PCE*[273]。尽管在该领域取得了很大进展，但 FA-OSC 的性能仍然受到其弱吸收和不合适的能级限制。此外，将常见的分子修饰方法应用于富勒烯及其衍生物非常困难且成本高昂。

(2) 非富勒烯受体

基于一些有效给体和脂肪酸的 OSC 可以达到 11%以上的 *PCE*[274]。与富勒烯受体(FA)相比，非富勒烯受体(NFA)具有多种化学结构和各向异性，易于调整其能级和吸收窗口。更重要的是，NFA 具有更好的热稳定性和化学稳定性。其中，小分子受体是最有前途的 NFA，其 *PCE* 高达 4%～5.9%，人们致力于探索 NFA 以获得更高效、更稳定的 OSC[275]。然而，由于与基于 FA 的对应物相比，NFA 的设备性能较差，一开始并没有引起人们太多关注[276]。

稠环电子受体(FREAs)是一类以 A-D-A 为骨架的共轭电子受体，近几十年来引起了相当大的关注。FREA 由强 π 吸电子的端基、稠环核和侧链组成。IDT 和 DTIDT 是 FREA 中最常用的两个受体材料。

2016 年，一种基于 PBDB-T：ITIC 系统的 OSC，其 *PCE* 显著提高了 11.2%，

此后，NFA 发展非常迅速，OSC 的 *PCE* 不断取得突破。2017 年，Hou 等进一步报道了另一种有效的 NFA，即 IT-4F，通过修改 ITIC 端基的吸电子能力，DCI 端基的每个苯基单元都被两个 F 原子修饰[277]。与 ITIC 相比，IT-4F 具有更窄的带隙和更强的内相互作用，导致吸收光谱红移，以及增强的消光系数。

尽管基于 ITIC 衍生品的 *PCE* 记录不断刷新，但直到 Y 系列受体的出现和发展，*PCE* 仍然很难超过 15%。Zou 等报道的 Y 系列受体具有多个氮原子的缺电子核。重要的是，吡咯环用 sp^3 杂化碳原子代替五元环。与 ITIC 和 ITIC 衍生物相比，Y 系列受体中电负性稠环核导致低带隙[278]。后来证明 Y 系列受体具有高电致发光效率，导致非辐射能量损失低。

Y 系列受体中使用的缺电子核主要有苯并三唑、苯并噻唑和喹喔啉三种。例如，2018 年 Zou 和 Yang 等报道了基于二噻吩并噻吩[3,2-b]吡咯并苯并三唑(BZPT)基团和非卤化二氰基亚甲基衍生物(INIC 或 INTC)的 Y1 和 Y2。值得注意的是，苯并三氮唑，具有独特的发光性能，被用来形成缺电子核，以提高其发光性能[279]。

4. 挑战和展望

随着研究的深入，OSC 的几乎每个方面都取得了重大进展，*PCE* 从 0.001% 提高到 17%以上。然而，OSC 的商业化需要的不仅仅是效率。因此，实现 OSC 产业化的最终目标仍然面临一些挑战。

虽然 *PCE* 已经达到 OPV 商业化的门槛，但由于光收集材料成本高，制造高效大规模 OSC 的成本仍然违背 OPV 技术的低成本原则。表现出最先进光伏性能的材料被设计为具有非常复杂结构的化学结构，涉及几个步骤来获得纯材料。因此，几乎所有的高效材料都是小规模合成的，有利于实验室实验。然而，OSC 的商业化需要合成千克甚至吨级的材料，以满足 OPV 的广泛部署。之前的报道表明[226]，材料的单位成本随着合成步骤的数量而线性增加。因此，探索低成本的 OPV 材料，即具有非常简单的化学结构和合成步骤的分子，对实现高光伏性能的 OSC 的商业化具有重要意义。

参考文献

[1] Green M A, Zhao J, Wang A, et al. Efficient silicon light-emitting diodes[J]. Nature, 2001, 412(6849): 805-808.
[2] Meng T. Terawatt solar photovoltaics roadblocks and opportunities[M]. Springer, 2014.
[3] Nelson J A. The physics of solar cells[M]. World Scientific Publishing Company, 2003.
[4] Shen W, Li Z. Physics and Devices of Silicon Heterojunction Solar Cells[M]. Science Press, 2014.
[5] Battaglia C, Cuevas A, De Wolf S. High-efficiency crystalline silicon solar cells: Status and perspectives[J]. Energy & Environmental Science, 2016, 9(5): 1552-1576.
[6] Jing L, Yao Y, Shao X, et al. Review of status developments of high-efficiency crystalline silicon solar cells[J/OL]. Bristol: IOP Publishing Ltd, 2018: 123001. [2018-02-01]. www.itrpv.net/Reports/Download/2017/.
[7] Xiao S, Xu S. High-efficiency silicon solar cells-materials and devices physics[J]. Critical Reviews in Solid

State and Materials Sciences, 2014, 39(4): 277-317.

[8] Xiao S, Xu S, Ostrikov K. Low-temperature plasma processing for Si photovoltaics[J]. Materials Science and Engineering: R: Reports, 2014, 78: 1-29.

[9] Green M, Blakers A, Kurianski J, et al. Ultimate performance silicon solar cells[J]. Final Report, NERDDP Project, 1984, 81(1264): 83-85.

[10] Green M A, Blakers A W, Zhao J, et al. Characterization of 23-percent efficient silicon solar cells[J]. IEEE Transactions on Electron Devices, 1990, 37(2): 331-336.

[11] Dullweber T, Siebert M, Veith B, et al. High-efficiency industrial-type PERC solar cells applying ICP AlO_x as rear passivation layer[C]//2012 IEEE 27th European PV Solar Energy Conference and Exhibition. IEEE, 2012, 672-675.

[12] Dingemans G, Seguin R, Engelhart P, et al. Silicon surface passivation by ultrathin Al_2O_3 films synthesized by thermal and plasma atomic layer deposition[J]. Physica Status Solidi (RRL)-Rapid Research Letters, 2010, 4(1-2): 10-12.

[13] George S M. Atomic layer deposition: An overview[J]. Chemical Reviews, 2010, 110(1): 111-131.

[14] Knapas K, Ritala M. In situ studies on reaction mechanisms in atomic layer deposition[J]. CriticalReviews in Solid State and Materials Sciences, 2013, 38(3): 167-202.

[15] Ponraj J S, Attolini G, Bosi M. Review on atomic layer deposition and applications of oxide thin films[J]. CriticalReviews in Solid State and Materials Sciences, 2013, 38(3): 203-233.

[16] Xu S, Levchenko I, Huang S, et al. Self-organized vertically aligned single-crystal silicon nanostructures with controlled shape and aspect ratio by reactive plasma etching[J]. Applied Physics Letters, 2009, 95 (11): 111505.

[17] Levchenko I, Ostrikov K, Keidar M, et al. Microscopic ion fluxes in plasma-aided nanofabrication of ordered carbon nanotip structures[J]. Journal ofApplied Physics, 2005, 98(6): 064304.

[18] Chryssou C, Pitt C. Al_2O_3 thin films by plasma-enhanced chemical vapour deposition using trimethyl-amine alane(TMAA)as the Al precursor[J]. Applied Physics A, 1997, 65: 469-475.

[19] Saint-Cast P, Kania D, Hofmann M, et al. Very low surface recombination velocity on p-type c-Si by high-rate plasma-deposited aluminum oxide[J]. Applied Physics Letters, 2009, 95(15): 151502.

[20] Miyajima S, Irikawa J, Yamada A, et al. High quality aluminum oxide passivation layer for crystalline silicon solar cells deposited by parallel-plate plasma-enhanced chemical vapor deposition[J]. Applied Physics Express, 2009, 3(1): 012301.

[21] Zhou H, Xu L, Xu S, et al. On conductivity type conversion of p-type silicon exposed to a low-frequency inductively coupled plasma of Ar+ H_2[J]. Journal of Physics D: Applied Physics, 2010, 43(50): 505402.

[22] Xiao S, Xu S. Plasma-aided fabrication in Si-based photovoltaic applications: An overview[J]. Journal of Physics D: Applied Physics, 2011, 44(17): 174033.

[23] Xiao S, Xu S, Zhou H, et al. Amorphous/crystalline silicon heterojunction solar cells via remoteinductively coupled plasma processing[J]. Applied Physics Letters, 2012, 100(23): 233902.

[24] Zhou H, Wei D, Xu S, et al. Si surface passivation by SiO_x: H films deposited by a low-frequency ICP for solar cell applications[J]. Journal of Physics D: Applied Physics, 2012, 45(39): 395401.

[25] Hannebauer H, Dullweber T, Baumann U, et al. 21.2%-efficient fineline-printed PERC solar cell with 5 busbar front grid[J]. Physica Status Solidi(RRL)-Rapid Research Letters, 2014, 8(8): 675-679.

[26] Dullweber T, Hannebauer H, Dorn S, et al. Emitter saturation current densities of 22 fA/cm^2 applied to industrial PERC solar cells approaching 22% conversion efficiency[J]. Progress in Photovoltaics: Research and Applications, 2017, 25(7): 509-514.

[27] Ye F, Deng W, Guo W, et al. 22.13% Efficient industrial p-type mono PERC solar cell[C]//2016 IEEE 43rd Photovoltaic Specialists Conference(PVSC). IEEE, 2016: 3360-3365.

[28] Deng W, Ye F, Liu R, et al. 22.61% efficient fully screen printed PERC solar cell[C]//2017 IEEE 44th Photovoltaic Specialist Conference(PVSC). IEEE, 2017: 2220-2226.

[29] Jing L, Yao Y, Shao X, et al. Review of status developments of high-efficiency crystalline silicon solar cells [J/OL]. Bristol: IOP Publishing Ltd, 2018: 123001. [2018-02-01]. www.longi-solar.com/index.php>m=content&c=index&a=show&catid=98&id=19.

[30] Deng W, Ye F, Xiong Z, et al. Development of high-efficiency industrial p-type multi-crystalline PERC solar cells with efficiency greater than 21%[J]. Energy Procedia, 2016, 92: 721-729.

[31] Zheng P, Xu J, Sun H, et al. 21.63% industrial screen-printed multicrystalline Si solar cell[J]. Physica Status Solidi(RRL)-Rapid Research Letters, 2017, 11(3): 1600453.

[32] Jing L, Yao Y, Shao X, et al. Review of status developments of high-efficiency crystalline silicon solar cells [J/OL]. Bristol: IOP Publishing Ltd, 2018: 123001. [2018-02-01]. www.jinkosolar.com/press_detail_1381.html? lan=cn.

[33] Kranz C, Wolpensinger B, Brendel R, et al. Analysis of local aluminum rear contacts of bifacial PERC+

solar cells[J]. IEEE Journal of Photovoltaics, 2016, 6(4): 830-836.

[34] Dullweber T, Kranz C, Peibst R, et al. PERC+: Industrial PERC solar cells with rear Al grid enabling bifaciality and reduced Al paste consumption[J]. Progress in Photovoltaics: Research and Applications, 2016, 24(12): 1487-1498.

[35] Min B, Wagner H, Müller M, et al. Incremental efficiency improvements of mass-produced PERC cells up to 24%, predicted solely with continuous development of existing technologies and wafer materials[C]//31st European Photovoltaic Solar Energy Conference and Exhibition, 2015: 473-476.

[36] Feldmann F, Bivour M, Reichel C, et al. Passivated rear contacts for high-efficiency n-type Si solar cells providing high interface passivation quality and excellent transport characteristics[J]. Solar Energy Materials and Solar Cells, 2014, 120: 270-274.

[37] Feldmann F, Bivour M, Reichel C, et al. Tunnel oxide passivated contacts as an alternative to partial rear contacts[J]. Solar Energy Materials and Solar Cells, 2014, 131: 46-50.

[38] Moldovan A, Feldmann F, Kaufmann K, et al. Tunnel oxide passivated carrier-selective contacts based on ultra-thin SiO_2 layers grown by photo-oxidation or wet-chemical oxidation in ozonized water[C]//2015 IEEE 42nd Photovoltaic Specialist Conference(PVSC). IEEE, 2015: 1-6.

[39] Glunz S W, Feldmann F, Richter A, et al. The irresistible charm of a simple current flow pattern-25% with a solar cell featuring a full-area back contact[C]//Proceedings of the 31st European Photovoltaic Solar Energy Conference and Exhibition. München WIP, 2015: 259-263.

[40] Chen C W, Hermle M, Benick J, et al. Modeling the potential of screen printed front junction CZ silicon solar cell with tunnel oxide passivated back contact[J]. Progressin Photovoltaics: Research and Applications, 2017, 25(1): 49-57.

[41] Tao Y, Upadhyaya V, Huang Y-Y, et al. Carrier selective tunnel oxide passivated contact enabling 21.4% efficient large-area N-type silicon solar cells[C]//2016 IEEE 43rd Photovoltaic Specialists Conference (PVSC). IEEE, 2016: 2531-2535.

[42] Liu J, Yao Y, Xiao S, et al. Review of status developments of high-efficiency crystalline silicon solar cells [J]. Journal of Physics D: Applied Physics, 2018, 51(12): 123001.

[43] Ingenito A, Isabella O, Zeman M. Simplified process for high efficiency, self-aligned IBC c-Si solar cells combining ion implantation and epitaxial growth: Design and fabrication[J]. Solar Energy Materials and Solar Cells, 2016, 157: 354-365.

[44] Yang G, Ingenito A, Isabella O, et al. IBC c-Si solar cells based on ion-implanted poly-silicon passivating contacts[J]. Solar Energy Materials and Solar Cells, 2016, 158: 84-90.

[45] Dubé C E, Tsefrekas B, Buzby D, et al. High efficiency selective emitter cells using patterned ion implantation[J]. Energy Procedia, 2011, 8: 706-711.

[46] Feldmann F, Müller R, Reichel C, et al. Ion implantation into amorphous Si layers to form carrier-selective contacts for Si solar cells[J]. Physica Status Solidi(RRL)-Rapid Research Letters, 2014, 8(9): 767-770.

[47] Kang M G, Lee J-H, Boo H, et al. Effects of annealing on ion-implanted Si for interdigitated back contact solar cell[J]. Current Applied Physics, 2012, 12(6): 1615-1618.

[48] Li T, Zhou C, Zhao L, et al. Research progress of laser doping in preparation of crystalline silicon solar cells [J]. Diangong Jishu Xuebao(Transactions of China Electrotechnical Society), 2011, 26(12): 141-147.

[49] Gall S, Paviet-Salomon B, Lerat J, et al. Laser doping strategies using SiN: P and SiN: B dielectric layers for profile engineering in high efficiency solar cell[J]. Energy Procedia, 2012, 27: 449-454.

[50] Gall S, Manuel S, Lerat J-F. Boron laser doping through high quality Al_2O_3 passivation layer for localized B-BSF PERL solar cells[J]. Energy Procedia, 2013, 38: 270-277.

[51] Jäger U, Suwito D, Benick J, et al. A laser based process for the formation of a local back surface field for n-type silicon solar cells[J]. Thin Solid Films, 2011, 519(11): 3827-3830.

[52] Dahlinger M, Carstens K, Hoffmann E, et al. 23.2% laser processed back contact solar cell: Fabrication, characterization and modeling[J]. Progress in Photovoltaics: Research and Applications, 2017, 25(2): 192-200.

[53] Abbott M, Cotter J. Optical and electrical properties of laser texturing for high-efficiency solar cells[J]. Progress in Photovoltaics: Research and Applications, 2006, 14(3): 225-235.

[54] Graf M, Nekarda J, Eberlein D, et al. Progress in laser-based foil metallization for industrial PERC solar cells[C]//2014 IEEE 29th European PV Solar Energy Conference and Exhibition. IEEE, 2014.

[55] Schneiderlöchner E, Preu R, Lüdemann R, et al. Laser-fired rear contacts for crystalline silicon solar cells [J]. Progress in Photovoltaics: Research and Applications, 2002, 10(1): 29-34.

[56] Smith D D, Cousins P, Westerberg S, et al. Toward the practical limits of silicon solar cells[J]. IEEE Journal of Photovoltaics, 2014, 4(6): 1465-1469.

[57] Smith D D, Reich G, Baldrias M, et al. Silicon solar cells with total area efficiency above 25%[C]//2016

IEEE 43rd photovoltaic specialists conference(PVSC). IEEE, 2016: 3351-3355.
[58] Masuko K, Shigematsu M, Hashiguchi T, et al. Achievement of more than 25% conversion efficiency with crystalline silicon heterojunction solar cell[J]. IEEE Journal of Photovoltaics, 2014, 4(6): 1433-1435.
[59] Nakamura J, Asano N, Hieda T, et al. Development of heterojunction back contact Si solar cells[J]. IEEE Journal of Photovoltaics, 2014, 4(6): 1491-1495.
[60] Aleman M, Das J, Janssens T, et al. Development and integration of a high efficiency baseline leading to 23% IBC cells[J]. Energy Procedia, 2012, 27: 638-645.
[61] Reichel C, Granek F, Hermle M, et al. Back-contacted back-junction n-type silicon solar cells featuring an insulating thin film for decoupling charge carrier collection and metallization geometry[J]. Progress in Photovoltaics: Research and Applications, 2013, 21(5): 1063-1076.
[62] Peibst R, Harder N, Merkle A, et al. High-efficiency RISE-IBC solar cells: Influence of rear side-passivation on pn-junction meander recombination[C]//Proc. 28th Eur. Photovoltaic Sol. Energy Conf. Exhib. 2013, 971-975.
[63] Franklin E, Fong K, McIntosh K, et al. Design, fabrication and characterisation of a 24.4% efficient interdigitated back contact solar cell[J]. Progress in Photovoltaics: Research and Applications, 2016, 24(4): 411-427.
[64] Zhang X, Yang Y, Liu W, et al. Development of high efficiency interdigitated back contact silicon solar cells and modules with industrial processing technologies[C]//6th World Conference on Photovoltaic Energy Conversion. 2014.
[65] Sawada T, Terada N, Tsuge S, et al. High-efficiency a-Si/c-Si heterojunction solar cell[C]//Proceedings of 1994 IEEE 1st World Conference on Photovoltaic Energy Conversion-WCPEC(A Joint Conference of PVSC, PVSEC and PSEC). IEEE, 1994, 2: 1219-1226.
[66] Taguchi M, Kawamoto K, Tsuge S, et al. HITTM cells-high-efficiency crystalline Si cells with novel structure[J]. Progress in Photovoltaics: Research and Applications, 2000, 8(5): 503-513.
[67] Taguchi M, Terakawa A, Maruyama E, et al. Obtaining a higher V_{oc} in HIT cells[J]. Progress in Photovoltaics: Research and Applications, 2005, 13(6): 481-488.
[68] Taguchi M, Tsunomura Y, Inoue H, et al. High efficiency HIT solar cell on thin(<100μm) silicon wafer[C]//Proceedings of the 24th European Photovoltaic Solar Energy Conference. 2009: 1690-1693.
[69] Kinoshita T, Fujishima D, Yano A, et al. The approaches for high efficiency HIT solar cell with very thin(<100μm) silicon wafer over 23%[C]//26th European Photovoltaic Solar Energy Conference and Exhibition. 2011: 871.
[70] Taguchi M, Yano A, Tohoda S, et al. 24.7% record efficiency HIT solar cell on thin silicon wafer[J]. IEEE Journal of Photovoltaics, 2013, 4(1): 96-99.
[71] Adachi D, Hernández J L, Yamamoto K. Impact of carrier recombination on fill factor for large area heterojunction crystalline silicon solar cell with 25.1% efficiency[J]. Applied Physics Letters, 2015, 107(23): 233506.
[72] Ohshita Y, Kamioka T, Nakamura K. Technologytrend of high efficiency crystalline silicon solar cells[J]. AAPPS Bulletin, 2017, 27(3): 2-8.
[73] Zhengxin L. Silicon heterojunction solar cell technologies and its researches Proc[C]//12th China SoG Silicon and PV. Jiaxing, 2016.
[74] Yoshikawa K, Kawasaki H, Yoshida W, et al. Silicon heterojunction solar cell with interdigitated back contacts for a photoconversion efficiency over 26%[J]. Nature Energy, 2017, 2(5): 1-8.
[75] Yoshikawa K, Yoshida W, Irie T, et al. Exceeding conversion efficiency of 26% by heterojunction interdigitated back contact solar cell with thin film Si technology[J]. Solar Energy Materials and Solar Cells, 2017, 173: 37-42.
[76] Nozik A. Exciton multiplication and relaxation dynamics in quantum dots: Applications to ultrahigh-efficiency solar photon conversion[J]. Inorganic chemistry, 2005, 44(20): 6893-6899.
[77] Emery K, Osterwald C. Solar cell efficiency measurements[J]. Solar Cells, 1986, 17(2-3): 253-274.
[78] Nann S, Emery K. Spectral effects on PV-device rating[J]. Solar Energy Materials and Solar Cells, 1992, 27(3): 189-216.
[79] Hossain M I, Qarony W, Ma S, et al. Perovskite/silicon tandem solar cells: From detailed balance limit calculations to photon management[J]. Nano-Micro Letters, 2019, 11: 1-24.
[80] Sugo M, Takanashi Y, Al-Jassim M, et al. Heteroepitaxial growth and characterization of InP on Si substrates[J]. Journal of Applied Physics, 1990, 68(2): 540-547.
[81] Węgrzyniak A, Rokicińska A, Hędrzak E, et al. High-performance Cr-Zr-O and Cr-Zr-K-O catalysts prepared by nanocasting for dehydrogenation of propane to propene[J]. Catalysis Science &Technology, 2017, 7(24): 6059-6068.
[82] Li Y, Weatherly G, Niewczas M. TEM studies of stress relaxation in GaAsN and GaP thin films[J]. Philosophical Magazine, 2005, 85(26-27): 3073-3090.

[83] Shimizu Y, Okada Y. Growth of high-quality GaAs/Si films for use in solar cell applications[J]. Journal of Crystal Growth, 2004, 265(1-2): 99-106.
[84] Tiwari S, Frank D J. Empirical fit to band discontinuities and barrier heights in Ⅲ-Ⅴ alloy systems[J]. AppliedPhysics Letters, 1992, 60(5): 630-632.
[85] Olson J, Kurtz S, Kibbler A, et al. A 27.3% efficient $Ga_{0.5}In_{0.5}P$/GaAs tandem solar cell[J]. Applied Physics Letters, 1990, 56(7): 623-625.
[86] Bertness K, Kurtz S R, Friedman D J, et al. 29.5%-efficient GaInP/GaAs tandem solar cells[J]. Applied Physics Letters, 1994, 65(8): 989-991.
[87] Takamoto T, Ikeda E, Kurita H, et al. Over 30% efficient InGaP/GaAs tandem solar cells[J]. Applied Physics Letters, 1997, 70(3): 381-383.
[88] García I, Rey-Stolle I, Galiana B, et al. A 32.6% efficient lattice-matched dual-junction solar cell working at 1000 suns[J]. Applied Physics Letters, 2009, 94(5): 053509.
[89] King R, Law a D, Edmondson K, et al. 40% efficient metamorphic GaInP/GaInAs/Ge multijunction solar cells[J]. Applied Physics Letters, 2007, 90(18): 183516.
[90] Guter W, Schöne J, Philipps S P, et al. Current-matched triple-junction solar cell reaching 41.1% conversion efficiency under concentrated sunlight[J]. Applied Physics Letters, 2009, 94(22): 223504.
[91] Li H, Li J, Ni H, et al. Studies on cobalt catalyst supported on silica with different pore size for Fischer-Tropsch synthesis[J]. CatalysisLetters, 2006, 110: 71-76.
[92] Karam N H, King R R, Haddad M, et al. Recent developments in high-efficiency $Ga_{0.5}In_{0.5}P$/GaAs/Ge dual-and triple-junction solar cells: Steps to next-generation PV cells[J]. Solar Energy Materials and Solar Cells, 2001, 66(1-4): 453-466.
[93] Hamzaoui H, Bouazzi A S, Rezig B. Theoretical possibilities of $In_xGa_{1-x}N$ tandem PV structures[J]. Solar Energy Materials and Solar Cells, 2005, 87(1-4): 595-603.
[94] Jani O, Ferguson I, Honsberg C, et al. Design and characterization of GaN/InGaN solar cells[J]. Applied Physics Letters, 2007, 91(13): 132117.
[95] Yang C, Wang X, Xiao H, et al. Photovoltaic effects in InGaN structures with p-n junctions[J]. Physica Status Solidi(a), 2007, 204(12): 4288-4291.
[96] Wu J, Walukiewicz W, Yu K, et al. Universal bandgap bowing in group-Ⅲ nitride alloys[J]. Solid State Communications, 2003, 127(6): 411-414.
[97] Kintisch E. Light-splitting trick squeezes more electricity out of sun's rays[J]. Science, 2007, 317(5838): 583-584.
[98] Barnett A, Kirkpatrick D, Honsberg C, et al. Very high efficiency solar cell modules[J]. Progress in Photovoltaics: Research and Applications, 2009, 17(1): 75-83.
[99] Casey Jr H, Sell D, Wecht K. Concentration dependence of the absorption coefficient for n-and p-type GaAs between 1.3 and 1.6 eV[J]. Journal of Applied Physics, 1975, 46(1): 250-257.
[100] Casey H, Stern F. Concentration-dependent absorption and spontaneous emission of heavily doped GaAs[J]. Journal of Applied Physics, 1976, 47(2): 631-643.
[101] Blakemore J. Semiconducting and other major properties of gallium arsenide[J]. Journal of Applied Physics, 1982, 53(10): 123-181.
[102] Dimroth F, Schubert U, Bett A W. 25.5% efficient $Ga_{0.35}In_{0.65}P/Ga_{0.83}In_{0.17}As$ tandem solar cells grown on GaAs substrates[J]. IEEE Electron Device Letters, 2000, 21(5): 209-211.
[103] Takehira K, Ohishi Y, Shishido T, et al. Behavior of active sites on Cr-MCM-41 catalysts during the dehydrogenation of propane with CO_2[J]. Journal of Catalysis, 2004, 224(2): 404-416.
[104] Friedman D, Geisz J, Kurtz S R, et al. 1-eV solar cells with GaInNAs active layer[J]. Journal of Crystal Growth, 1998, 195(1-4): 409-415.
[105] Kurtz S R, Allerman A, Jones E, et al. InGaAsN solar cells with 1.0 eV band gap, lattice matched to GaAs[J]. Applied Physics Letters, 1999, 74(5): 729-731.
[106] Jackrel D B, Bank S R, Yuen H B, et al. Dilute nitride GaInNAs and GaInNAsSb solar cells by molecular beam epitaxy[J]. Journal of Applied Physics, 2007, 101(11): 114916.
[107] Geisz J, Friedman D, Ward J, et al. 40.8% efficient inverted triple-junction solar cell with two independently metamorphic junctions[J]. Applied Physics Letters, 2008, 93(12): 123505.
[108] Geisz J, Kurtz S, Wanlass M, et al. High-efficiency GaInP/GaAs/InGaAs triple-junction solar cells grown inverted with a metamorphic bottom junction[J]. Applied Physics Letters, 2007, 91(2): 023502.
[109] Tanabe K, Fontcuberta i Morral A, Atwater H A, et al. Direct-bonded GaAs/InGaAs tandem solar cell [J]. Applied Physics Letters, 2006, 89(10): 102106.
[110] Zahler J M, Tanabe K, Ladous C, et al. High efficiency InGaAs solar cells on Si by InP layer transfer[J]. Applied Physics Letters, 2007, 91(1): 012108.
[111] Archer M J, Law D C, Mesropian S, et al. GaInP/GaAs dual junction solar cells on Ge/Si epitaxial

templates[J]. Applied Physics Letters, 2008, 92(10): 103503.
[112] Nozik A J. Quantum dot solar cells[J]. Physica E: Low-dimensional Systems and Nanostructures, 2002, 14(1-2): 115-120.
[113] Wolf M, Brendel R, Werner J, et al. Solar cell efficiency and carrier multiplication in $Si_{1-x}Ge_x$ alloys[J]. Journal of Applied Physics, 1998, 83(8): 4213-4221.
[114] Ellingson R J, Beard M C, Johnson J C, et al. Highly efficient multiple exciton generation in colloidal PbSe and PbS quantum dots[J]. NanoLetters, 2005, 5(5): 865-871.
[115] Schaller R D, Sykora M, Pietryga J M, Klimov V I. Seven excitons at a cost of one: Redefining the limits for conversion efficiency of photons into charge carriers[J]. NanoLetters, 2006, 6(3): 424-429.
[116] Klimov V I. Mechanisms for photogeneration and recombination of multiexcitons in semiconductor nanocrystals: Implications for lasing and solar energy conversion[J]. The Journal of Physical Chemistry B, 2006, 110(34): 16827-16845.
[117] Klimov V I. Spectral and dynamical properties of multiexcitons in semiconductor nanocrystals[J]. Annu. Rev. Phys. Chem., 2007, 58: 635-673.
[118] Pijpers J, Hendry E, Milder M, et al. Carrier multiplication and its reduction by photodoping in colloidal InAs quantum dots[J]. The Journal of Physical Chemistry C, 2007, 111(11): 4146-4152.
[119] Schaller R D, Pietryga J M, Klimov V I. Carrier multiplication in InAs nanocrystal quantum dots with an onset defined by the energy conservation limit[J]. NanoLetters, 2007, 7(11): 3469-3476.
[120] Beard M C, Knutsen K P, Yu P, et al. Multiple exciton generation in colloidal silicon nanocrystals[J]. NanoLetters, 2007, 7(8): 2506-2512.
[121] Klein C A. Bandgap dependence and related features of radiation ionization energies in semiconductors[J]. Journal of Applied Physics, 1968, 39(4): 2029-2038.
[122] Alig R, Bloom S. Electron-hole-pair creation energies in semiconductors[J]. PhysicalReview Letters, 1975, 35(22): 1522-1525.
[123] Hanna M, Nozik A. Solar conversion efficiency of photovoltaic and photoelectrolysis cells with carrier multiplication absorbers[J]. Journal ofApplied Physics, 2006, 100(7): 074510.
[124] Klimov V I. Detailed-balance power conversion limits of nanocrystal-quantum-dot solar cells in the presence of carrier multiplication[J]. Applied Physics Letters, 2006, 89(12): 123118.
[125] Franceschetti A, An J, Zunger A. Impact ionization can explain carrier multiplication in PbSe quantum dots [J]. NanoLetters, 2006, 6(10): 2191-2195.
[126] Schaller R D, Agranovich V M, Klimov V I. High-efficiency carrier multiplication through direct photogeneration of multi-excitons via virtual single-exciton states[J]. NaturePhysics, 2005, 1(3): 189-194.
[127] Trinh M T, Houtepen A J, Schins J M, et al. In spite of recent doubts carrier multiplication does occur in PbSe nanocrystals[J]. NanoLetters, 2008, 8(6): 1713-1718.
[128] Trupke T, Green M, Würfel P. Improving solar cell efficiencies by down-conversion of high-energy photons [J]. Journal ofApplied Physics, 2002, 92(3): 1668-1674.
[129] Timmerman D, Izeddin I, Stallinga P, et al. Space-separated quantum cutting with silicon nanocrystals for photovoltaic applications[J]. Nature Photonics, 2008, 2(2): 105-109.
[130] Auzel F. Upconversion processes in coupled ion systems[J]. Journal of Luminescence, 1990, 45(1-6): 341-345.
[131] Gibart P, Auzel F, Guillaume J-C G J-C, et al. Below band-gap IR response of substrate-free GaAs solar cells using two-photon up-conversion[J]. Japanese Journal of Applied Physics, 1996, 35(8): 4401-4402.
[132] Trupke T, Green M, Würfel P. Improving solar cell efficiencies by up-conversion of sub-band-gap light [J]. Journal of Applied Physics, 2002, 92(7): 4117-4122.
[133] Beaucarne G, Brown A, Keevers M, et al. The impurity photovoltaic(IPV) effect in wide-bandgap semiconductors: an opportunity for very-high-efficiency solar cells? [J]. Progress in Photovoltaics: Research and Applications, 2002, 10(5): 345-353.
[134] Barnham K, Duggan G. A new approach to high-efficiency multi-band-gap solar cells[J]. Journal of Applied Physics, 1990, 67(7): 3490-3493.
[135] Paxman M, Nelson J, Braun B, et al. Modeling the spectral response of the quantum well solar cell[J]. Journal of Applied Physics, 1993, 74(1): 614-621.
[136] Barnham K, Ballard I, Connolly J, et al. Quantum well solar cells[J]. Physica E: Low-dimensional Systems and Nanostructures, 2002, 14(1-2): 27-36.
[137] Luque A, Martí A. Increasing the efficiency of ideal solar cells by photon induced transitions at intermediate levels[J]. PhysicalReview Letters, 1997, 78(26): 5014-5017.
[138] Chen C, de Castro A R B, Shen Y. Surface-enhanced second-harmonic generation[J]. PhysicalReview Letters, 1981, 46(2): 145-148.

[139] Wokaun A, Bergman J, Heritage J, et al. Surface second-harmonic generation from metal island films and microlithographic structures[J]. Physical Review B, 1981, 24(2): 849-856.
[140] García-Vidal F J, Pendry J. Collective theory for surface enhanced Raman scattering[J]. PhysicalReview Letters, 1996, 77(6): 1163-1166.
[141] Cao Y C, Jin R, Mirkin C A. Nanoparticles with Raman spectroscopic fingerprints for DNA and RNA detection[J]. Science, 2002, 297(5586): 1536-1540.
[142] Wenseleers W, Stellacci F, Meyer-Friedrichsen T, et al. Five orders-of-magnitude enhancement of two-photon absorption for dyes on silver nanoparticle fractal clusters[J]. The Journal of Physical Chemistry B, 2002, 106(27): 6853-6863.
[143] Yin X, Fang N, Zhang X, et al. Near-field two-photon nanolithography using an apertureless optical probe [J]. Applied Physics Letters, 2002, 81(19): 3663-3665.
[144] Maier S A, Atwater H A. Plasmonics: Localization and guiding of electromagnetic energy in metal/dielectric structures[J]. Journal of Applied Physics, 2005, 98(1): 011101.
[145] Maier S A, Kik P G, Atwater H A, et al. Local detection of electromagnetic energy transport below the diffraction limit in metal nanoparticle plasmon waveguides[J]. Nature Materials, 2003, 2(4): 229-232.
[146] Maier S A, Brongersma M L, Atwater H A. Electromagnetic energy transport along Yagi arrays[J]. Materials Science and Engineering: C, 2002, 19(1-2): 291-294.
[147] Barnes W L, Dereux A, Ebbesen T W. Surface plasmon subwavelength optics[J]. Nature, 2003, 424 (6950): 824-830.
[148] Pacifici D, Lezec H J, Atwater H A. All-optical modulation by plasmonic excitation of CdSe quantum dots [J]. Nature Photonics, 2007, 1(7): 402-406.
[149] Stuart H R, Hall D G. Absorption enhancement in silicon-on-insulator waveguides using metal island films [J]. Applied Physics Letters, 1996, 69(16): 2327-2329.
[150] Stuart H R, Hall D G. Island size effects in nanoparticle-enhanced photodetectors[J]. Applied Physics Letters, 1998, 73(26): 3815-3817.
[151] Schaadt D, Feng B, Yu E. Enhanced semiconductor optical absorption via surface plasmon excitation in metal nanoparticles[J]. Applied Physics Letters, 2005, 86(6): 063106.
[152] Pillai S, Catchpole K, Trupke T, et al. Enhanced emission from Si-based light-emitting diodes using surface plasmons[J]. Applied Physics Letters, 2006, 88(16): 161102.
[153] Derkacs D, Lim S, Matheu P, et al. Improved performance of amorphous silicon solar cells via scattering from surface plasmon polaritons in nearby metallic nanoparticles[J]. Applied Physics Letters, 2006, 89 (9): 093103.
[154] Catchpole K, Pillai S. Absorption enhancement due to scattering by dipoles into silicon waveguides[J]. Journal of Applied Physics, 2006, 100(4): 044504.
[155] Pillai S, Catchpole K, Trupke T, et al. Surface plasmon enhanced silicon solar cells[J]. Journal of Applied Physics, 2007, 101(9): 093105.
[156] Ihara M, Tanaka K, Sakaki K, et al. Enhancement of the absorption coefficient of cis-$(NCS)_2$ bis(2,2′-bipyridyl-4,4′-dicarboxylate) ruthenium(Ⅱ) dye in dye-sensitized solar cells by a silver island film[J]. The Journal of Physical Chemistry B, 1997, 101(26): 5153-5157.
[157] Wen C, Ishikawa K, Kishima M, et al. Effects of silver particles on the photovoltaic properties of dye-sensitized TiO_2 thin films[J]. Solar Energy Materials and Solar Cells, 2000, 61(4): 339-351.
[158] Rand B P, Peumans P, Forrest S R. Long-range absorption enhancement in organic tandem thin-film solar cells containing silver nanoclusters[J]. Journal ofApplied Physics, 2004, 96(12): 7519-7526.
[159] Nakayama K, Tanabe K, Atwater H A. Plasmonic nanoparticle enhanced light absorption in GaAs solar cells [J]. Applied Physics Letters, 2008, 93(12): 121904.
[160] Nish A, Hwang J-Y, Doig J, et al. Highly selective dispersion of single-walled carbon nanotubes using aromatic polymers[J]. NatureNanotechnology, 2007, 2(10): 640-646.
[161] Shim B S, Tang Z, Morabito M P, et al. Integration ofconductivity, transparency, and mechanical strength into highly homogeneous layer-by-layer composites of single-walled carbon nanotubes for optoelectronics[J]. Chemistry of Materials, 2007, 19(23): 5467-5474.
[162] Lei T, Chen X, Pitner G, et al. Removable andrecyclable conjugated polymers for highly selective and high-yield dispersion and release of low-cost carbon nanotubes[J]. Journal of the American Chemical Society, 2016, 138(3): 802-805.
[163] Wu Z, Chen Z, Du X, et al. Transparent, conductive carbon nanotube films[J]. Science, 2004, 305 (5688): 1273-1276.
[164] Mirri F, Ma A W K, Hsu T T, et al. High-performance carbon nanotube transparent conductive films by scalable dip coating[J]. ACS Nano, 2012, 6(11): 9737-9744.
[165] Dan B, Irvin G C, Pasquali M. Continuous andscalable fabrication of transparent conducting carbon nanotube

films[J]. ACS Nano, 2009, 3(4): 835-843.
[166] Xu G-H, Huang J-Q, Zhang Q, et al. Fabrication of double-and multi-walled carbon nanotube transparent conductive films by filtration-transfer process and their property improvement by acid treatment [J]. Applied Physics A, 2011, 103: 403-411.
[167] Du J, Bittner F, Hecht D S, et al. A carbon nanotube-based transparent conductive substrate for flexible ZnO dye-sensitized solar cells[J]. Thin Solid Films, 2013, 531: 391-397.
[168] Bonaccorso F, Sun Z, Hasan T, et al. Graphene photonics and optoelectronics[J]. Nature Photonics, 2010, 4(9): 611-622.
[169] Bae S, Kim H, Lee Y, et al. Roll-to-roll production of 30-inch graphene films for transparent electrodes [J]. NatureNanotechnology, 2010, 5(8): 574-578.
[170] Park S, Ruoff R S. Chemical methods for the production of graphenes[J]. NatureNanotechnology, 2009, 4 (4): 217-224.
[171] Yin Z, Sun S, Salim T, et al. Organicphotovoltaic devices using highly flexible reduced graphene oxide films as transparent electrodes[J]. ACS Nano, 2010, 4(9): 5263-5268.
[172] Gomez De Arco L, Zhang Y, Schlenker C W, et al. Continuous, highly flexible, and transparent graphene films by chemical vapor deposition for organic photovoltaics[J]. ACS Nano, 2010, 4(5): 2865-2873.
[173] Lee S, Yeo J-S, Ji Y, et al. Flexible organic solar cells composed of P3HT: PCBM using chemically doped graphene electrodes[J]. Nanotechnology, 2012, 23(34): 344013.
[174] Bonaccorso F, Balis N, Stylianakis M M, et al. Functionalizedgraphene as an electron-cascade acceptor for air-processed organic ternary solar cells[J]. Advanced Functional Materials, 2015, 25(25): 3870-3880.
[175] Luo B, Zhi L. Design and construction of three dimensional graphene-based composites for lithium ion battery applications[J]. Energy & Environmental Science, 2015, 8(2): 456-477.
[176] Kucinskis G, Bajars G, Kleperis J. Graphene in lithium ion battery cathode materials: A review[J]. Journal of Power Sources, 2013, 240: 66-79.
[177] Hou J, Shao Y, Ellis M W, et al. Graphene-based electrochemical energy conversion and storage: Fuel cells, supercapacitors and lithium ion batteries[J]. Physical Chemistry Chemical Physics, 2011, 13(34): 15384-15402.
[178] Wu S, Xu R, Lu M, et al. Graphene-containing nanomaterials for lithium-ion batteries[J]. Advanced Energy Materials, 2015, 5(21): 1500400.
[179] Srivastava M, Singh J, Kuila T, et al. Recent advances in graphene and its metal-oxide hybrid nanostructures for lithium-ion batteries[J]. Nanoscale, 2015, 7(11): 4820-4868.
[180] Nachimuthu S, Lai P-J, Leggesse E G, et al. Afirst principles study on boron-doped graphene decorated by Ni-Ti-Mg atoms for enhanced hydrogen storage performance[J]. Scientific Reports, 2015, 5(1): 16797.
[181] Cho E S, Ruminski A M, Aloni S, et al. Erratum: Graphene oxide/metal nanocrystal multilaminates as the atomic limit for safe and selective hydrogen storage[J]. Nature Communications, 2016, 7(1): 11145.
[182] Chong L, Zeng X, Ding W, et al. $NaBH_4$ in "graphene wrapper:" significantly enhanced hydrogen storage capacity and regenerability through nanoencapsulation[J]. Advanced Materials, 2015, 27(34): 5070-5074.
[183] Wu G, Wei X, Zhang Z, et al. Agraphene-based vacuum transistor with a high ON/OFF current ratio[J]. Advanced Functional Materials, 2015, 25(37): 5972-5978.
[184] Kang S J, Lee G-H, Yu Y-J, et al. Organicfield effect transistors based on graphene and hexagonal boron nitride heterostructures[J]. Advanced Functional Materials, 2014, 24(32): 5157-5163.
[185] Li J, Niu L, Zheng Z, et al. Photosensitivegraphene transistors[J]. Advanced Materials, 2014, 26(31): 5239-5273.
[186] Wang T, Huang D, Yang Z, et al. Areview on graphene-based gas/vapor sensors with unique properties and potential applications[J]. Nano-Micro Letters, 2016, 8(2): 95-119.
[187] Novoselov K S, Geim A K, Morozov S V, et al. Electricfield effect in atomically thin carbon films[J]. Science, 2004, 306(5696): 666-669.
[188] Park H, Rowehl J A, Kim K K, et al. Doped graphene electrodes for organic solar cells[J]. Nanotechnology, 2010, 21(50): 505204.
[189] Han T-H, Lee Y, Choi M-R, et al. Extremely efficient flexible organic light-emitting diodes with modified graphene anode[J]. Nature Photonics, 2012, 6(2): 105-110.
[190] Tselev A, Lavrik N V, Kolmakov A, et al. Scanningnear-field microwave microscopy of VO_2 and chemical vapor deposition graphene[J]. Advanced Functional Materials, 2013, 23(20): 2635-2645.
[191] Chang S-J, Hyun M S, Myung S, et al. Graphene growth from reduced graphene oxide by chemical vapour deposition: Seeded growth accompanied by restoration[J]. Scientific Reports, 2016, 6(1): 22653.
[192] Kang M S, Kim K T, Lee J U, et al. Direct exfoliation of graphite using a non-ionic polymer surfactant for

fabrication of transparent and conductive graphene films[J]. Journal of Materials Chemistry C, 2013, 1(9): 1870-1875.
[193] Zhu Y, Murali S, Cai W, et al. Graphene andgraphene oxide: Synthesis, properties, and applications[J]. Advanced Materials, 2010, 22(35): 3906-3924.
[194] An X, Simmons T, Shah R, et al. Stableaqueous dispersions of noncovalently functionalized graphene from graphite and their multifunctional high-performance applications[J]. Nano Letters, 2010, 10(11): 4295-4301.
[195] Haar S, El Gemayel M, Shin Y, et al. Enhancing theliquid-phase exfoliation of graphene in organic solvents upon addition of n-octylbenzene[J]. Scientific Reports, 2015, 5(1): 16684.
[196] Wei Y, Sun Z. Liquid-phase exfoliation of graphite for mass production of pristine few-layer graphene[J]. Current Opinion in Colloid & Interface Science, 2015, 20(5): 311-321.
[197] Coleman J N. Liquid-phase exfoliation of nanotubes and graphene[J]. Advanced Functional Materials, 2009, 19(23): 3680-3695.
[198] Haar S, Ciesielski A, Clough J, et al. Asupramolecular strategy to leverage the liquid-phase exfoliation of graphene in the presence of surfactants: Unraveling the role of the length of fatty acids[J]. Small, 2015, 11(14): 1691-1702.
[199] Hernandez Y, Nicolosi V, Lotya M, et al. High-yield production of graphene by liquid-phase exfoliation of graphite[J]. Nature Nanotechnology, 2008, 3(9): 563-568.
[200] Lotya M, Hernandez Y, King P J, et al. Liquidphase production of graphene by exfoliation of graphite in surfactant/water solutions[J]. Journal of the American Chemical Society, 2009, 131(10): 3611-3620.
[201] Parvez K, Wu Z-S, Li R, et al. Exfoliation ofgraphite into graphene in aqueous solutions of inorganic salts[J]. Journal of the American Chemical Society, 2014, 136(16): 6083-6091.
[202] Emtsev K V, Bostwick A, Horn K, et al. Towards wafer-size graphene layers by atmospheric pressure graphitization of silicon carbide[J]. Nature Materials, 2009, 8(3): 203-207.
[203] Park S, An J, Potts J R, et al. Hydrazine-reduction of graphite and graphene oxide[J]. Carbon, 2011, 49(9): 3019-3023.
[204] Bonaccorso F, Lombardo A, Hasan T, et al. Production and processing of graphene and 2d crystals[J]. Materials Today, 2012, 15(12): 564-589.
[205] Konios D, Stylianakis M M, Stratakis E, et al. Dispersion behaviour of graphene oxide and reduced graphene oxide[J]. Journal of Colloid and Interface Science, 2014, 430: 108-112.
[206] Konios D, Petridis C, Kakavelakis G, et al. Reducedgraphene oxide micromesh electrodes for large area, flexible, organic photovoltaic devices[J]. Advanced Functional Materials, 2015, 25(15): 2213-2221.
[207] Park H, Chang S, Zhou X, et al. Flexiblegraphene electrode-based organic photovoltaics with record-high efficiency[J]. Nano Letters, 2014, 14(9): 5148-5154.
[208] Park H, Shi Y, Kong J. Application of solvent modified PEDOT: PSS to graphene electrodes in organicsolar cells[J]. Nanoscale, 2013, 5(19): 8934-8939.
[209] Park H, Chang S, Smith M, et al. Interface engineering of graphene for universal applications as both anode and cathode in organic photovoltaics[J]. Scientific Reports, 2013, 3(1): 1581.
[210] Wang Y, Tong S W, Xu X F, et al. Interfaceengineering of layer-by-layer stacked graphene anodes for high-performance organic solar cells[J]. Advanced Materials, 2011, 23(13): 1514-1518.
[211] Zhou Y, Fuentes-Hernandez C, Shim J, et al. Auniversal method to produce low-work function electrodes for organic electronics[J]. Science, 2012, 336(6079): 327-332.
[212] He Z, Zhong C, Su S, et al. Enhanced power-conversion efficiency in polymer solar cells using an inverted device structure[J]. Nature Photonics, 2012, 6(9): 591-595.
[213] Sung H, Ahn N, Jang M S, et al. Transparentconductive oxide-free graphene-based perovskite solar cells with over 17% efficiency[J]. Advanced Energy Materials, 2016, 6(3): 1501873.
[214] Kim Y H, Sachse C, Machala M L, et al. Highlyconductive PEDOT: PSS electrode with optimized solvent and thermal post-treatment for ITO-free organic solar cells[J]. Advanced Functional Materials, 2011, 21(6): 1076-1081.
[215] Hong W, Xu Y, Lu G, et al. Transparent graphene/PEDOT-PSS composite films as counter electrodes of dye-sensitized solar cells[J]. Electrochemistry Communications, 2008, 10(10): 1555-1558.
[216] Shi H, Liu C, Jiang Q, et al. Effectiveapproaches to improve the electrical conductivity of PEDOT: PSS: A review[J]. Advanced Electronic Materials, 2015, 1(4): 1500017.
[217] Sun K, Zhang S, Li P, et al. Review on application of PEDOTs and PEDOT: PSS in energy conversion and storage devices[J]. Journal of Materials Science: Materials in Electronics, 2015, 26(7): 4438-4462.
[218] Ha Y-H, Nikolov N, Pollack S K, et al. Towards atransparent, highly conductive poly(3,4-ethylenedioxythiophene)[J]. Advanced Functional Materials, 2004, 14(6): 615-622.

[219] Xia Y, Sun K, Ouyang J. Solution-processed metallic conducting polymer films as transparent electrode of optoelectronic devices[J]. Advanced Materials, 2012, 24(18): 2436-2440.
[220] Kim N, Kee S, Lee S H, et al. Highlyconductive PEDOT: PSS nanofibrils induced by solution-processed crystallization[J]. Advanced Materials, 2014, 26(14): 2268-2272.
[221] Ouyang J. Solution-processed PEDOT: PSS films with conductivities as indium tin oxide through a treatment with mild and weak organic acids[J]. ACS Applied Materials & Interfaces, 2013, 5(24): 13082-13088.
[222] Fan X, Wang J, Wang H, et al. Bendable ITO-freeorganic solar cells with highly conductive and flexible PEDOT: PSS electrodes on plastic substrates[J]. ACS Applied Materials & Interfaces, 2015, 7(30): 16287-16295.
[223] Worfolk B J, Andrews S C, Park S, et al. Ultrahigh electrical conductivity in solution-sheared polymeric transparent films[J]. Proceedings of the National Academy of Sciences, 2015, 112(46): 14138-14143.
[224] Bai Y, Cao Y, Zhang J, et al. High-performance dye-sensitized solar cells based on solvent-free electrolytes produced from eutectic melts[J]. Nature Materials, 2008, 7(8): 626-630.
[225] Bandara J, Weerasinghe H. Enhancement of photovoltage of dye-sensitized solid-state solar cells by introducing high-band-gap oxide layers[J]. Solar Energy Materials and Solar Cells, 2005, 88(4): 341-350.
[226] Desilvestro J, Graetzel M, Kavan L, et al. Highly efficient sensitization of titanium dioxide[J]. Journal of the American Chemical Society, 1985, 107(10): 2988-2990.
[227] Tsubomura H, Matsumura M, Nomura Y, et al. Dye sensitised zinc oxide: Aqueous electrolyte: Platinum photocell[J]. Nature, 1976, 261(5559): 402-403.
[228] Bignozzi C A, Argazzi R, Kleverlaan C J. Molecular and supramolecular sensitization of nanocrystalline wide band-gap semiconductors with mononuclear and polynuclear metal complexes[J]. Chemical Society Reviews, 2000, 29(2): 87-96.
[229] Casaluci S, Gemmi M, Pellegrini V, et al. Graphene-based large area dye-sensitized solar cell modules [J]. Nanoscale, 2016, 8(9): 5368-5378.
[230] Nazeeruddin M K, Kay A, Rodicio I, et al. Conversion of light to electricity by cis-X_2Bis(2,2′-bipyridyl-4,4′-dicarboxylate) ruthenium(II) charge-transfer sensitizers ($X = Cl^-$, Br^-, I^-, CN^-, and SCN^-) on nanocrystalline titanium dioxide electrodes[J]. Journal of the American Chemical Society, 1993, 115(14): 6382-6390.
[231] Chen Y-S, Li C, Zeng Z-H, et al. Efficient electron injection due to a special adsorbing group's combination of carboxyl and hydroxyl: Dye-sensitized solar cells based on new hemicyanine dyes[J]. Journal of Materials Chemistry, 2005, 15(16): 1654-1661.
[232] Dai S, Weng J, Sui Y, et al. Dye-sensitized solar cells, from cell to module[J]. Solar Energy Materials and Solar Cells, 2004, 84(1-4): 125-133.
[233] Nazeeruddin M K, Zakeeruddin S, Humphry-Baker R, et al. Acid-base equilibria of(2,2′-Bipyridyl-4,4′-dicarboxylic acid) ruthenium(II) complexes and the effect of protonation on charge-transfer sensitization of nanocrystalline titania[J]. Inorganic Chemistry, 1999, 38(26): 6298-6305.
[234] Dürr M, Schmid A, Obermaier M, et al. Low-temperature fabrication of dye-sensitized solar cells by transfer of composite porous layers[J]. Nature Materials, 2005, 4(8): 607-611.
[235] Chen X, Jia C, Wan Z, et al. Organic dyes with imidazole derivatives as auxiliary donors for dye-sensitized solar cells: Experimental and theoretical investigation[J]. Dyes and Pigments, 2014, 104: 48-56.
[236] Mercier L G, Mishra A, Ishigaki Y, et al. Acceptor-donor-acceptor oligomers containing dithieno[3, 2-b: 2', 3'-d] pyrrole and thieno[2, 3-c] pyrrole-4, 6-dione units for solution-processed organic solar cells[J]. Organic Letters, 2014, 16(10): 2642-2645.
[237] Wang P, Zakeeruddin S M, Humphry-Baker R, et al. Molecular-scale interface engineering of TiO_2 nanocrystals: Improve the efficiency and stability of dye-sensitized solar cells[J]. Advanced Materials, 2003, 15(24): 2101-2104.
[238] Wang Z S, Cui Y, Hara K, et al. A high-light-harvesting-efficiency coumarin dye for stable dye-sensitized solar cells[J]. Advanced Materials, 2007, 19(8): 1138-1141.
[239] Wadsworth A, Moser M, Marks A, et al. Critical review of the molecular design progress in non-fullerene electron acceptors towards commercially viable organic solar cells[J]. Chemical Society Reviews, 2019, 48(6): 1596-1625.
[240] Menke S M, Ran N A, Bazan G C, et al. Understanding energy loss in organic solar cells: Toward a new efficiency regime[J]. Joule, 2018, 2(1): 25-35.
[241] Yao H, Ye L, Zhang H, et al. Molecular design of benzodithiophene-based organic photovoltaic materials [J]. Chemical Reviews, 2016, 116(12): 7397-7457.
[242] Inganäs O. Organic photovoltaics over three decades[J]. Advanced Materials, 2018, 30(35): 1800388.
[243] Kallmann H, Pope M. Photovoltaic effect in organic crystals[J]. The Journal of Chemical Physics, 1959, 30(2): 585-586.

[244] Ghosh A K, Feng T. Merocyanine organic solar cells[J]. Journal of Applied Physics, 1978, 49(12): 5982-5989.

[245] Morel D, Ghosh A, Feng T, et al. High-efficiency organic solar cells[J]. Applied Physics Letters, 1978, 32(8): 495-497.

[246] Tang C W. Two-layer organic photovoltaic cell[J]. Applied Physics Letters, 1986, 48(2): 183-185.

[247] Hoppe H, Sariciftci N S. Organic solar cells: An overview[J]. Journal of Materials Research, 2004, 19(7): 1924-1945.

[248] Hiramoto M, Fujiwara H, Yokoyama M. Three-layered organic solar cell with a photoactive interlayer of codeposited pigments[J]. Applied Physics Letters, 1991, 58(10): 1062-1064.

[249] Yu G, Gao J, Hummelen J C, et al. Polymer photovoltaic cells: Enhanced efficiencies via a network of internal donor-acceptor heterojunctions[J]. Science, 1995, 270(5243): 1789-1791.

[250] Halls J, Walsh C, Greenham N C, et al. Efficient photodiodes from interpenetrating polymer networks[J]. Nature, 1995, 376(6540): 498-500.

[251] Ameri T, Li N, Brabec C J. Highly efficient organic tandem solar cells: A follow up review[J]. Energy & Environmental Science, 2013, 6(8): 2390-2413.

[252] Hadipour A, de Boer B, Blom P W. Organic tandem and multi-junction solar cells[J]. Advanced Functional Materials, 2008, 18(2): 169-181.

[253] Hiramoto M, Suezaki M, Yokoyama M. Effect of thin gold interstitial-layer on the photovoltaic properties of tandem organic solar cell[J]. Chemistry Letters, 1990, 3: 327-330.

[254] Peumans P, Bulović V, Forrest S R. Efficient photon harvesting at high optical intensities in ultrathin organic double-heterostructure photovoltaic diodes[J]. Applied Physics Letters, 2000, 76(19): 2650-2652.

[255] Yakimov A, Forrest S. High photovoltage multiple-heterojunction organic solar cells incorporating interfacial metallic nanoclusters[J]. Applied Physics Letters, 2002, 80(9): 1667-1669.

[256] Wienk M M, Turbiez M, Gilot J, et al. Narrow-bandgap diketo-pyrrolo-pyrrole polymer solar cells: The effect of processing on the performance[J]. Advanced Materials, 2008, 20(13): 2556-2560.

[257] Meng L, Zhang Y, Wan X, et al. Organic and solution-processed tandem solar cells with 17. 3% efficiency[J]. Science, 2018, 361(6407): 1094-1098.

[258] Grüner J, Hamer P J, Friend R H, et al. A high efficiency blue-light-emitting diode based on novel ladder poly(p-phenylene)s[J]. Advanced Materials, 1994, 6(10): 748-752.

[259] Greenwald Y, Xu X, Fourmigue M, et al. Polymer-polymer rectifying heterojunction based on poly(3, 4-dicyanothiophene)and MEH-PPV[J]. Journal of Polymer Science Part A: Polymer Chemistry, 1998, 36(17): 3115-3120.

[260] Thompson B C, Kim Y-G, McCarley T D, et al. Soluble narrow band gap and blue propylenedioxythiophene-cyanovinylene polymers as multifunctional materials for photovoltaic and electrochromic applications[J]. Journal of the American Chemical Society, 2006, 128(39): 12714-12725.

[261] Zhong C, Choi H, Kim J Y, et al. Ultrafast charge transfer in operating bulk heterojunction solar cells[J]. Advanced Materials, 2015, 27(12): 2036-2041.

[262] Brabec C J, Shaheen S E, Winder C, et al. Effect of LiF/metal electrodes on the performance of plastic solar cells[J]. Applied Physics Letters, 2002, 80(7): 1288-1290.

[263] Havinga E, Ten Hoeve W, Wynberg H. A new class of small band gap organic polymer conductors[J]. Polymer Bulletin, 1992, 29: 119-126.

[264] Chen Z, Cai P, ChenJ, et al. Low band-gap conjugated polymers with strong interchain aggregation and very high hole mobility towards highly efficient thick-film polymer solar cells[J]. Advanced Materials, 2014, 26(16): 2586-2591.

[265] Roncali J, Leriche P, Cravino A. From one-to three-dimensional organic semiconductors: In search of the organic silicon? [J]. Advanced Materials, 2007, 19(16): 2045-2060.

[266] Wang Z, Zhu L, Shuai Z, et al. A-π-D-π-A electron-donating small molecules for solution-processed organic solar cells: a review[J]. Macromolecular Rapid Communications, 2017, 38(22): 1700470.

[267] Lin Y, Li Y, Zhan X. Small molecule semiconductors for high-efficiency organic photovoltaics[J]. Chemical Society Reviews, 2012, 41(11): 4245-4272.

[268] Schulze K, Uhrich C, Schüppel R, et al. Efficient vacuum-deposited organic solar cells based on a new low-bandgap oligothiophene and fullerene C_{60}[J]. Advanced Materials, 2006, 18(21): 2872-2875.

[269] Sun Y, Welch G C, Leong W L, et al. Solution-processed small-molecule solar cells with 6. 7% efficiency[J]. Nature Materials, 2012, 11(1): 44-48.

[270] Kroto H W, Heath J R, O' Brien S C, et al. C_{60}: Buckminsterfullerene[J]. Nature, 1985, 318(6042): 162-163.

[271] Hummelen J C, Knight B W, LePeq F, et al. Preparation and characterization of fulleroid and methanofullerene

derivatives[J]. The Journal of Organic Chemistry, 1995, 60(3): 532-538.
[272] He Y, Chen H-Y, Hou J, et al. Indene-C_{60} bisadduct: A new acceptor for high-performance polymer solar cells[J]. Journal of the American Chemical Society, 2010, 132(4): 1377-1382.
[273] Zhao G, He Y, Li Y. 6.5% efficiency of polymer solar cells based on poly(3-hexylthiophene) and indene-C_{60} bisadduct by device optimization[J]. Advanced Materials, 2010, 22(39): 4355-4358.
[274] Li M, Gao K, Wan X, et al. Solution-processed organic tandem solar cells with power conversion efficiencies> 12%[J]. Nature Photonics, 2017, 11(2): 85-90.
[275] Li Z, Jiang K, Yang G, et al. Donor polymer design enables efficient non-fullerene organic solar cells[J]. Nature Communications, 2016, 7(1): 13094.
[276] Bloking J T, Giovenzana T, Higgs A T, et al. Comparing the device physics and morphology of polymer solar cells employing fullerenes and non-fullerene acceptors[J]. Advanced Energy Materials, 2014, 4(12): 1301426.
[277] Zhao W, Li S, Yao H, et al. Molecular optimization enables over 13% efficiency in organic solar cells[J]. Journal of the American Chemical Society, 2017, 139(21): 7148-7151.
[278] Li S, Li C-Z, Shi M, et al. New phase for organic solar cell research: Emergence of Y-series electron acceptors and their perspectives[J]. ACS Energy Letters, 2020, 5(5): 1554-1567.
[279] Yuan J, Huang T, Cheng P, et al. Enabling low voltage losses and high photocurrent in fullerene-free organic photovoltaics[J]. Nature Communications, 2019, 10(1): 1624.

第4章 光催化技术

随着工业化进程的加速，能源和环境形势日益严峻，越来越严重的环境污染直接威胁着人类的生命和健康。如今，世界上利用的主要能源仍然是化石能源，如煤炭、石油和天然气等。然而随着工业化的不断发展，大多数化石燃料预计将在21世纪耗尽。此外，化石能源的使用也会对环境造成严重的污染，寻找可持续的绿色能源迫在眉睫。太阳能作为一种潜在的清洁能源，具有重要的研究价值。1972年，藤岛昭发现二氧化钛电极可以在阳光下分解水产生氢气。此后，光催化这种可以直接将太阳能转化为化学能的技术受到了人们广泛的关注，并被认为是解决能源和环境问题最有前途的技术之一。1977年Frank和Bard以二氧化钛作为光催化剂，成功地将氰化物氧化为OCN^-，促进了光催化剂在废水处理中的应用。自此，二氧化钛作为一种光催化剂广泛应用于环境治理领域。之后，光催化技术的进一步深入研究也拓宽了光催化的应用领域。目前，光催化主要研究方向包括光催化杀菌、光催化产氢、光催化还原二氧化碳、光催化污水处理和空气净化等。然而，光催化技术仍然处于初始阶段，在实际中应用还有很长的路要走。本章主要对光催化反应机理、常见的光催化材料、光催化材料的制备方法、光催化材料的表征方法、提高光催化活性的方法以及光催化的应用等方面进行介绍。

4.1 光催化反应机理

4.1.1 光催化反应过程

光催化反应是在光与光催化剂共同作用下发生的一种化学反应，该技术在能源与环境领域都有良好的应用前景。具有环保、污染物完全降解、无二次污染等优点。图4-1显示了光催化反应的基本原理。

从半导体光化学的角度看，光催化反应是半导体的光诱导氧化还原反应。半导体的能带结构由低能价带（VB）和高能导带（CB）组成，导带和价带之间称为禁带，通常用E_g表示。当半导体材料吸收的入射光能量大于或者等于禁带宽度时，电子由价带跃迁到导带，这种光吸收称为本征吸收。电子跃迁后进入导带，在价带生成空穴（h^+），光生电子和空穴因为库仑相互作用被束缚形成光生电子-空穴

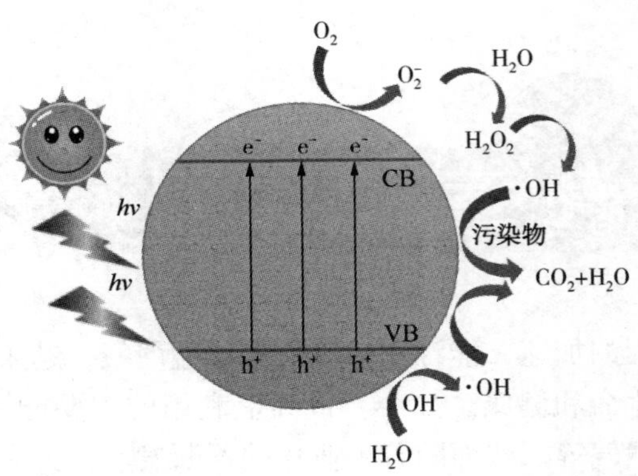

图 4-1　光催化反应机理

对。电子-空穴对分离后电子集中在导带，空穴聚集在价带，电子具有很强的还原活性，而空穴具有很强的氧化活性。

光催化反应的过程如下：在一定的光照射下，VB 上的电子被激发并跃迁到 CB 上，而空穴则留在 VB 上。CB 上的电子迁移到催化剂表面并参与还原反应，VB 上的空穴迁移到光催化剂表面并参与氧化反应。以二氧化钛（TiO_2）为例，光催化基本反应式如下。

$$TiO_2+h\nu \longrightarrow h^++e^-$$

$$h^++e^- \longrightarrow h\nu（或热量）$$

$$H_2O \rightleftharpoons H^++OH^-$$

$$h^++OH^- \longrightarrow \cdot OH$$

$$h^++H_2O \longrightarrow \cdot OH+H^+$$

电子与空气中的氧可以形成超氧自由基（$\cdot O_2^-$），超氧自由基与羟基自由基都是具有强氧化能力的物种，可以氧化降解半导体表面上的细菌和有机物，可将有机物降解成水、二氧化碳以及其他无机小分子。

$$O_2+e^- \longrightarrow \cdot O_2^-$$

$$\cdot O_2^-+H^+ \longrightarrow HO_2\cdot$$

$$2HO_2\cdot \longrightarrow O_2+H_2O_2$$

$$H_2O_2+\cdot O_2^- \longrightarrow \cdot OH+OH^-+O_2$$

$$有机物+\cdot OH+O_2 \longrightarrow CO_2+H_2O+其他产物$$

TiO_2催化剂表面：

$$Ti^{4+}+e^- \longrightarrow Ti^{3+}$$

$$\cdot O_2^-+2h^+ \longrightarrow \frac{1}{2}氧空位$$

非纳米 TiO_2 受激发也可以产生 h^+ 和 e^-，但是纳米 TiO_2 的粒径尺寸更小，h^+ 和 e^- 从晶体内部迁移到表面的时间较短，从而降低了光生电子和空穴的复合概率，因而具有比大尺寸 TiO_2 更强的光催化活性。在研究和应用的过程中，为了进一步提高光催化剂的光催化活性，降低光生电子和空穴的复合速率，可以在体系中额外加入一些强氧化剂和还原剂，这些强氧化剂和还原剂可以有效捕捉电子或空穴，从而实现电子和空穴的有效分离。

半导体光催化反应过程主要包括光吸收和载流子的激活，光生载流子的分离与迁移以及发生表面催化反应三个过程。

半导体催化反应过程如图 4-2 所示。

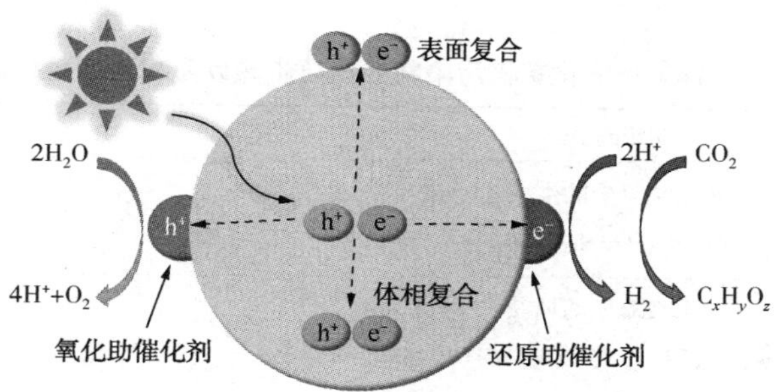

图 4-2　半导体催化反应过程示意图

4.1.2　光的吸收和激发

根据能带理论，半导体光吸收范围 λ_g 和禁带宽度具有以下关系：

$$\lambda_g = 1240/E_g$$

光吸收范围是指半导体需要吸收大于或者等于此波长能量的光，价带的电子才能够被激发。由光吸收范围和禁带宽度的关系可以看出，半导体的禁带宽度越大，激发半导体所需要的光的能量就越高，因此常用的宽带隙半导体的吸收波长范围一般都在紫外区域。当半导体受到能量大于吸收范围的光照射时，半导体价带的电子就会发生带间跃迁，即从价带跃迁到导带，从而在导带上产生具有高活性的电子，同时在价带上留下一个空穴，这样就形成了电子-空穴对。

4.1.3　光生载流子的迁移和复合

光生电子-空穴对产生后，光生载流子通过扩散的形式或者在内电场的作用下由颗粒内部向外部迁移。但是在迁移的过程中，大部分的光生载流子会迁移至颗粒表面发生表面复合或者直接在体相内发生体相复合，这也是制约光催化反应效率的主要原因之一。另外，还有一部分电子或者空穴会迁移至半导体颗粒表面与吸附在表面的分子发生氧化还原反应。被激发的电子-空穴对主要存在复合与输运两个相互竞争的过程，对催化过程来说，光激发产生的载流子有效迁移到表面并且和电子供体或受体发生作用才有效。具体来说，以常用的 TiO_2光催化剂为例，表 4-1 列出了光催化过程的重要步骤以及光生载流子相应的特征时间。对表 4-1 中特征时间进行比较可以看出，界面电荷转移的总量子效率主要取决于两个过程，其一是光生载流子的内部复合与光生载流子的捕获(时间尺度为 ps~ns)之间的竞争；二是被捕获载流子的复合与界面电荷的迁移(时间尺度为 μs~ms)之间的竞争，延长光生载流子的寿命或者提高界面电荷转移速率都可以提高量子效率。因为载流子的捕获速度非常快，通过合适的俘获剂、表面缺陷态或者其他方法可以对电子与空穴再次复合的过程起到抑制作用，进而促进载流子的分离和迁移。

表 4-1　TiO_2光催化有机污染物的重要步骤以及相应的特征时间

初级过程	特征时间
光生载流子的生成 $TiO_2+h\nu \longrightarrow h^+_{VB}+e^-_{CB}$	(fs)
光生载流子的捕获 $h^+_{VB}+>Ti(Ⅳ)OH \longrightarrow \{>Ti(Ⅳ)OH\cdot\}^+$ $e^-_{CB}+>Ti(Ⅳ)OH \longleftrightarrow \{>Ti(Ⅲ)OH\}$ $e^-_{CB}+>Ti(Ⅳ) \longrightarrow >Ti(Ⅲ)$	快(10ns) 浅层捕获(100ps) 深层捕获(10ns)
光生载流子的复合 $e^-_{CB}+\{>Ti(Ⅳ)OH\cdot\}^+ \longrightarrow >Ti(Ⅳ)OH$ $h^+_{VB}+\{>Ti(Ⅲ)OH\} \longrightarrow Ti(Ⅳ)OH$	慢(100ns) 快(10ns)
界面电荷迁移 $\{>Ti(Ⅳ)OH\cdot\}^++R_{ed} \longrightarrow >Ti(Ⅳ)OH+R_{ed}\cdot^+$ $e^-_{tr}+O_x \longrightarrow >Ti(Ⅳ)OH+O_x^-$	慢(100ns) 很慢(ms)

注：>TiOH 表示 TiO_2的表面羟基官能团；e^-_{CB}：导带电子；e^-_{tr}：被捕获的导带电子；h^+_{VB}：价带空穴；R_{ed}：电子供体，即还原剂；O_x：电子受体，即氧化剂；$\{>Ti(Ⅳ)OH\cdot\}^+$：被表面捕获的价带空穴；$\{>Ti(Ⅲ)OH\}$：被表面捕获的导带电子。

4.1.4　表面反应

到达半导体粒子表面的电子和空穴将发生氧化还原反应，其中光生电子还原电子受体 A 的反应称为光催化还原，光生空穴氧化电子给体 D 的反应称为光催化氧化。在氧化还原反应中，除了如下式所示的光生载流子与目标分子的直接作用以外，吸附在纳米颗粒表面的溶解氧可以俘获电子形成超氧自由基($\cdot O_2^-$)，而空穴将吸附在催化剂表面的氢氧根离子和水氧化成其他自由基基团，如羟基自由基（·OH）和 HOO·。超氧自由基和羟基自由基都具有很强的氧化性，能将绝大多数的有机物氧化至最终产物 CO_2和 H_2O。

$$D+h^+ \longrightarrow D^+$$

$$A+e^- \longrightarrow A^-$$

$$H_2O+h^+ \longrightarrow H^+ + \cdot OH$$

$$O_2+e^- \longrightarrow \cdot O_2^-$$

$$\cdot O_2^- + H^+ \longrightarrow HOO\cdot$$

迁移到 TiO_2颗粒表面的电子和空穴会与氧气和水发生反应，生成超氧自由基和羟基自由基，其中空穴与水反应生成自由基的过程比较简单，而电子与氧气和水反应相对复杂。

1. 空穴的反应

迁移到 TiO_2颗粒表面的空穴会与催化剂表面吸附的水发生反应，其中水以水分子以及带负电的氢氧根形式参与反应，生成羟基自由基[1]。其反应过程如下式：

$$h^+ + H_2O \longrightarrow \cdot OH + H^+$$

$$h^+ + OH^- \longrightarrow \cdot OH$$

另外也有学者认为，氧离子会捕获空穴进而产生光催化反应的活性位。Micic 等[2]通过电子顺磁共振检测发现，TiO_2表面存在氧离子捕获空穴生成的 $Ti^{4+}—O^-$自由基，其反应过程如下式：

$$h^+ + Ti^{4+}—O^{2-} \longrightarrow Ti^{4+}—O^-$$

Nakaoka 等[3]从不同的 TiO_2样品当中检测到了 $Ti^{4+}—O^-$自由基相关的两种结构，即 $Ti^{4+}—O^-—Ti^{4+}—OH^-$和 $Ti^{4+}—O^{2-}—Ti^{4+}—O^-$。若存在大量的 O_2，$Ti^{4+}—O^-$还可以继续吸附氧气，其反应式如下：

$$Ti^{4+}—O^- + O_2 \longrightarrow Ti^{4+}—O_3^-$$

$Ti^{4+}—O^-$和 $Ti^{4+}—O_3^-$都是活性自由基，因为活性高于由羟基捕获空穴而产生的 $Ti^{4+}—\cdot OH$ 自由基，不易被检测。

2. 电子的反应

电子的反应过程相对复杂，可以将其分为 Ti^{3+}生成、O_2^-生成和自由基生成三个阶段。

相关研究认为电子与空穴分离后，可被 Ti^{4+}捕获生成 Ti^{3+}，这种捕获过程在催化剂颗粒表面以及颗粒内部都可以生成[4-6]。针对 TiO_2的光催化过程，上述反应历程已经被相关学者提出，多数人认同在 TiO_2颗粒内部和表面生成 Ti^{3+}缺陷的过程[7-9]。存在于 TiO_2颗粒表面和内部的 Ti^{3+}对光催化过程有不同的作用。首先在颗粒表面的 Ti^{4+}捕获电子生成 Ti^{3+}，可以降低电子空穴对的复合率，并且，Ti^{3+}

吸附 O_2 生成 O_2^- 将提高催化活性[10]。研究发现，TiO_2 的光催化活性随着表面 Ti^{3+} 数量的增加会有所提高[11]。另外，在颗粒内部的 Ti^{3+} 可以被视为电子和空穴的复合中心，会抑制光催化反应的发生。研究发现，电子与空穴的复合速率与电子被捕获速率的比值与颗粒内部的 Ti^{3+} 浓度成正比[12]。

Ti^{3+} 与氧分子发生反应，电子从 Ti^{3+} 转移到氧分子上形成 O_2^-，此过程有两种实现方式[13]，这主要取决于 Ti^{3+} 的存在形式。其中一种即五配位的 Ti^{3+}，这种形式为主要存在形式，比四配位的 Ti^{3+} 更稳定，这种存在形式的 Ti^{3+} 与氧气的反应过程相对简单，Ti^{3+} 上的一个电子直接转移到吸附的 O_2 上，生成 Ti^{4+} 和 O_2^-，这种 O_2^- 在可见光照射下几乎没有活性。另外一种是具有氧空位的 Ti^{3+} 结构，氧分子首先攻击氧空位上的两个相邻的 Ti^{3+}，生成的 O_2^{2-} 与两个 Ti^{4+} 分别成键[14,15]，当受到足够能量的光子照射时，一个电子从 O_2^{2-} 转移到另一个 Ti^{4+} 上，O—Ti 键断裂，生成 O_2^- 和 Ti^{3+}。这两种反应过程如图 4-3 所示。因为反应在 TiO_2 表面发生，氧空位的 Ti^{3+} 的位点更多，其产生的自由基在与有机物接触时表现出的催化活性更强[16]。

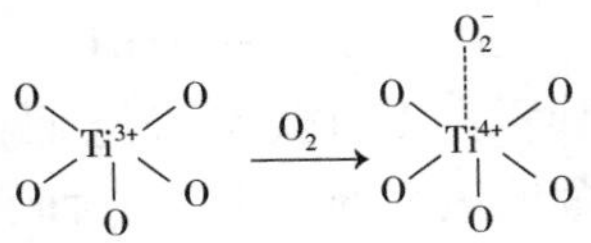

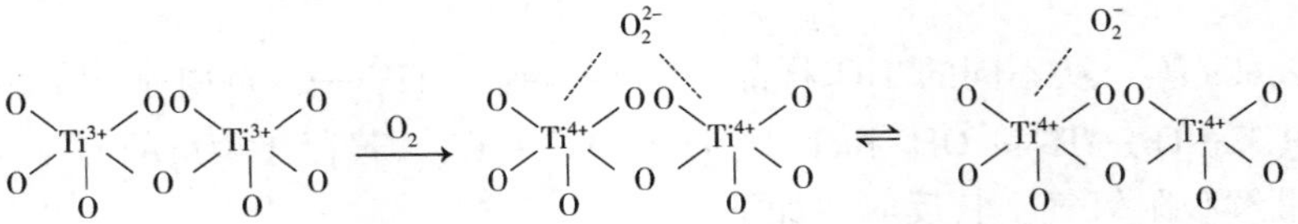

图 4-3　两种 Ti^{3+} 位点上生成 O_2^- 的途径

O_2^- 与水反应生成自由基，关于生成自由基的形式存在不同的讨论。有研究认为，可以生成羟基或者过羟基自由基[17,18]；也有研究认为，羟基自由基是由过羟基自由基反应得到的[19]。无论是哪种形式，反应过程中均可生成 ·OH 和 ·O_2H 两种自由基。

4.1.5　常见半导体能带位置

用作光催化剂的半导体大多数为金属氧化物和硫化物，一般具有较大的带隙宽度，如图 4-4 所示，常用的宽带隙半导体的吸收波长范围大都在紫外光区域。其导带和价带的位置是在电解质溶液 pH = 1 的条件下给出的。以 TiO_2 为例，其光吸收的值为 387.5nm，只有当紫外光波长小于 387.5nm 时，TiO_2才会被激发产生光生电子和空穴，从而具备光催化氧化和还原的能力。

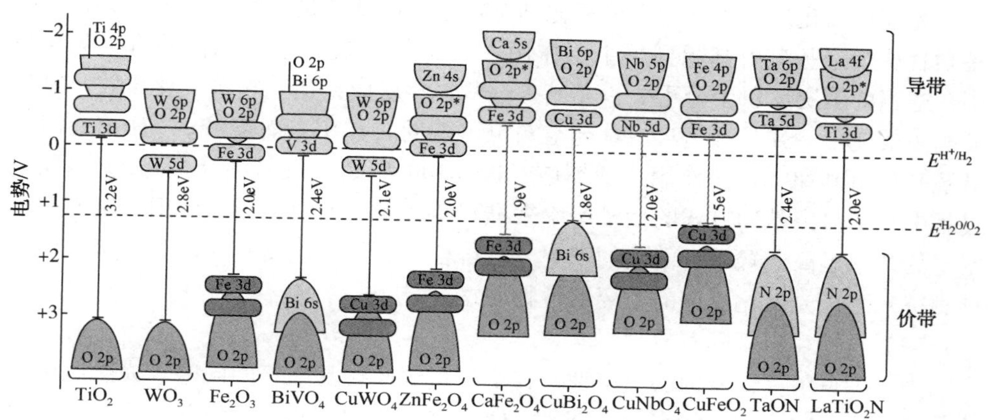

图 4-4 常见半导体的导带和价带位置[20]

为了在半导体表面上进行有效的电荷转移，需要减缓光生电子和空穴的复合。在制备胶体和多晶光催化剂的过程中，会产生催化剂表面凹陷及颗粒不规则性。这种不规则性与表面电子所处的状态有关。电子与空穴在迁移的过程中可能会被缺陷俘获，进而抑制电子与空穴的复合。缺陷能级一般位于导带下方或者价带上方，随着其位于禁带中深度的不同可以分为浅层陷阱和深层陷阱。N 型半导体中，被浅层陷阱俘获的电子会迅速被释放，这种短暂俘获可以增大电子和空穴的分离效率。然而如果电子被深层陷阱俘获将难以被释放，并且由于带有负电荷将很容易再俘获空穴，会造成电子空穴复合率的增大。

4.1.6 光催化反应机理

目前，光催化技术主要可以应用于污染物降解、光解水制氢、光催化杀菌以及光催化自清洁等领域，下面将对不同应用领域的光催化机理进行简述。

1. 降解机理

在光催化过程中，光生电子和空穴分别会和 O_2还有表面 OH^-反应转化为具有氧化性的超氧自由基和羟基自由基，从而参与光催化氧化反应。超氧自由基经过质子化作用后可以成为表面·OH 的另一个来源。

（1）羟基自由基降解机理

通常情况下，光催化对有机物的氧化被认为是通过羟基自由基完成的。根据研究数据可以发现与水接触的 TiO_2等半导体的表面被羟基化的程度较高，并且因为羟基氧化电位比空穴的高，因此空穴在扩散过程中会迅速被表面羟基捕获，从而产生羟基自由基。电子自旋共振（ESR）研究结果证实了光催化反应中羟基自由基以及活性氧自由基的存在。

(2) 空穴氧化降解机理

光催化氧化反应体系的主要氧化剂是羟基自由基还是空穴一直备受争议。许多学者认为羟基自由基起到了主要作用[21,22]，但空穴对于有机物的直接氧化作用在适当的情况下也十分重要，尤其是一些气相反应，空穴直接氧化可能是其反应的主要途径。并且羟基自由基与空穴也可能同时作用，而溶液的 pH 值有时会对羟基自由基和空穴的作用造成影响。Ishibashi 和 Fujishima 等[23]通过测定反应过程中羟基自由基和空穴的量子产率来推测两者在反应中起到的作用，研究发现空穴的产率远高于羟基自由基的产率，且符合一般光催化反应的量子效率，因此推测空穴是该光催化反应的主要活性物质。

(3) 超氧自由基降解机理

为了维持半导体表面的电中性，在空穴被表面羟基俘获的同时，光生电子的俘获剂主要是吸附半导体表面上的氧。O_2俘获电子产生超氧自由基，既可以抑制电子与空穴的复合，也是氧化剂，可以氧化已经羟基化的反应产物。超氧自由基经过质子化作用后，可以再发生反应生成 H_2O_2。例如偶氮染料 Reactive Black 5 在 TiO_2表面降解便以超氧自由基机理为主[24]，其光催化历程与一般羟基自由基的降解机理有所不同，存在着染料的光敏化效应。

2. 产氢机理

与光催化氧化的机理有所不同，光解水制氢主要利用的是光生电子的还原性[25]。当半导体吸收能量大于或者等于禁带时，半导体价带上的电子受激发跃迁到导带，在导带生成电子 e^-，在价带生成空穴 h^+，光生电子-空穴对分别具有很强的还原和氧化活性，可以迁移至半导体表面驱动氧化还原反应的发生，其中电子与水发生还原反应产生氢气，空穴则参与氧化反应产生氧气。

TiO_2光催化分解水的反应过程可以如下表示：

$$2TiO_2+2h\nu \longrightarrow 2TiO_2+2h^++2e^-$$

$$2e^-+2H^+ \longrightarrow \cdot H+\cdot H \longrightarrow H_2$$

$$2h^++2H_2O \longrightarrow 2H_2O^+ \longrightarrow 2\cdot HO+2\cdot H$$

$$\cdot HO+\cdot HO \longrightarrow H_2O+\frac{1}{2}O_2$$

光催化分解水涉及电子和空穴的氧化和还原两个反应(图 4-5)，因为光生电子空穴对极易复合并释放能量，通过在体系中加入电子给体或者电子受体，不可逆地消耗光催化过程中产生的空穴或电子是目前主要采用的解决空穴和电子复合问题的办法。可以加入助催化剂如 Rh、Pt、NiO 等[27]，金属助催化剂主要是通过聚集和传递电子，降低 H_2过电位，从而促进光催化还原水产氢；而半导体助剂主要是通过将电子注入 TiO_2 导带中，使电子、空穴分别转移到助催化剂和催化剂的表面，进而提高电子和空穴的分离效率，促进 H_2 生成。另外，在溶液中加入供电子物质，消耗掉迁移到 TiO_2 表面的部分光生空穴也可以减小光生电荷复合速率。

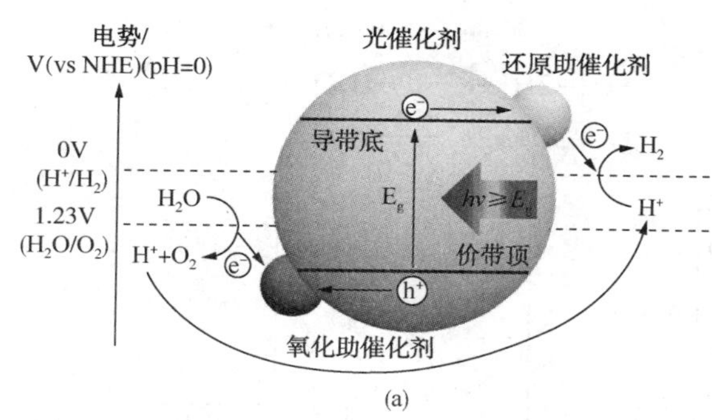

(a)

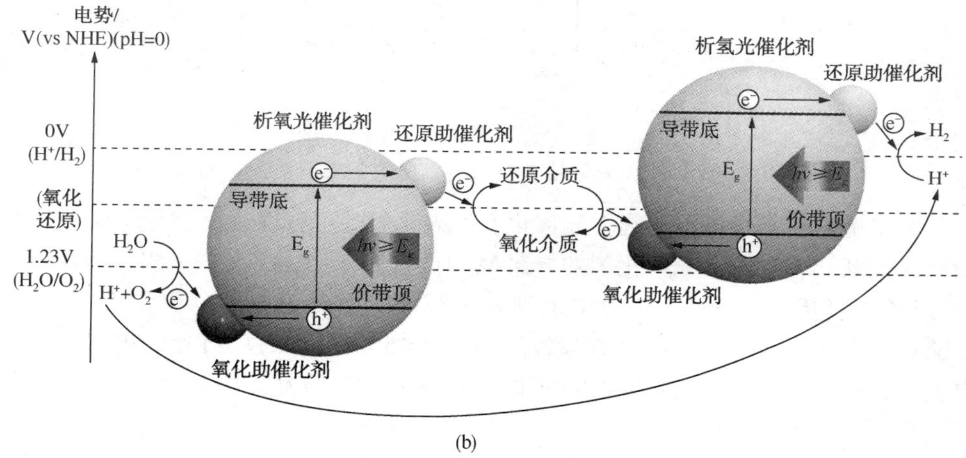

(b)

图 4-5 光催化分解水过程[26]

3. 产过氧化氢机理

两电子氧还原反应(ORR)路径是被研究最广泛的光催化产过氧化氢(H_2O_2)路径。在两电子 ORR 中，主要包括间接两电子路径(两步单电子还原)和直接两电子路径(一步两电子还原)两种反应途径。首先价带上的空穴会氧化水以生成氧气和 H^+。而导带上的电子会与吸附在催化剂表面的氧气以及生成的 H^+ 反应生成 H_2O_2。对于间接两电子路径，即两步单电子还原过程，如图 4-6(a)所示，电子先转移到 O_2 上生成 $\cdot O_2^-$。随后，$\cdot O_2^-$ 进一步与两个 H^+ 以及一个 e^- 反应生成 H_2O_2。对于直接两电子路径，即一步两电子还原过程，如图 4-6(b)所示，O_2 可直接与两个 H^+ 以及一个 e^- 反应生成 H_2O_2。由图 4-6 可以看出，直接两电子路径

(+0. 68V)的反应电位比间接两电子路径(-0. 33V)的更正，这说明直接两电子路径在热力学上是有利的。然而，从反应动力学的角度来看，间接两电子路径更易于发生，因为其每个步骤只需要一个电子。

$$2H_2O+4h^+ \longrightarrow O_2+4H^+$$

$$O_2+e^- \longrightarrow \cdot O_2^-$$

$$\cdot O_2^-+2H^++e^- \longrightarrow H_2O_2$$

$$O_2+2H^++2e^- \longrightarrow H_2O_2$$

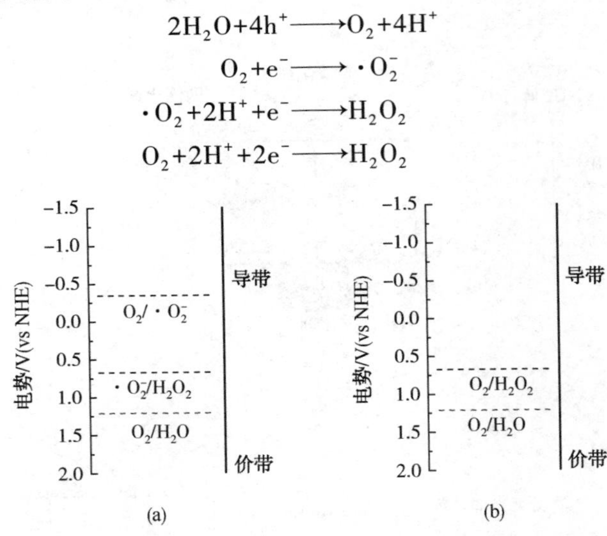

图 4-6 (a)间接 $2e^-$路径；(b)直接 $2e^-$路径

为了确定在半导体催化剂上光催化产过氧化氢的可行性，可以导带电位作为指标来判断。若半导体光催化剂的导带底的位置高于-0. 33V(vs NHE)，则间接 $2e^-$路径和直接 $2e^-$路径在热力学上都是可行的。而对于导带电位位于-0. 33~0. 68V 的光催化剂，只有直接 $2e^-$路径在热力学上是可行的。当光催化剂的导带电位大于+0. 68V 时，直接和间接 $2e^-$路径在热力学上都无法发生。

4. 杀菌机理

随着人们生活水平的日益提高，人们对生存环境的卫生情况也越来越重视，各种抗菌材料也应运而生。常见的抗菌剂主要可以分为有机抗菌剂和无机抗菌剂。有机抗菌剂大多数具有毒性，并且易产生微生物抗药性和耐热性，因此在实际应用中受到很大的限制，无机抗菌剂主要以银离子为主，一般情况下只能杀死细菌，防霉作用较弱。1985 年日本的 Matsunaga 等第一次发现了 TiO_2在紫外光照射下具有良好的杀菌效果，只用 4h 就可以将大肠杆菌全部消灭[28]。研究结果表明，TiO_2不仅能将水中的酵母菌、大肠杆菌、乳酸杆菌和葡萄球菌等微生物杀死，而且还能分解内毒素。

半导体催化剂内部生成的光生电子和空穴可以直接与细胞壁、细胞膜以及细胞的组成成分反应，引起功能单元失活，从而杀死细胞[29]。另外，催化剂表面吸附的 H_2O 和 O_2是光生电子-空穴对的俘获剂，催化剂表面吸附的 H_2O 或者

OH^-会与光生空穴反应形成具有强氧化性的羟基自由基，而光生电子则与表面吸附的 O_2 发生作用生成超氧自由基，进一步生成羟基自由基和 H_2O_2 等活性氧物种[30]；另外，·OH 也可以相互反应生成 H_2O_2。·OH、·O_2^-、·OOH 以及 H_2O_2都是强氧化剂，能够分解构成细菌的有机物，再加上其他活性氧物质的协同作用，可以迅速将细菌、病毒等微生物结构破坏，达到杀菌的目的。同时，TiO_2光催化产生的·OH 还可以分解细菌生存和繁殖所需的有机营养物质，从而抑制细菌的生长和发育，达到抗菌和杀菌的目的。

5. 自清洁机理

目前关于 TiO_2的光诱导自清洁机理还没有一个统一解释。TiO_2的超亲水和亲油性质是由 Wang 等[31]指出的。一层薄的 TiO_2多晶薄膜在没有光照条件下接触角为 72°±1°。Wang 等指出，如果 TiO_2膜在紫外光照射下，接触角接近 0，水珠则在表面铺展开来，所以 TiO_2涂层玻璃具有超亲水性质。当将其置于黑暗条件下时亲水性则逐渐下降。将有 TiO_2涂层的玻璃暴露在水蒸气中，水滴在其表面形成雾，经过紫外线照射，玻璃会变透明，这表明该涂层具有防雾效果。光诱导超亲水现象主要有以下三种解释：光生表面空穴理论、光生表面羟基重建理论、光生表面碳水化合物层去除理论。其中光生表面空穴理论是接受比较广泛的理论，由 Wang 等提出，该理论认为光致超亲水现象依赖于表面缺陷的形成，紫外光照射引起材料结构的变化进而引起固液边界的界面张力的变化，最终造成接触角的改变。光生电子将 Ti 还原，氧原子被释放，产生缺陷位置，缺陷位置会吸附游离水分子，从而增加表面羟基离子，使材料呈现亲水性。光生表面羟基重建理论由 Sakai 提出[32,33]，其研究表示，加入空穴捕获剂后，TiO_2的亲水性下降，表明光诱导亲水效应与光生空穴扩散有关。并且空穴的扩散会引起表面羟基的重建，亲水性的强弱与表面羟基的密度相关。光生表面碳水化合物层去除理论由 Zubkov 等提出[34]，他们认为光诱导超亲水现象与光催化分解表面的有机物层有关，在光照条件下，TiO_2将表面覆盖的有机物分解，达到一定的临界值后表面的水滴就会铺平，则会出现超亲水性能。另外，光照时间与有机物的覆盖率有关。

Wang 和 Fujishima 等[31]在 1997 年首次利用摩擦力显微镜观察到纳米金红石 TiO_2在紫外光的照射下(图 4-7)，表面会沿着(001)面形成有规则的高度亲水微区，而其他区域则仍然保持疏水性，从而构成了均匀分布并且尺寸远远小于水或油性液滴的纳米尺寸亲水微区，宏观上表现为亲水性质。利用这种超亲水特性，纳米 TiO_2可以用于自清洁。涂有纳米 TiO_2薄膜的表面由于超亲水性，油垢不易附着，即使附着也是和外层水膜结合，在外部风力、水淋的条件下容易从表面脱落，达到自清洁的功能。

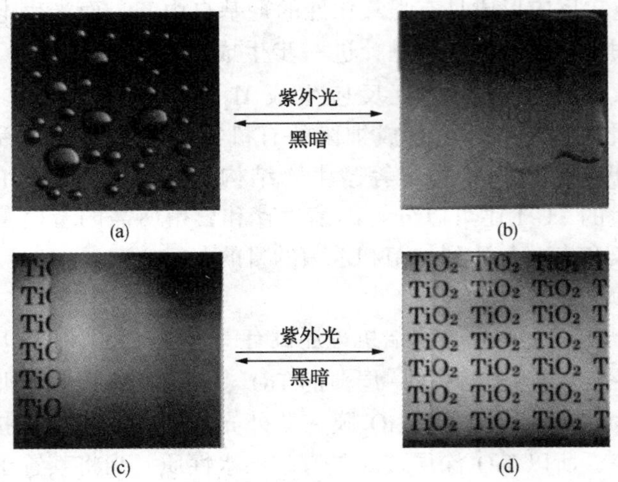

图 4-7　光致润湿性改变：滴有水珠 TiO_2表面处于(a)黑暗条件下和(b)紫外光照射下；(c)将 TiO_2涂层玻璃暴露于水蒸气中；(d)紫外光照射后的防雾效应

4.2　常见的光催化材料

4.2.1　氧化物

1. TiO_2

二氧化钛化学式为 TiO_2，纯的 TiO_2常温下呈白色固体或者粉末状，相对分子质量为 79.9，无毒无味，化学性质稳定，常用于涂料、塑料、印刷以及化妆品等。

(1) TiO_2晶体结构

TiO_2的晶体结构有三种，分别为锐钛矿、金红石和板钛矿，其中金红石型和锐钛矿型具有光催化活性，同时也是目前应用最为广泛的 TiO_2。

金红石型 TiO_2是最稳定的相，即使在较高温度下也能保持其化学稳定性。金红石相 TiO_2的最小结构单元为 TiO_2八面体，八面体的两个对边是共用的，进而形成线形链，链上再共用角上的 O 原子，相互连接形成晶胞；锐钛矿相 TiO_2与金红石相 TiO_2不同，呈八面体四方双锥。锐钛矿相 TiO_2晶体只存在边对边的排列，没有共用角，形成多中心网状散开分布，八面体通过共边形成三维空间结构。

(2) TiO_2电子结构

两种不同的晶体结构直接导致了两种晶型 TiO_2性质上的差异，主要体现在密度、电子结构分布，进而影响了光催化的性能。总的来说，由于锐钛矿型 TiO_2较金红石型 TiO_2缺陷多，可以产生更多的氧空位用于捕获电子，在催化过程中使得光生电子和空穴不易复合。从能量的角度来看，金红石相较锐钛矿相稳定，能量相对较低，活性也相对较低。

（3）TiO_2光学特性

通常制备的TiO_2材料，材料呈N型半导体，其禁带宽度较宽，其中锐钛矿型为3.2eV，金红石型为3.0eV。TiO_2在紫外光照射下，电子被激发后会从价带向导带跃迁。与体相材料相比，TiO_2纳米粒子的吸收边有蓝移现象，即吸收边向短波方向移动[35]，随着TiO_2纳米粒子粒径的减小，吸收边蓝移。

2. Fe_2O_3

（1）Fe_2O_3晶体结构及特点

Fe_2O_3是一种过渡金属氧化物，存在多种不同的晶体结构，如α-Fe_2O_3（赤铁矿）、γ-Fe_2O_3（磁赤铁矿）、β-Fe_2O_3等。其中，α-Fe_2O_3和γ-Fe_2O_3是研究最多的两种晶相。α-Fe_2O_3具有菱形-六角形结构，铁存在于八面体位置，氧呈六角形紧密堆积。由于其无毒、低成本、优异的稳定性、强反铁磁性、易于回收等优点，在各种光催化应用中显示出巨大的潜力。此外，由于赤铁矿在自然界中储量丰富，它具有价格低廉的优点。γ-Fe_2O_3是赤铁矿和磁铁矿之间的一种亚稳相，具有与赤铁矿相似的化学组成，与磁铁矿相似的晶体结构，铁同时占据八面体和四面体位置，氧呈立方体紧密堆积。

（2）Fe_2O_3电子结构

α-Fe_2O_3晶体禁带宽度约为2.1eV。当α-Fe_2O_3半导体接受的能量大于2.1eV时，价带上的电子被激发跃迁至导带，在价带上留下光生空穴（h^+），在导带上得到光生电子（e^-）。空穴具有氧化性，在价带上可以发生氧化反应。光生电子具有还原性，在导带上可以发生还原反应。

（3）Fe_2O_3光学特性

α-Fe_2O_3是一种n型半导体材料，带隙宽度在2.0~2.2eV，不同实验条件下制备的α-Fe_2O_3的带隙宽度略有不同。Fe_2O_3具有较窄的带隙宽度，最大吸收波长在600nm左右。在大多数情况下，价带顶电位比O_2/H_2O的氧化电势［$\varphi(O_2/H_2O)$］更正，从而产生具有强氧化能力的空穴，是一种很有前途的可见光响应型光催化剂。但其存在电荷转移缓慢和光吸收率低等问题。可以通过添加其他金属制成多组分金属氧化物，来调节铁基氧化物的光吸收和电荷传输等特性，从而提高其光催化活性和化学稳定性[36-37]。

3. Bi_2O_3

（1）Bi_2O_3晶体结构及特点

氧化铋（Bi_2O_3）主要有四种晶相，分别是单斜晶相α-Bi_2O_3、立方晶相β-Bi_2O_3、体心立方晶相γ-Bi_2O_3、面心立方晶相δ-Bi_2O_3。对于材料体系，从室温到730℃

α-Bi_2O_3是稳定的，到730℃转变为δ-Bi_2O_3，δ-Bi_2O_3到熔点825℃之前保持稳定。β-Bi_2O_3和γ-Bi_2O_3作为亚稳相晶体，在δ-Bi_2O_3的冷却过程中产生。低于640℃的情况下这些亚稳相转变为α-Bi_2O_3。不同晶体结构的Bi_2O_3均表现出一定的可见光光催化活性，其中γ-Bi_2O_3催化活性最高。

(2) Bi_2O_3电子结构

Bi_2O_3导带底部 Bi 6s 和价带顶端 O 2p 轨道相互杂化，形成强的Bi-O共价键，短程排斥力减小。而且由于杂化的作用，体系的带隙比较小，在外来能量引入时，电子容易激发且迁移速率快，进而产生高的催化活性。Bi_2O_3是一种间接带隙半导体，其禁带宽度为2.0~3.96eV，不同晶相Bi_2O_3禁带宽度不同，其中α-Bi_2O_3的带隙为2.85eV，而β-Bi_2O_3的带隙为2.58eV。Bi 6s轨道孤对电子诱导的内部极化场有助于空穴-电子对的分离及载流子的传输，因此Bi_2O_3表现出良好的催化活性。研究者们发现Bi_2O_3具有优异的光催化活性和电催化活性。

(3) Bi_2O_3光学特性

Bi_2O_3是一种重要的n型半导体材料。主要存在的四种晶型α、β、γ和δ的带隙分别为2.85eV、2.58eV、2.68eV、2.75eV，是一种具有潜在应用价值的可见光催化材料。在一定的光照条件下，纳米氧化铋受到光激发后产生电子-空穴对，与H_2O反应产生高活性基团$\cdot O_2^-$、$\cdot OH$，能有效降解有机染料、抗生素等污染物[38]。但是通过纳米氧化铋半导体在紫外和可见光区域的响应对比实验，发现氧化铋在紫外区域的响应很好，而在可见光区域虽然有响应但效果不是很好，这主要是由于其吸收带边接近紫外区，因此也限制了它的应用。为了提高Bi_2O_3的量子效率，研究者们做了很多努力，包括形貌控制、表面贵金属沉积等。

4. Cu_2O

(1) Cu_2O晶体结构及特点

氧化亚铜，分子式为Cu_2O，人工合成的Cu_2O多为粉末状，受Cu_2O尺寸和形貌影响，其颜色也包括红、橙、黄、紫等。常温下Cu_2O在干燥的空气中性质较为稳定，但在含水量较大的潮湿环境中Cu_2O易被氧化成CuO。Cu_2O的热稳定性较好，只有在极高的温度下才会被分解成Cu单质。自然界中存在三种结构稳定的Cu_2O，分别为立方体、八面体、菱形十二面体。Cu_2O晶体多为赤铜矿型（红棕色），晶格常数是4.2667Å。赤铜矿型属于立方晶系，其中亚铜离子（Cu^+）位于4个相互交错的1/8晶胞立方体的中心，氧离子（O^{2-}）位于晶胞的顶角和中心，每个Cu^+与两个O^{2-}相连接，晶胞边长为0.426nm。

(2) Cu_2O电子结构

Cu_2O的众多晶面中（110）、（100）、（111）晶面的密勒指数较低，稳定性较好，而立方体、八面体、菱形十二面体是由暴露 6 组(100)晶面、暴露 8 组(100)晶面、暴露 12 组(100)晶面的结构组成。(100)、(111)、(110)三种晶面最外层的键长大小、微观组成、悬空键的密度大不相同，导致它们的吸附性和光催化活性也存在很大差异，一般来说，光催化反应中(110)晶面活性最高，(111)晶面次之，(100)晶面最低。因此，制备暴露更多(110)晶面的 Cu_2O，是提升其活性的关键。

(3) Cu_2O 光学特性

Cu_2O 是一种常见的 p 型半导体，窄带隙材料。其禁带宽度在 2.1eV 左右，具有可见光响应，是一种较为理想的可见光光催化剂。Cu_2O 的理论光电转化效率约为 20%，而实际对太阳光的利用率仅为 2%，这主要是由氧化亚铜中的光生电子和空穴对极易复合和极不稳定造成的。此外，纯 Cu_2O 在黑暗下是不具有催化活性的，将与 WO_3、TiO_2、PdO 等半导体复合后在光照后的黑暗条件下也具有催化活性(即光催化"记忆效应")，这也为光催化降解、杀菌和自洁领域的应用提出了很好的思路[39]。

5. SnO_2

(1) SnO_2晶体结构及特点

SnO_2具有四方晶系的金红石结构和正交晶系两种晶体结构。其中，正交晶系结构很不稳定，一般只在高温下存在。因此，最常见和使用最多的是四方晶系的金红石结构 SnO_2。SnO_2中的 Sn 和 O 原子坐标位置分别为：(0, 0, 0)、(1/2, 1/2, 1/2)和(u, u, 0)、(u+1/2, 1/2−u, 1/2)，在 SnO_2 晶体中 u 值约为 0.307。其中 Sn^{4+}位于八面体中心与周围四个较远的 O^{2-}之间的键长为 2.597Å，顶点处较近的两 O^{2-}间键长则为 2.503Å。SnO_2通过共用边、角的方式，使每个氧八面体相连。

(2) SnO_2电子结构

理想的 SnO_2 导电性能极差，但实际制备出的 SnO_2 导电性要强于理想的 SnO_2，这是由于在实际制备的过程中存在化学计量比的偏移。SnO_2的四方结构的低对称性导致了电子和光学性质的各向异性。例如，沿 c 轴的 Sn 原子之间的较小距离可以促进更高的原子轨道重叠，从而产生有利于电子传输的通道。

(3) SnO_2光学特性

SnO_2是一种具有宽禁带的 n 型半导体，其导带边缘为 2.7eV、其禁带宽度大约为 3.6eV。因而使用 SnO_2做光催化剂时，光照最大吸收波长为 345nm，故该材料在紫外光下具有光催化效果。与其他金属氧化物半导体相比，二氧化锡具有很高的激子束缚能(室温下为 130meV)。但是，如果有足够的能量通过辐照 SnO_2，其会产生 Sn(表面)-SnO(在表面和体相之间)-SnO_2(体相)的连续渐变效果，即是从

初始的富含 SnO_2 的状态变成了最终在表面富含 Sn 的状态，形成自掺杂结构[40]。

6. WO_3

（1）WO_3 晶体结构及特点

WO_3 是一种过渡金属氧化物半导体，WO_3 具有钙钛矿型晶体结构，根据温度的不同，原子会发生位移和旋转，并表现出不同的性质。在 $-180 \sim 900℃$ 存在五种晶相：单斜晶Ⅱ（ε-WO_3，小于 $-43℃$）、三斜晶（δ-WO_3，$-43 \sim 17℃$）、单斜晶Ⅰ（γ-WO_3，$17 \sim 330℃$）、正交晶（β-WO_3，$330 \sim 740℃$）和四方晶（α-WO_3，大于 740℃）。其中 γ-WO_3 晶相在室温下表现出最大的稳定性，因此，对单斜晶相的 WO_3 研究最多。WO_3 是理想化的一种正方体形状的晶体结构，每一个晶胞中包含 1 个 6 配位的 W 原子和 3 个 2 配位的 O 原子。在 WO_3 晶体中，每个 W 原子位于八面体中心，周围 6 个 O 原子位于八面体的顶点。

（2）WO_3 光学特性

γ-WO_3 是一种 n 型半导体，作为光催化材料，具有中等的带隙宽度（2.4～2.8eV），因此在太阳光谱可见区域内具有较高的光学吸收。但存在吸收波长短、太阳光谱利用率低及载流子复合率高等缺点。WO_3 半导体的导带（CB）和价带（VB）位置决定了其不可能分解水产生 H_2O。但 WO_3 可以有效地降解许多有机化合物，如纺织品染料和抗生素等；WO_3 在酸性环境中具有显著的稳定性，是处理有机酸污染水的优良材料。将其与另外一种 n 型或 p 型半导体复合，表现出了较单一使用 WO_3 更强的光催化活性。因此，以 WO_3 为 n 型半导体，寻求与之匹配的另一种半导体，制备形成具有异质结的复合半导体光催化剂，在光催化方面具有可进一步研究的意义[41-42]。

4.2.2 复合氧化物

1. Bi_2WO_6

（1）Bi_2WO_6 晶体结构及特点

钨酸铋（Bi_2WO_6）是一种具有类钙钛矿层状结构的半导体，钨酸铋晶体结构由 $[Bi_2O_2]^{2+}$ 层状结构和 WO_4^{2-} 八面体层交替排列，而 $[Bi_2O_2]^{2+}$ 层由 Bi^{3+} 阳离子交替排列在平面正方形氧离子网络的上方和下方而构成。同时，钨酸铋可以制备出单层结构，单层的钨酸铋可能有两种结构：$(BiO)^+$-$(WO_4)^{2-}$-$(BiO)^+$（三明治结构）和 $(Bi_2O_2)^{2+}$-$(WO_4)^{2-}$（非三明治结构），根据密度泛函理论（DFT）计算发现，非三明治结构的表面能大于三明治结构的表面能，因此推断单层钨酸铋为三明治结构。正是由于钨酸铋独特的晶体结构，使其展现出优良的物理性质与化学性质，如铁电、热电、催化、非线性介电感应等性质，钨酸铋的片状结构容易自组装成不同的结构，而不同的结构都展现出了不同的光催化性能。

（2）Bi_2WO_6电子结构

Bi_2WO_6的价带和导带分别由杂交轨道 Bi 6p、O 2p 和 W 5d 轨道组成。这种能带结构表明当光照时，电子从 O 2p 和 Bi 6s 杂化的轨道发生光激发，迁移进入 W 5d 轨道，相当部分被吸收的可见光是由于电子在 Bi 6s 轨道和空的 W 5d 轨道之间的跃迁。铋系材料的价带由 O 2p 和 Bi 6s 杂化轨道组成，有利于增加光生电荷的迁移率，从而提高光催化活性。

（3）Bi_2WO_6光学特性

Bi_2WO_6是一种在实际应用过程中具有很高价值的 n 型半导体材料，禁带宽度约为 2.7eV，比 TiO_2小，响应波长可以达到 460nm，对可见光有很强的吸收能力。Bi_2WO_6具有这样特殊的结构，在 Bi 基氧化物中被认为是具有最佳光催化性能的可见光半导体催化剂[43]。Bi_2WO_6在拓宽可见光响应范围，提高光催化性能和稳定性方面，受到广大研究学者的关注。通过将非金属离子引入 Bi_2WO_6中，能够调控其价带位置，但是一般不能改变导带的位置；基于这种思路，通过将金属离子引入 Bi_2WO_6中调控其导带位置，进而提高其光催化活性。

2. $BiVO_4$

（1）$BiVO_4$晶体结构及特点

$BiVO_4$主要具有三种晶型，分别为单斜晶系白钨矿型、四方晶系白钨矿型、四方晶系锆石型，其禁带宽度分别为 2.4eV、2.4eV 和 2.9eV。当温度维持在 528K 时，单斜晶系白钨矿和四方晶系白钨矿可以相互转化，而在 670～770K 条件下，四方晶系锆石型将不可逆地转变为单斜晶系白钨矿型，这种相转变也可在室温下通过挤压研磨产生，另外在较低温度下通过水热反应也会发生这种相变。

（2）$BiVO_4$电子结构

从价电子密度态角度解释，价带的主体部分由 O 2p 轨道与 3.5eV 处的 Bi 6p 轨道、9.5eV 处的 Bi 6s 轨道杂化组成。因为离散的 O 2p 轨道不利于氧化作用，所以在阴离子与阳离子之间的反键作用更有利于空穴的形成与流动，从而利于光催化过程中氧化反应的进行。$BiVO_4$的导带主要由 V 3d、O 2p 和 Bi 6p 轨道杂化而成，这种电子构型带来两个明显的优势：第一，降低了半导体的禁带宽度，可以使催化剂在可见光下被激发；第二，增加了价带宽度从而有利于光生空穴的移动，减少光生电子-空穴的复合，从而更有利于材料光催化活性的提升。

（3）$BiVO_4$光学特性

$BiVO_4$的光催化性质和它的晶体结构息息相关。锆石型 $BiVO_4$的 VB 由 O 2p 轨道构成，而白钨矿型 $BiVO_4$的 VB 由杂化的 Bi 6s 和 O 2p 轨道构成，后者使 $BiVO_4$电子从 VB 到 CB 的跃迁更加容易，带隙值更小；白钨矿型的 $BiVO_4$带隙值为 2.4eV，锆石型 $BiVO_4$带隙值为 2.9eV，这也是前者具有更优异光催化性能的原因。另外，单斜晶系白钨矿 $BiVO_4$氧化水的光活性比四方晶系白钨矿更高，可能是由于单斜晶系中的金属多面体对称性差，这种扭曲会引起局部极化，有利于电子-空穴的分离。此外，$BiVO_4$的稳定性也相对较好，在光电催化分解水中的应用很多[44]。然而，$BiVO_4$的电子迁移能力弱、空穴扩散距离短（70～100nm）、水氧化速率也很低，使其在构建光电阳极时受到了很多限制。

3. BiOX（X=Cl、Br、I）

（1）BiOX 晶体结构及特点

BiOX（X=Cl、Br、I）是铋系光催化材料中一种重要的三元结构半导体材料，BiOX 的特征是具有独特的层状结构以及适合的禁带宽度，因此这类催化剂对可见光有很好的响应。此外，在 BiOX 光催化剂中，同时存在开放式结构和间接跃迁模式，这有利于空穴-电子对的有效分离和载流子的迁移，这些优良的特征使其成为光催化剂研究的一个新方向。

（2）BiOX 电子结构

BiOX（X=Cl、Br、I）的表面形貌结构会影响到材料本身的光生电子-空穴的复合，从而影响它们的光催化活性。目前制备的 BiOX 的形态主要有一维的纳米线（1D）和纳米纤维，二维的纳米片（2D）和三维的 BiOX 球体结构（3D）。一维结构的 BiOX 纳米线和纳米纤维有较高的比表面积，有助于降低光生电子-空穴复合率，并提高界面载流子迁移率，有利于光催化反应的进行。

（3）BiOX 光学特性

BiOCl、BiOBr 和 BiOI 对应的禁带宽度分别为 3.19eV、2.75eV 和 1.76eV。用制备得出的 BiOX 系三种光催化剂在可见光下分别对 4 种典型的酚类有机污染物进行光催化降解试验。结果显示制备的材料效果都明显好于 TiO_2，且 BiOI 由于具有较窄的禁带宽度，有着最高的光催化活性[45]。虽然制备出不同形貌的 BiOX 系光催化剂可以在一定程度上提高催化剂的活性，但是单纯的 BiOX 系的催化活性还是存在很大的改性空间，通过合适的改性，可进一步增加 BiOX 的可见光催化活性。

4.2.3 硫化物

1. CdS

（1）CdS 晶体结构及特点

CdS 是一种非常重要的ⅡB-ⅥA 半导体。在水和乙醇中的溶解度很小，能溶于酸，在氨水中的溶解度很大，微毒，易发生光腐蚀。该催化剂具有两种晶体结构，一种是闪锌矿立方形（β-CdS），在低温下稳定，显橙红色。另一种是纤锌矿六方晶型（α-CdS），在高温下仍具有较高的稳定性，颜色显柠檬黄。立方形 β-CdS 晶体是种亚稳相，在高温或微波辐射供能的条件下，可以实现从立方相向六方相的转变。

（2）CdS 光学特性

CdS 作为一种可被可见光激发的 N 型半导体材料，禁带宽度为 2.4eV，能够吸收波长小于 520nm 的可见光。在光催化剂、太阳能电池以及压电纳米发电机领域有着广泛的应用。CdS 由于其合适的结构和带隙，使其广泛应用于光催化水裂解、光催化还原 CO_2 还原、光催化降解有机污染物等。相较于许多被大量研究的半导体如 TiO_2、WO_3 以及 ZnO 等，CdS 具有更负的导带位置，因而具有更强的还原性。因此，近年来基于 CdS 的研究成为热点。然而，光腐蚀是与 CdS 有关的一个重要问题，CdS 纳米结构由于光致电子-空穴对的重新复合而对 HER 反应活性低。CdS 光腐蚀的倒流效应限制了其在实际应用中的作用[46]。为了克服这一问题，人们采取了多种方法，在 CdS 中掺杂原子被证明是一种非常有用的技术，因为它改变了 CdS 的固有电子结构，调整了费米能级。在导带最大值和价带最大值之间引入了一些杂质能级，这些杂质能级通常是电子的俘获中心。

2. ZnS

（1）ZnS 晶体结构及特点

ZnS 存在 2 种常见的同素异形体，一种是闪锌矿结构，另外一种是纤锌矿结构。其中闪锌矿 ZnS 为面心立方结构，在低温下就能稳定地存在，而纤锌矿 ZnS 的晶体结构属六方晶系，在 1296K 的高温下才能形成。闪锌矿 ZnS 为面心立方体结构，每个 Zn 原子被 4 个 S 原子包围，而每个 S 原子又被 4 个 Zn 原子包围，其晶格常数为 $a=b=c=5.41$Å。而在纤锌矿结构中 ZnS 的晶体结构属六方晶系，S 原子按六方最紧密堆积排列，Zn 原子占有其中一半的四面体空隙，其晶格常数为 $a=b=3.82$Å，$c=6.26$Å。

（2）ZnS 电子结构

ZnS 的带隙能在 3.0~3.2eV，其能量相当于 387.5nm 波长的光子能量。受到外界光源光照，当紫外光照射时，如果 ZnS 的带隙能小于或等于发射的光子能量，位于价带的电子便会受到激发而跃迁到导带，生成活性高的电子（e^-），而带正电的空穴（h^+）被留在价带上。生成的空穴（h^+）、电子（e^-）将会迁移至 ZnS 的表面，而空穴（h^+）将会与 ZnS 表面的 OH^- 和 H_2O 氧化生成 ·OH。ZnS 受到外部光源激发所生成的电子空穴是一种强氧化剂，而导带的电子是一种强还原剂，绝大部分的无机物与有机物都将会被其间接或直接氧化还原，甚至能够将细菌体内的有机物氧化使之最终能够生成 CO_2 和 H_2O。

（3）ZnS 光学特性

ZnS 是一种 n 型纳米半导体光催化剂，是一种重要的直接带隙半导体，其纳米尺度形貌已经被证明是无机半导体中最为丰富的一种。ZnS 具有宽频带强吸收现象，可以增强纳米离子的氧化还原能力，并且表现出优秀的光电催化活性，在光催化、光电催化领域有重要意义。ZnS 主要存在两种晶型：一种为闪锌矿结构硫化锌，禁带宽度为 3.7eV；另一种为纤锌矿硫化锌，禁带宽度为 3.8eV。当 ZnS 尺寸减小时，具有明显的量子尺寸效应，并且其光电性能也会随之发生改变。当半导体粒径达到玻尔半径时，可以实现由量子尺寸效应引起的半导体带隙的增加[47]。

4.2.4 有机半导体

1. PDI(苝四羧酸二亚胺)

PDI 分子由中心刚性平面苝核以及两端内酰胺组成，一般由其对应的酸酐(3,4,9,10-苝四甲酸二酐)通过端位酰胺化得到，这一反应一般具有很高的产率。根据 PDI 分子的主要修饰位点将其中两个端位称为“亚酰胺位”，而 1、6、7、12 号位称为“湾位”。PDI 分子的 HOMO 和 LUMO 轨道主要由 C 和 O 元素提供，亚酰胺的 N 元素并不参与轨道形成。湾位的修饰对 PDI 分子的本征能级有明显影响，而亚酰胺位的修饰和取代并不会影响 PDI 分子的本征能级及氧化还原电位，继而不会影响其分子光谱吸收和发射属性，这点在理论和实验研究中都得以确认。因此，这种端位取代的 PDI 分子可以在不影响 PDI 分子本征能级的情况下，研究侧链取代对超分子堆积方式的影响、研究不同超分子堆积结构对其性能的影响。

PDI 及其衍生物是目前最好的 n 型有机半导体材料之一。不同于常见的 n 型有机半导体，其在空气中具有较高的光、热稳定性，较高的电子亲和力及载流子迁移率[48]。由于其出众的结构稳定性和可控性，超宽的可见光吸收范围以及分子态超高的荧光量子产率，PDI 及其超分子自组装结构在诸多领域中展现出了广阔的发展前景，例如涂料、传感器、有机光伏电池(OPV)、有机场效应晶体管(OFETs)、有机发光二极管(OLEDs)等。

2. $g-C_3N_4$

石墨氮化碳($g-C_3N_4$)可以通过廉价原料如氰酰胺、尿素、硫脲、三聚氰胺和双氰胺一步聚合制备。通过高温热聚合制备得到的 $g-C_3N_4$，合成温度在 500~600℃，热稳定性较好，产物 $g-C_3N_4$ 结晶度较高，而当温度低于或高于 600℃时，结晶度出现下降。空气条件下 $g-C_3N_4$ 即使在 600℃也非常稳定不容易分解，另外还有研究表明 $g-C_3N_4$ 在 450℃存在非常缓慢的分解，650℃时大量分解，750℃时完全分解。此外，在强酸、强碱溶液中以及甲苯、乙醚等有机溶剂中均不容易被腐蚀。光催化以及电催化反应中也具备很好的循环活性，表明其具有很好的化学稳定性。

$g-C_3N_4$ 具有堆垛的二维层状结构，交替的 N 原子部分替代具有共轭石墨烯结构的 C 原子；通过 sp^2杂化形成的 C_3N_3环或 C_6N_7环，C 原子和 N 原子由强共价键连接，这些键包括在 sp^2杂化中形成的 N—N 键和在 1,3,5 三嗪环中的 N—C—N 键，此外，g-C_3N_4的各层由范德华力和氢键连接。研究者通过研究计算发现，g-C_3N_4的 3-s-三嗪结构具备更好的稳定性，因此在之后的化学研究主要集中在以 3-s-三嗪结构为基本单元的 g-C_3N_4。

g-C_3N_4作为一种高分子半导体光催化剂，其七嗪环结构和高的缩合度使非金属 g-C_3N_4具有良好的物理化学稳定性，以及优异的电子结构和中等带隙(2.7eV)。这些独特的性质使 g-C_3N_4成为有发展前景的光催化剂[49]。纯 g-C_3N_4存在着光生电子空穴对复合快、比表面积小、可见光利用效率低的缺点。因此，研究人员大多通过对 g-C_3N_4在原子级(元素掺杂)和分子级(共聚)的官能团功能化，来探索改性 g-C_3N_4基光催化剂，使其具有更好的物理化学性质和较高的光催化活性。

4.2.5 MOFs 材料

金属有机骨架(MOFs)是一类具有周期性结构的多孔网状纳米材料。金属离子和有机配体的多样性为其孔径的可调性、大的比表面积提供了物质基础。因为 MOFs 的这些优良的特性，使其在催化、分离、气体吸收、传感、药物释放等众多应用中显示出巨大潜力。

金属有机骨架材料具有较大的比表面积、有序的多孔结构等优点，广泛应用于光催化领域。与完全无机的多孔材料和传统半导体的相比，MOFs 在光催化方面具有以下独特优势[50]：①MOFs 的结晶性：结构缺陷通常是光催化材料中光生电子-空穴的复合中心，MOFs 完美的晶体有序结构有利于减少光生电子与空穴的复合；②MOFs 的高孔隙率：多孔结构为 MOFs 提供了额外暴露的活性位点和催化底物(产物)的传输通道，从而促进了光生电荷的快速转移和利用；③MOFs 的结构可调性：可以将长波长吸收基团作为有机桥联配体(如—NH_2)引入 MOFs 中，以增强 MOFs 的光响应范围并增加光生电子-空穴对的数量；④多样化的化合物结构：MOFs 可以轻松地与其他化合物(如光敏剂和其他助催化剂)结合，形成异质结结构或肖特基结，并促进光生电子和空穴的产生和分离。

1. UiO-66(Zr)

UiO-66(Zr)属于面心立方晶系，具有 8Å 的四面体结构和 11Å 的八面体结构，两种结构之间通过三角窗口(约 6Å)相连。理论上，UiO-66 的配位数为 12，但在实际结构中存在一定的配体缺陷现象，可通过改变反应时间、模板剂及温度等条件来调控配体缺陷，进而调节 UiO-66 的比表面积。因此，UiO-66 的比表面积一般在 600~1600m^2/g 范围内。UiO-66 因孔隙率高、比表面积大、孔道易调、易功能化且稳定性好等优点而被应用广泛。与大多数 MOFs 材料不同，UiO-66

具有优异的化学稳定性、机械稳定性、热稳定性和抗水性能，其骨架结构可在500℃下保持稳定，可承受1.0MPa的机械压力，能够克服许多其他MOFs材料稳定性差的缺点。

UiO-66本身具有半导体的特性，但因为具有较宽的禁带，几乎连紫外光都不能吸收，所以限制了其应用[50]。因此，通过适当的改性修饰，如复合金属原子、金属纳米粒子、形成半导体结构等方法可拓宽金属有机骨架材料的应用领域。

2. MIL-125(Ti)

MIL-125(Ti)是由钛原子与六个氧原子形成Ti-O八面体的八聚环和对二苯甲酸自组装而成的光敏材料，同时拥有三维立体孔状结构。其金属原子与配体结合得非常紧密，骨架结构能够在去除溶剂或者客体分子后仍保持不坍塌。MIL-125(Ti)具有较大的孔径(1.25nm)和较高的含钛量(24.5%)，在一定温度下煅烧，可以转换成多孔的TiO_2，且保持一定的形貌。

在众多MOFs种类中，Ti-MOFs不仅具有强大的金属配体键合，而且还具有良好的氧化还原活性。此外，Ti-MOFs还具有令人着迷的拓扑结构，优异的光催化活性，低毒性，丰富的Ti资源含量和相对较低的制备成本。通过控制合成参数(例如钛前体和有机配体)，极大地扩展了Ti-MOFs的多样性。致密的刚性骨架结构可以通过TiO_2团簇和有机连接体(包括酚盐、羧酸盐、水杨酸盐和茶酚酸盐)紧密连接而形成。先前的研究表明，具有纳米钛-氧团簇的Ti-MOFs可以作为可再生能源转换和环境污染修复的光催化剂。目前Ti-MOFs已经被广泛应用于制氢、二氧化碳转化、有机转化和污染物降解等方面[51]。

4.3 光催化材料的制备方法

制备光催化剂的方法有很多，主要分为化学方法和物理方法，其中化学方法又分为固相法、气相法和液相法三种。固相法一般是通过物理方法来制备粉体，但由于分子或者原子的扩散缓慢，粒径难以控制在1μm以下，因此在制备纳米级光催化剂方面该法的应用较少。气相法的反应装置复杂，制备条件比较严格，在工业上应用较多，主要包括化学气相沉积法和气相水解法等。液相法可以通过改变液相反应温度、碱度、浓度等条件，控制纳米颗粒的晶型和粒度，主要包括溶胶-凝胶法、水热法、液相沉淀法以及微乳液法等。不同合成技术合成出的材料性能和结构也并不尽相同，本节将对常见的光催化材料的制备方法进行介绍。

4.3.1 固相法

固相法是将反应原料按一定的化学计量比充分混合、研磨，然后在特定温度下煅烧得到产品的方法。固相法具有装置简单、操作方便、成本低、粒径均匀、作用力可控等优点。在固相法中，不需要任何溶剂。因此，可以避免液相中可能发生的硬团聚，也可以减少环境污染。但固相法也具有颗粒容易聚集、粉末不够细、杂质容易混合、离子容易氧化的缺点。

采用固相反应法合成新型铋系氧化物光催化粉末，通常使用金属的二元氧化物作为原料。以钛酸铋三元氧化物微粒为例，一般以 BiO_2 和 TiO_2 为原料，按照一定的计量比配置粉末，装填上直径为 10mm 左右的锆球，用行星式球磨机在空气的氛围中进行球磨处理，然后在 800℃ 以上的高温下进行煅烧数小时后，即得到样品。

4.3.2 气相法

气相法是指直接使用气体或者通过各种方法将物质变成气体，使其在气体状态下发生物理或化学反应，最后经过冷却的处理手段制备出纳米粒子的方法。气相法可以制备具有高纯度、性能良好、窄粒径分布、小粒径的纳米颗粒。然而，制备过程也需要先进的技术和设备。气相法在超微粉的制备技术中占有重要的地位，其中物理气相沉积法的优点更为明显，可以有效避免化学反应的出现，但也存在沉积速度慢、晶体缺陷密度高、膜中杂质多、成本高和回收率低的缺点。

1. 气相雾化水解法

气相雾化水解法是指利用钛醇盐作为反应物，然后借助一些静电超声等手段将反应物雾化成微小液滴，再同载气一同进入反应器中，经过水解反应得到最终产物的方法。该方法常常与凝胶法融合使用，其主要原理是经过雾化的液滴水解后得到胶状体，最后通过烘干得到粉末样品。

Ahonen 等利用雾化水解法即先将液滴雾化，之后进行水解，使其在颗粒的特定范围内获得相应的胶状体，最后进行烘干并进行相应的热处理，得到最终产物。这种制备方法具有如下优点：颗粒有良好的分散性和提纯性，颗粒大小易于控制，时间成本缩短。如果实验条件中的温度控制不当，可通过高温煅烧等手段获得理想的产物晶型。

2. 气相氢氧焰水解法

气相氢氧焰水解法又称为高温气相水解法，是世界上生产纳米粉体材料的主要方法之一。1941 年德国 Degussa 公司率先采用该方法得到产物二氧化钛。20 世纪 80 年代中后期，气体氢氧焰水解法制备 TiO_2 被广泛应用于工业生产当中。$TiCl_4$ 氢氧焰水解法是将 $TiCl_4$ 导入高温（700～1000℃）的氢氧火焰中进行气相分解。化学反应式为：

$$TiCl_4(g)+2H_2(g)+O_2(g)\longrightarrow TiO_2(s)+4HCl(g)$$

通过该方法制得的粉体一般是金红石型和锐钛矿型的混合晶型，产品纯度高（95%）、粒径小（21nm）、分散性好、表面活性大、团聚程度小，主要用于催化剂、功能陶瓷以及电子材料等方面。例如，美国 Cabot 公司利用此方法制备出的纳米二氧化钛粉末相对比较精细。根据之前相关研究学者的经验可得，要想制备出具有优异性能的锐钛矿，反应器火焰的温度应控制在 1000～1700℃范围内，这样制得的粉体产量最高，粒径最为均匀。该方法制备的 TiO_2 具有提纯性好、颗粒直径小、分散度高的优点。同时该方法由于制备过程需要高温条件并且腐蚀严重，对设备的要求较高，工艺参数控制要求精确，因此生产成本较高，而且反应要用特定的材质。

3. 气相氧化法

气相氧化法与氯化法制备普通金红石型钛白粉的原理相类似，只是工艺控制条件更为精确和复杂。$TiCl_4$ 气相氧化法是利用 N_2 携带 Cl_2 蒸气，预热到 435℃后经套管喷嘴的内管进入高温管式反应器，O_2 预热到 870℃后经套管喷嘴的外管也进入反应器，$TiCl_4$ 和 O_2 在 900～1400℃下反应，生成的 TiO_2 微粒经粒子捕集系统，实现气固分离，其基本化学反应式为：

$$TiCl_4(g)+O_2(g)\longrightarrow TiO_2(s)+2Cl_2(g)$$

该工艺目前还处于实验室研究阶段，具有自动化程度高、粉体优质的优点，需要解决的主要问题是喷嘴和反应器的结构设计以及 TiO_2 粒子遇冷壁结疤的问题。

4. 气体中蒸发法

气相中蒸发法是指在惰性气体(如氦、氩和氙等)或者活泼气体(如 O_2、CH_4、NH_3 等)中将金属、合金或化合物蒸发气化，然后在气体介质中冷却、凝结(或与活泼气体反应后再冷却、凝结)而形成纳米颗粒。20 世纪 80 年代初，Gleiter H 首先将气体冷凝制得纳米微粒，然后将该样品在超高真空条件下处理得到纳米微晶。用气体冷凝法制得的纳米微粒表面清洁、粒径分布窄、粒度容易控制。

(1) 钛醇盐气相水解法

钛醇盐气相水解法最早是由美国麻省理工学院开发成功的，可以用来生产单分散的球形纳米 TiO_2。日本曹达公司和出光兴产公司利用氮气、氦气或空气作载气，将钛醇盐蒸气和水蒸气分别导入反应器的反应区，进行瞬间混合和快速水解反应；纳米 TiO_2 的粒子形状和粒径可以通过改变反应区内各种蒸气的停留时间、摩尔比、流速、浓度以及反应温度来调节。这种制备工艺可以制得平均原始粒径为 10～150nm，比表面积为 50～300m^2/g 的非晶型纳米 TiO_2。该工艺的特点是操作温度低、能耗小，对材质的要求不高，并且可以连续化生产。

(2) 钛醇盐气相分解法

钛醇盐气相分解法以钛醇盐为原料，将其加热气化，用氮气、氦气或者氧气作为载气把钛醇盐蒸气预热后导入热分解炉，进行热分解反应。日本出光兴产公司利用钛醇盐气相分解法生产的球形非晶型纳米 TiO_2，可被应用于光催化剂、催化剂载体、吸附剂和化妆品等。研究结果显示：为提高分解反应速率，载气中最好含有水蒸气，分解温度以250~350℃为宜，钛醇盐蒸气在热分解炉中的停留时间为0.1~10s，其流速为10~1000nm/s，体积分数为0.1%~10%；为了提高所制备纳米 TiO_2 的耐候性，可以同时向热分解炉中导入易挥发的金属化合物蒸气，使纳米 TiO_2 粉体制备和无机表面处理同时进行。

5. 化学气相沉积法

化学气相沉积法（CVD）是在气态的条件下发生化学反应，在加热的固态基体表面沉积固态物质的一种技术。目前，该技术已广泛应用于各种形态的氧化物材料和碳材料的制备。用CVD法制备纳米 TiO_2 时，一般采用 $TiCl_4$ 为Ti源，以氧气为O源，以氮气作为载气，在高温条件下进行化学反应，生成纳米 TiO_2 粉末。此过程的反应方程式为：

$$TiCl_4+O_2 \longrightarrow TiO_2+2Cl_2$$

该方法具有自动化程度高、制备出的 TiO_2 粒径小、尺寸均匀等特点。但是也存在所需温度高、产量低、产生有毒的 Cl_2 等问题。冯天英等使用高频等离子体实验方法制备出了一种类似球状，晶型是锐钛矿型与金红石型混合晶型的纳米二氧化钛，粒径大小为20~60nm。化学气相沉积法广泛应用于制备半导体、氮化物、碳化物以及氧化物等纳米薄膜材料。德国Degussa公司的 TiO_2（P-25）即是通过化学气相沉积法制备的，其中锐钛矿晶型约占70%，金红石型约占30%，纳米材料为非孔结构，平均粒径为25nm，比表面积为 $50m^2/g$。它是极具代表性的高活性光催化剂，常被用作光催化剂的参照标准，许多学者认为它的高催化活性和其混相结构有关系。

4.3.3 液相法

液相法也被称为湿化学法，具有合成温度低、操作简便、设备简单、原料容易获得、成本低廉、纯度高等优点，是目前在实验室和工业中使用较为普遍的制备超微粉的方法。在液相法中，首先需要选择合适的可溶性金属盐，然后根据所制备材料的成分制备溶液。其次，选择合适的沉淀剂来沉淀或使溶液中的金属离子结晶，也可以通过蒸发、升华、水解等方式使其沉淀或结晶。最后，沉淀或结晶物通过脱水或热分解得到所要制备的粉末。用液相法制备光催化剂的方法有很多，如溶胶-凝胶法、液体沉淀法、液相胶溶法、微乳胶法、水热法和水解法等。

1. 溶胶-凝胶法

溶胶-凝胶法适用于对粉末纯度要求较高的领域，如电子、陶瓷领域。在溶胶-凝胶法中，前体溶于溶剂中，并通过水解或醇解形成溶胶。长期储存或干燥后，溶胶转化为凝胶。图4-8显示了用溶胶-凝胶法制备纳米材料的过程。

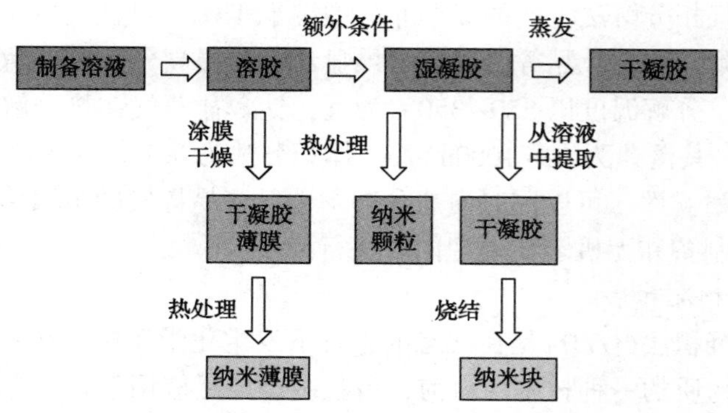

图 4-8　溶胶-凝胶法制备纳米材料过程

在溶胶-凝胶法制备纳米颗粒的过程中，最重要的步骤是溶胶和凝胶的形成。影响溶胶-凝胶过程的参数很多，一般来说以下四个主要参数对加工过程有重要影响，分别是溶液 pH、溶液浓度、反应温度和反应时间。溶胶-凝胶法具有纯度高、均匀度高、合成温度低、反应条件容易控制等优点，并且制备过程相对简单，不需要特殊或昂贵的设备。但溶胶-凝胶法的原料一般为烷氧基钛，需要大量的有机溶剂，得到的薄膜需在较高的温度下进行热处理。因此，成膜成本较高，薄膜的附着力低，透明度差。

溶胶-凝胶法的具体做法是首先将钛醇盐溶于溶剂(由于水的溶解度较小，所以一般选用乙醇、丙酮、丁醇等醇类作为溶剂)中，与水发生水解反应，同时失水、失醇缩聚形成溶胶，之后再经干燥、研磨、煅烧后得到纳米 TiO_2粉体。钛醇盐的水解活性很高，所以需要增加抑制剂来减缓其水解速率。根据水/钛醇盐的摩尔比大小，溶胶-凝胶法合成材料一般设计为两种工艺路线：聚合凝胶法和粒子凝胶法。

聚合凝胶法是通过严格控制金属醇盐的水解速率和水解程度，使金属醇盐部分水解，与金属上引入—OH 的金属醇化物相互缩合，形成有机-无机聚合分子溶胶。例如，原料为钛酸丁酯[$Ti(OC_4H_9)_4$]、溶剂为乙醇、抑制剂采用盐酸，通过多因素正交实验法对最佳工艺条件进行优选，优选结果确定为水解温度为33℃，反应物摩尔比为钛酸丁酯：乙醇：水：盐酸=1：9：3：0.28，制得平均粒径为 8~25nm、颗粒形态呈球形的纳米 TiO_2粉体，经 550℃煅烧得到锐钛矿型，800℃煅烧可得金红石型。若在上述体系中另外加入冰醋酸作为螯合剂，可以对钛酸丁酯的水解速率进行控制。对 H_2O/钛醇盐的摩尔比、pH、乙醇/钛酸丁酯摩尔比以及水解温度对胶凝时间的影响进行考察发现，水的含量越高，相变起始温度越低；硝酸含量越高，相变的起始温度越高。

粒子凝胶法利用金属盐或者金属醇盐在过量水中快速水解，形成胶状氢氧化物或者水合氧化物沉淀，再加入酸或碱解胶，使沉淀分散成胶体范围内大小的粒子，形成稳定的粒子溶胶。这种溶胶-凝胶法将溶胶转化成凝胶是利用胶粒在一起形成网络实现的。体系中的酸或碱作抑制剂的同时也作为溶剂，例如在钛酸四异丙醇酯(TTIP)/异丙醇/浓硝酸体系的溶胶-凝胶形成过程中，加入聚乙二醇(PEG)可以稳定溶胶并且避免粒子在煅烧过程中出现烧结。通过对硝酸/TTIP 摩尔比对凝胶晶相的影响进行研究发现：当不加入硝酸时，产物是无定形的；硝酸/TTIP 的摩尔比较低时，干凝胶是锐钛矿型；随着硝酸/TTIP 的摩尔比升高，金红石型出现并且含量逐渐增多。醇盐的种类只会对一次粒子的大小造成影响，而溶胶粒子是一次粒子的聚集体，其大小主要由胶溶过程来控制。这些因素中温度对溶胶的影响最大，但是水解温度在 25~50℃时对溶胶粒子的影响不大。

2. *液相沉淀法*

液相沉淀法合成纳米二氧化碳，一般是 $TiCl_4$或 $Ti(SO_4)_2$等无机钛盐与氨水、$(NH_4)_2CO_3$或 NaOH 等碱类物质进行反应生成无定形 $Ti(OH)_4$沉淀。主要有以下步骤：先将沉淀剂加入氯化钛或者硫酸钛溶液中，得到氢氧化物、碳酸盐等不溶性物质，洗去阴离子后再脱水。其产物的特性会因各种工艺参数的区别而有所不同，所以需要对整个反应中的各参数进行控制。废液问题是本方法存在的最大的缺点，并且产物也存在一定的缺陷。

为了得到粒径小、分散度好、纯度高的纳米微粒，多采用均匀沉淀法进行制备。均匀沉淀法是利用某一化学反应使构晶粒子由溶液中缓慢、均匀地释放出来，最常用的沉淀剂为尿素。如以工业钛白粉生产的中间产物偏钛酸为原料，用均匀沉淀法制得平均粒径为 8.5nm 的纳米 TiO_2微晶，在 700℃条件下保持锐钛矿型结构，将其用于染料溶液的光催化分解，发现其具有较高光催化活性。丁珂等选用 $Ti(SO_4)_2$为前驱体，利用正交实验的方法研究了液相沉淀法制备锐钛矿型纳米 TiO_2的过程中，水浴温度、Ti^{4+}浓度以及 Ti^{4+}和 SO_4^{2-}的比例对所制光催化剂活性的影响，制得的纳米粉末分散性好，粒度分布均匀，粒径大小在 20nm 左右，并且其催化活性高于市售的 SH-1 产品。

3. *胶溶-相转移法*

胶溶-相转移法制备超微粒子是在 20 世纪 80 年代初由日本学者伊藤征司郎等提出的，其制备纳米氧化铁的过程一般分为溶胶形成和相转移两步。液相胶溶法制备 TiO_2是以 $TiOSO_4$为原料，将反应生成的沉淀经絮凝胶溶制成水溶胶，再用表面活性剂和有机溶剂处理，得到有机溶胶，经回流、减压、蒸馏、干燥和热处理最终得到 TiO_2粉体。通过该方法制得的纳米 TiO_2粒径较小，但是成本较高并且容易发生粒子团聚。适合于中小规模生产。

李大成等选择在沉淀、洗涤后的 $Fe(OH)_3$中加入 $FeCl_3$溶液进行胶溶的方法制备水凝胶。新生成的 $Fe(OH)_3$胶体沉淀具有很大的表面积与表面能，是热力学不稳定体系，加入与其具有相同阳离子的 $FeCl_3$ 电解质溶液可以使沉淀重新分散，形成溶胶。$Fe(OH)_3$ 沉淀应迅速胶溶，否则沉淀老化，则不能重新胶溶。

4. 微乳液法

微乳液法制备纳米级超细 TiO_2 也是近年来较为流行的方法之一。用于制备纳米粒子的微乳液通常是 W/O 型体系，一般是由水(或电解质溶液)、油(有机溶剂，通常为碳氢化合物)、表面活性剂和助表面活性剂组成的热力学稳定体系，其中水被表面活性剂单层包裹形成微水池，分散在油相中。微水池生成的纳米颗粒粒径可被微水池的大小限制，因此可以通过控制微水池的尺寸来控制超微颗粒的大小。微乳液法技术的关键在于制备微观尺寸均匀、可控、稳定的微乳液。微乳液法具有粒子不易团聚、粒径大小易控制、粒子设计简单等优点，有望制备单分散的纳米 TiO_2 微粉。然而，该方法要使用大量的有机溶剂，造成高昂的成本，并且会对环境造成污染，因此降低成本和减轻团聚现象仍然是微乳胶法需要解决的两大难题，要想在工业中利用微乳胶法来大量生产纳米微粒还需要经过大量的研究。

施利毅等以非离子表面活性剂 Triton-100、$TiCl_4$、环己烷、正己醇、氨水为原料，利用微乳液法制备了 TiO_2 超细粒子，在温度为 650℃ 的条件下煅烧可以得到平均粒径为 25nm 的锐钛矿型粉体，在温度为 1000℃ 条件下煅烧可以得到平均粒径为 54nm 的金红石型粉体。利用微乳液法还可以制备出氧化钛包覆氧化硅的复合光催化剂，这种方法制备的复合光催化剂可以更有效地利用光能。目前，微乳液法的实际应用仍处在研究阶段，还需要继续对微乳液的结构和性质、表面活性剂成本及回收等问题进行探索。

5. 水热法

水热法制备超细微粉的技术始于 1982 年。近年来，将微波技术、超临界技术、电极埋弧等新技术引入水热法，合成了一系列纳米级陶瓷粉体，水热法成为最有前景的纳米 TiO_2 合成技术之一。

水热法的必备装置是高压釜。高压釜按照压力来源的不同可以分为内加压式和外加压式。内加压式高压釜是靠釜内一定填充度的溶剂在高温条件下膨胀产生压力，而外加压式靠高速泵将气体或者液体打入高压釜产生压力。水热法的基本操作是将纳米 TiO_2 的前驱体加入内衬为耐腐蚀材料的密闭高压釜内，充填度为 60%~80%，按照一定的升温速度加热，使高压釜达到所需的温度值，一般来说，所达到的温度都高于水的沸点，使体系中达到饱和蒸汽状态。反应中，通过改变溶液的加入量和体系的温度可以控制体系的反应环境，反应后恒温一段时间，卸压冷却后经洗涤、干燥即可得纳米级粒子。

水热法因其反应缓慢，时间较长，环境较为均一，制备的纳米粉体具有晶粒发育完整、原始粒径小、高纯、超细、自由流动、粒径分布窄、颗粒团聚程度轻以及烧结活性良好等特点。特别是用水热法制备纳米 TiO_2，有可能为了避免得到金红石型 TiO_2 而要经历高温煅烧，从而有效地控制了纳米 TiO_2 微粒间团聚和长大。目前该法使用过程中的关键问题是设备要经历高温高压，因此对材质和安全要求较严，从而导致成本较高。

近些年来，铋系光催化剂受到人们越来越多的关注，因为铋系光催化剂的禁带宽度较窄，能够在可见光的驱动下发生电子和空穴的分离，是一种非常有潜力的可见光驱动催化剂。钨酸铋的晶体结构在铋系三元氧化物中相对简单，利用水热法制备钨酸铋可以通过改变体系的部分条件控制钨酸铋的形貌，并且提高其可见光光催化活性。2005 年，清华大学朱永法教授课题组用水热法制备获得了形貌规整的方形钨酸铋纳米片，并且以钨酸铋为光催化剂对罗丹明 B 进行了降解实验，并对在可见光下钨酸铋降解罗丹明 B 的机理进行了研究。

6. 水解法

水解法是通过在一定条件下使前驱物分子在水溶液体系中进行充分水解来制备纳米粒子，其基本步骤包括水解、中和、洗涤、烘干和焙烧。纳米二氧化硅水解法常使用的前驱物一般是四氯化碳或者钛醇盐。陈洪龄等通过将四氯化钛与三乙醇胺共融，在较高的钛浓度下控制水解，不需要焙烧直接制备出锐钛矿型纳米二氧化硅，通过调节 pH 值或加入晶种可以控制颗粒的大小。刘威等利用均相水解法以钛醇盐为钛源制备出了纳米微粒，由脂肪酸和醇反应所生成的水和钛盐在反应体系中均匀分布并进行水解反应，减少了直接水解法因为沉淀剂局部浓度过高引起的不均匀现象。通过对酯化反应和水解反应条件进行调节使得粒子的成核速率高于成长速率，进而使反应体系处于过饱和状态，使生成物的粒径控制在纳米尺度，从而获得粒径分布均匀以及纯度较高的粒子。除了四氯化钛或者钛醇盐外，也可以采用其他钛源来制备，如硫酸钛等。

7. 电化学法

电化学制备 TiO_2 薄膜主要有微弧氧化、阳极氧化和阳极(或阴极)电沉积等方法。电化学法是目前制备方法中较为简单和低成本的，故被广泛采用。使用电化学法制备的多孔 TiO_2 薄膜对 310~320nm 的近紫外波段吸收性很好。通过控制制备条件，可以制得表面平坦、致密、有较好光电化学性能的 TiO_2 纳米薄膜。

4.4 光催化材料的表征方法

目前催化剂的表征已经成为催化研究领域中的一个重要方面，随着表面科学的发展，各种有效的现代催化剂表征技术和方法出现了。本节从实用的角度出发，对光催化剂研究中常用的近代表征技术作了概述，包括电镜技术、电子能谱法、红外光谱法等一系列技术，并且通过应用实例对一些表征技术作了详细的描述和分析。

4.4.1 电镜技术

1. 扫描电子显微镜

扫描电镜(SEM)是对样品表面形态进行测试的一种大型仪器。电子枪发射的电子束在扫描电镜镜筒中，通过电磁透镜聚集和电场加速，入射到样品中，电子束与样品原子核和核外电子发生多种相互作用而被散射，引起电子束的运动方向或者能量(或者两者同时)发生变化，从而产生各种反映样品特征的信号。这些信号包括二次电子、背散射电子、吸收电子、透射电子、俄歇电子、电子电动势、阴极荧光、X 射线等，这些信号能够表征固体表面或者内部的某些物质或者化学性质。

扫描电子显微镜具有以下特点：可以观察直径为 0~33mm 的大块样品，制作方法简单，对于导体材料，除了尺寸大小不能超过仪器规定范围外，基本上不需要任何处理，只需用导电胶把样品粘在金属制的样品座上放入样品室内就可以进行观察。在催化剂的研究中，大多数催化剂是不良导体或者绝缘体，这时需要用喷镀金、银等重金属或碳真空镀膜等手段对样品的表面进行导电性处理；扫描电子显微镜适合用于粗糙表面和切面的分析观察，图像富有立体感、真实感、易于识别；放大倍数变化范围大，一般为 15~200000 倍，最大可以达到 10~1000000 倍，对于多相或者多相组成的非均匀材料，便于低倍下的普查和高倍下的观察；具有相当的分辨率，一般为 2~6nm，最高可达 0.5nm；可以通过电子学方法有效地控制和改善图像的质量；可以进行多种功能的分析，如与 X 射线谱仪配接，可在观察形貌的同时进行微区的成分分析，配有光学显微镜和单色仪等附件时，可观察阴极荧光图像和进行阴极荧光光谱分析等，可使用加热、冷却和拉伸等样品台进行动态实验，观察不同环境条件下的相变和形态变化。

扫描电镜的一个主要性能指标是分辨率。分辨率可以通过能够清楚分辨的两个点或两个细节之间的最小距离来衡量，所以与所选用的细节形状和它们相对于背景的衬度有关。影响扫描电镜分辨率的主要因素是入射电子束的直径与试样对入射电子的散射情况。而散射程度则依赖于加速电压、接收的信号种类和试样本身的性质等，不同信号成像时分辨率不同。当所接收的信号来自试样表面发出的二次电子时，其能量比较低，为 0~50eV。二次电子是从试样表面很薄的一层区域内激发出来的，厚度为 5~10nm，分辨率可达 5~10nm，因此二次电子像特别适合于研究试样表面的形貌。当所接收的信号来自背散射电子成像时，是从试样表面以下 10nm~1μm 背散射出来的，背散射电子能量较大，基本上和入射电子的能量接近，分辨率一般达到 50~200nm，反映的是试样表面下较深层的情况，并且这种信号强度与试样的平均原子序数有关，可以反映出样品的平均原子序数效应。如果接收信号是吸收电子，由于电子的吸收发生在整个电子散射区，所以图像分辨率较低，一般只有微米的数量级。

扫描电子显微镜可以直接观察物质的表面，通过对催化剂表面形貌分析可以对催化剂表面晶粒大小、活性表面的结构与催化活性的关系、催化剂的制备、催化剂的失活等方面进行研究。然而，电子扫描显微镜的分辨率较低的问题限制了其在许多方面的应用。充分利用 SEM 的技术特点并与其他研究手段相配合，可以在催化剂的基础研究和工业生产等方面发挥巨大的作用。

王雅君课题组采用热解法制备了一系列掺杂金属原子(Zn、Co、Bi、Cd 或 Ti)的碳量子点(CDs)，随后用于构建掺杂金属原子(Zn、Co、Bi、Cd 或 Ti)的 CDs/CdS 复合材料。首次利用金属原子掺杂 CDs 对硫化镉纳米线进行修饰，显示出了良好的光催化制氢活性。采用扫描电镜对制备样品的形态进行了研究，从 SEM 图像(图 4-9)中可以看出，成功合成了硫化镉纳米线，并且硫化镉纳米线的长度为 2~4μm，硫化镉纳米线的平均直径约为 50nm。图 4-9(c)~(h)表示硫化镉、CDs-CdS 和金属掺杂 CDs-CdS 复合材料的纳米线形貌，表明 CDs 和金属掺杂 CDs 的掺入对硫化镉纳米线的形貌没有影响[52]。

图 4-9 CdS、CDs/CdS 和不同金属掺杂的 CDs/CdS 复合材料的 SEM 图像：(a，b)CdS，(c)CDs/CdS，(d)Bi-CDs/CdS，(e)Zn-CDs/CdS，(f)Cd-CDs/CdS，(g)Ti-CDs/CdS，(h)Co-CDs/CdS

2. 透射电镜

透射电镜即透射电子显微镜(TEM)，是使用最为广泛的一类电镜。透射电镜是一种高分辨率、高放大倍数的显微镜，是材料科学研究的重要手段，可以提供极微细材料的组织结构、晶体结构和化学成分等方面的信息。透射电镜的分辨率为0.1~0.2nm，放大倍数为几万倍至几十万倍。

利用透射电镜研究材料微观结构时，试样必须是电子束可以穿透的纳米级厚度。透射电镜的样品一般分为粉末样品、薄膜样品和生物样品，三种样品的制备各有不同的特点和适用范围。粉末样品的粒径最好在10μm以下，超过这个尺寸的样品可能会对仪器造成损害。一般用水或乙醇等作为溶剂将少量粉末样品分散开，采用超声波震荡的方法使粉末在溶剂中进一步分散，然后用滴管或者移液枪取少量液体滴在有膜铜网上。滴完样品后，要等铜网干了以后才能装入样品杆。

透射电镜的成像方式与光学显微镜类似，不同点是光学显微镜用可见光作照明束，透射电子显微镜用电子为照明束。透射电镜的成像原理可以分为三种：①吸收像。当电子射到质量、密度较大的样品上时，主要的成像作用为散射作用。样品上质量厚度大的地方对电子的散射角大，通过的电子比较少，成像的亮度较暗。早期的透射电子显微镜都是基于这种原理。②衍射像。电子束被样品衍射后，样品不同位置的衍射波振幅分布对应于样品中晶体各部分不同的衍射能力，当出现晶体缺陷时，缺陷部分的衍射能力与完整区域不同，从而使衍射体的振幅分布不均匀，反映出晶体缺陷的分布。③相位像。当样品薄至100Å以下时，电子可以穿过样品，波的振幅变化可以忽略，成像来自相位的变化。

由透射电镜给出的图像信息，可进行材料的形貌结构分析、颗粒大小以及分散性分析。另外，通过透射电镜电子衍射谱可以得到材料的晶体结构信息；利用高分辨TEM还可以获得晶胞排列的信息，还可以确定晶胞中原子的位置。GuancaiXie团队在利用化学气相沉积法制备GaP/GaPN核/壳纳米线(NW)修饰的p-Si光阴极的过程中发现，GaP-NW与cs-NW的形貌差异不大，从cs-NW的TEM图中可以观察到厚度为2.7nm的非晶壳，此核壳厚度是可调节的[53]。通过联用SEM和TEM的测试手段可以测得催化剂负载物质种类、粒径大小以及分布状态等，进而可以全面分析光催化材料微纳米尺度的形貌以及结构。

王雅君课题组采用水热法制备了$BiPO_4$纳米棒/石墨烯(GA)水凝胶[54]。$BiPO_4$纳米棒均匀嵌入石墨烯水凝胶中，形成稳定的三维(3D)网状结构。图4-10是70%$BiPO_4$/GA水凝胶的高分辨率透射电子显微图像(HRTEM)。在图4-10(a)中显示测得的$BiPO_4$的0.346nm晶面间距属于(020)晶面。在图4-10(b)、(c)中可以看到$BiPO_4$和石墨烯之间清晰的界面，测得的晶面间距为0.529nm，与$BiPO_4$

的(-101)晶面一致。透射电镜与附件X射线能谱仪(EDS)联用可以进行成分分析，例如在图4-10(d)~(h)中可以看到，$BiPO_4$和石墨烯之间存在紧密的界面，Bi和P元素在纳米棒上富集，而C和O元素分散在石墨烯上，表明$BiPO_4$生长在片状石墨烯层之间。

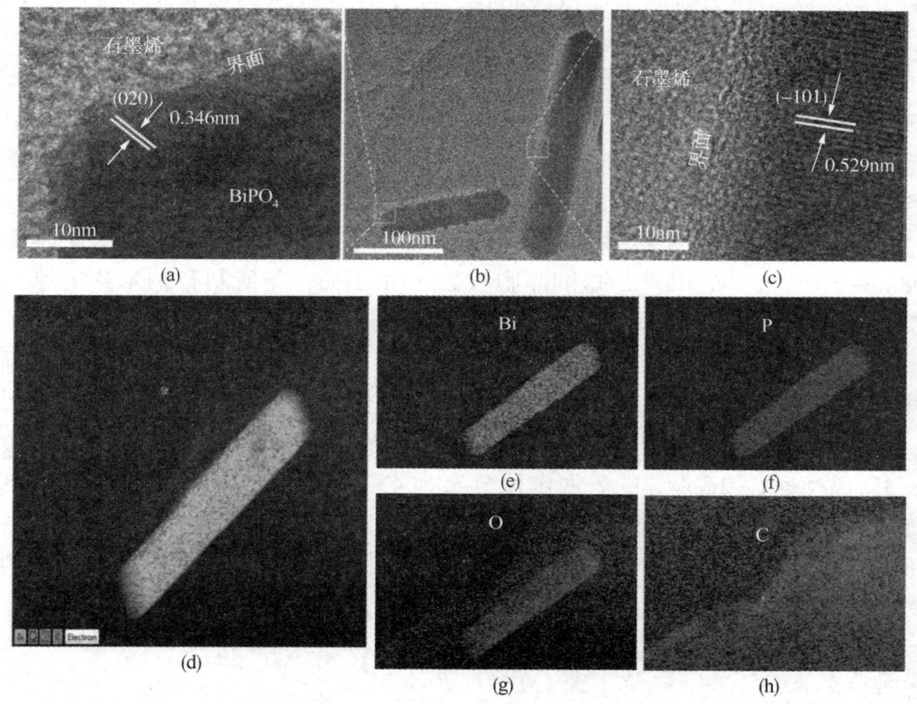

图4-10 $BiPO_4$纳米棒/石墨烯(GA)水凝胶的TEM图像

3. 原子力显微镜

原子力显微镜(AFM)是Binnig与Quate在1968年发明的，目的是使非导体也可以采用扫描探针显微技术进行观测。AFM的探针一般由悬臂梁以及针尖组成，工作原理是基于探针与样品间的原子作用力，该作用力使悬臂梁产生微小位移，以测得表面结构形状。AFM系统利用微小探针与待测物之间交互作用来呈现待测物表面的物理特性，主要包括三种基本操作模式，即接触式、非接触式以及间歇接触式。

AFM得到的是真实的样品表面的高分辨图像，而不是通过间接的或计算的方法来推测样品的结构。与扫描电镜相比，原子力显微镜有许多优点，比如，与电子显微镜只能提供二维图像相比，AFM能够提供三维表面图。透射电子显微镜(TEM)只能在横向尺度上测量尺寸，而不能测量纵向方向上的尺寸。AFM在三个维度上均可以检测纳米粒子尺寸的大小，分辨率可以达到 0.01nm。并且，AFM 可以直接观察和测量纳米粒子的表面形貌、粒径和实际大小，不需要对样品进行额外的处理。电子显微镜需要在高真空条件下运行，AFM 在常压下甚至是液体环境中也可以进行测试。因此，AFM 可以用来研究生物宏观分子，甚至活的生物组织。和扫描电子显微镜相比，原子力显微镜具有成像范围小、速度慢、受探头影响大的缺点。

一般情况下，AFM 横向维度上检测尺寸偏大，因此可以联用 TEM 和 AFM 或者 STM 对纳米结构进行表征。朱永法等采用水热法合成了单分子层的 $Ba_5Ta_4O_{15}$ 纳米片，这种材料作为一种新型的光催化剂具有较好的光学活性。对所合成的纳米材料进行了 AFM 测试。通过 AFM 测试结果可以分析，在横向尺度上，$Ba_5Ta_4O_{15}$ 纳米片的尺寸与 TEM 研究结果相同，纵向尺度研究发现 $Ba_5Ta_4O_{15}$ 纳米片厚度为 1.08nm±0.05nm，而 $Ba_5Ta_4O_{15}$ 的晶胞参数 $c=1.1$nm，与所制备纳米片的厚度十分接近，因此可证明所合成的样品为单层样品[55]。

王雅君课题组制备了碳包覆 C_3N_4 纳米线三维光催化剂，为了进一步了解该催化剂的电荷转移机制，采用 AFM 的表面电位模式测量了催化剂样品的表面电位。结果如图 4-11 所示，g-C_3N_4 的光生电子转移到了催化剂的表面。在光照前，3D C_3N_4@C-2mol/L 的表面电位分布为 432~449mV。光照后，其表面电位分布为 315~342mV，表明在 3D C_3N_4@C-2mol/L 表面聚集了更多的电子。由于界面电场的作用，光生电子迅速转移到表面碳层，显著增加了光催化剂表面的电子数量，大大降低了表面电位，提高了其光催化活性[56]。

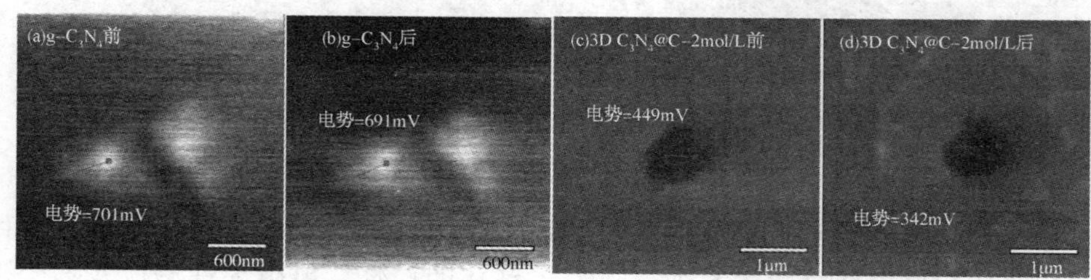

图 4-11　3D C_3N_4@C 纳米线 AFM 研究

4.4.2　热分析技术

1. 热重法

热重法(TGA)是在过程控制温度下，测量物质的质量与温度关系的一种技术。当被测物质在加热过程中发生升华、气化、分解出气体或者失去结晶水时，被测物质质量就会发生变化，此时热重曲线就会有所下降。通过对热重曲线的分析，可以知道被测物质在多少度时发生变化，根据质量损失可以计算失去了多少物质。TGA 可以得到样品的热变化所产生的热物性方面的信息。

万中全等通过溶胶-凝胶法分别制备了 p-MWNTs-TiO_2及 p-MWNTs/ZnTPP-TiO_2复合纳米光催化剂，并利用热重法对所制备的催化剂物性进行了表征和研究。由于有机溶剂和水分的蒸发导致 ZnTPP 的 TG 曲线在 440℃之前失重大约 5%，在 440℃左右有一个大的转折，曲线下降速率很快，表明 ZnTPP 在此温度后开始分解。TiO_2光催化剂、p-MWNTs-TiO_2及 p-MWNTs/ZnTPP-TiO_2复合纳米光催化剂的 TG 曲线(曲线 *A*、*B*、*C*)相似，在 230℃左右失重 5%左右，然后曲线急剧下降，出现明显的质量损失，推断原因是水合 TiO_2失去结合水。在 430℃以后曲线比较平缓，样品质量基本没变。通过以上测试结果分析确定实验烧结温度为 430℃，这样能够使 ZnTPP 和 p-MWNTs 不至于严重分解，也不会对光催化剂性能造成严重破坏。

朱永法课题组通过简单的化学吸附，将 Bi_2WO_6光催化剂与类石墨 C_3N_4杂化。与 C_3N_4杂化后，Bi_2WO_6的光催化活性明显增强。通过 TG-DTA 分析可以揭示 C_3N_4/Bi_2WO_6表面上 C_3N_4的吸收态。如图 4-12 所示，在纯 Bi_2WO_6的 TG 曲线中可以观察到 200~500℃是质量下降的区域，这是由于表面结合水发生解吸。对于纯 C_3N_4，在 500~720℃也发生了热失重，这可能与 C_3N_4的燃烧有关。在所有的 C_3N_4/Bi_2WO_6样品中都可以看到这两个质量损失区域。而 Bi_2WO_6表面 C_3N_4的量可以从第二次质量损失中得到，如图 4-12 中的插图所示[57]。

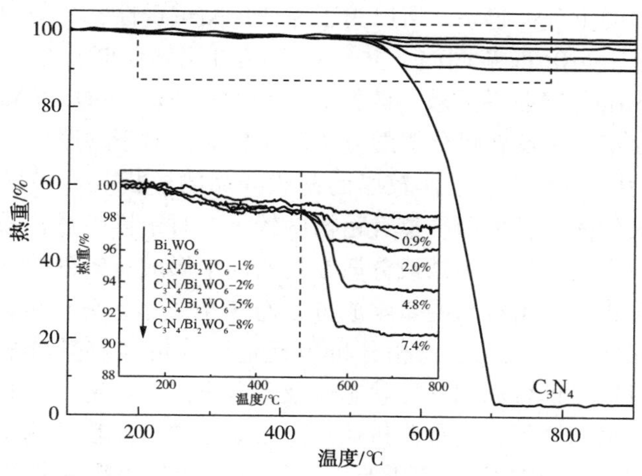

图 4-12 C_3N_4/Bi_2WO_6光催化剂的 TG 图

2. *差热分析法*

差热分析(DTA)是在程序控制温度下，建立被测量物质和参比物的温度差与温度关系的一种技术。差热分析的基本原理是样品在加热或冷却过程中所发生的化学变化或物理变化所引起的温度变化可以通过与一参比物的温差来测量，参比物是一种在测量温度范围内不发生任何化学和物理变化的惰性物质。将参比物与样品一起放置于可按设定速率升温的电炉中，分别记录参比物的温度以及样品和参比物间的温度差。以温差对温度作图得到差热分析曲线，当被测物质发生变化产生热效应时，差热分析曲线上就会有峰出现。热效应越大，峰的面积也就越大。朱永法课题组在 Bi_2WO_6光催化剂与类石墨 C_3N_4杂化的体系中对 C_3N_4进行了 DTA 测试，在纯 C_3N_4样品的曲线中，550~720℃的吸热峰可能是由于 C_3N_4发生了燃烧。对于 C_3N_4/Bi_2WO_6光催化剂，发生在500~600℃的吸热峰是由于 C_3N_4的燃烧[57]。

4.4.3 多晶 X 射线衍射技术

自 1895 年德国物理学家伦琴(W. C. Rontgen)发现 X 射线后，人类对其产生性质和理论已研究得相当透彻。X 射线衍射(XRD)技术是基于多晶样品对 X 射线的衍射效应，对样品中各组分的存在形态进行分析测定的方法。XRD 在晶格参数测定、物相鉴定、晶粒度测定、薄膜厚度测定、介孔结构测定、残余应力分析和定量分析等方面具有广泛的应用。

在测试样品的制备过程中，需要注意晶粒大小、试样的大小和厚度、择优取向、加工应变、表面平整度等。因为样品的颗粒度对 X 射线的衍射强度以及重现性影响很大，因此制样方式会影响到物相的定量分析。通常情况下，样品的颗粒越大，会使强度的重现性越差，所以为了保证样品重现性，一般要求粉体样品的颗粒度大小在 0.1~10μm 范围内。并且在选择参比物质时，尽可能选择结晶完好，晶粒小于5μm，吸收系数较小的样品，例如 Al_2O_3、SiO_2和 MgO 等。通常可以采用压片、胶带粘以及石蜡分散的方法制备样品。对于薄膜样品需要注意样品的厚度问题。XRD 一般适合于比较厚的薄膜样品的分析。薄膜样品的制备要求样品具有比较大的面积，表面平整且粗糙度较小。对于样品量比较少的粉末，一般可以采用分散在胶带纸上粘结或分散在石蜡油中形成石蜡糊的方法进行分析。

元素成分分析能给出材料的基本成分，而 X 射线衍射分析可以得到材料中物相的结构及元素的存在状态。物相分析包括定性分析和定量分析两部分。XRD 定量分析可以对纳米催化剂的分散状态以及分散量进行研究。各相衍射线的强度随该相含量的增加而增加，定量分析通过对聚集态纳米晶粒的测定来研究其分散状态和测定分散量。XRD 定性分析鉴别出待测样品是由哪些物相组成的，通过衍射图像来鉴别晶体物质，即将未知物相的衍射花样与已知物相的衍射花样进行比较。对于纳米介孔材料的介孔结构可以用小角度的 X 射线衍射峰来研究。介孔材料的规整孔可以看作周期性结构，样品在小角区的衍射峰反映了孔洞周期的大小，这是目前测定纳米介孔材料结构最有效的方法之一。

Donghyung Kim 等通过 XRD 测试发现 B 掺杂的 g-C_3N_4/ZnO 的峰位和峰强度

降低，证明 BCN_4/ZnO 光催化材料的结晶度降低，没有生成其他晶体[58]。光催化材料中，晶粒大小可以通过谢乐公式进行近似的计算和分析。

王雅君课题组采用溶剂热和退火方法制备了{001}表面暴露的 Bi_2WO_6 纳米阵列，之后采用电化学沉积法制备了组成和形貌可控的 NiFe LDH/Bi_2WO_6-NAs 杂化光电极。对于所制备光电极进行了 XRD 表征，结果如图 4-13 所示。对于 Bi_2WO_6-NAs 光电极，除了 ITO 基底之外的所有衍射峰都与 Bi_2WO_6 的标准卡片匹配，表明制备所得 Bi_2WO_6 具有良好结晶性。在 28.3°、32.7°、32.8°和 32.9°处的峰分别对应于(113)、(006)、(200)和(020)衍射峰，可以观察到，Bi_2WO_6 的(006)、(200)衍射峰和(020)、(113)衍射峰的强度比约为 0.50，明显大于标准值 0.21，表明所制备的 Bi_2WO_6 催化剂{001}晶面暴露更多，有利于光催化氧化反应。此外，与未经煅烧处理的 Bi_2WO_6 相比，Bi_2WO_6-NAs 的衍射峰强度增加，这意味着结晶度得到了进一步提高。在 NiFe LDH 电极和 NiFe LDH/Bi_2WO_6-NAs 光电极中没有观察到 NiFe LDH 的特征衍射峰，这可能是由于电化学沉积形成的 NiFe LDH 负载量低以及结晶度低[59]。

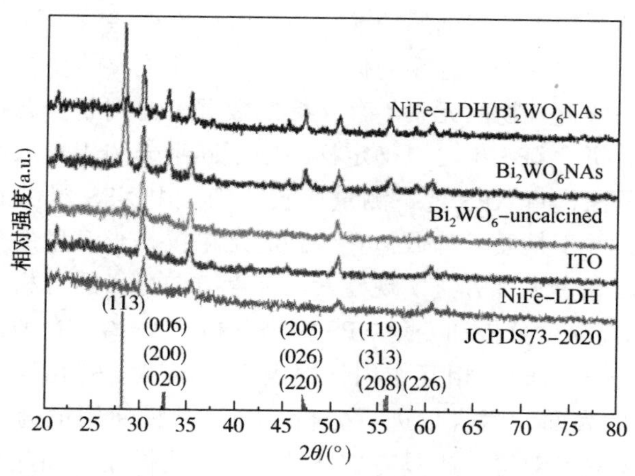

图 4-13 NiFe-LDH/Bi_2WO_6-NAs 杂化光电极的 XRD 图

4.4.4 电子能谱法

根据激发源的不同，电子能谱可以分为 X 射线光电子能谱(XPS)、俄歇电子能谱(AES)和紫外光电子能谱(UPS)。

1. X 射线光电子能谱

X 射线光电子能谱是以一定能量的 X 射线作为激发源，把它照射在物质表面，激发出光电子，利用电子能量分析器将光电子按照不同的能量分布进行检测，获取电子能谱图，求取电子的束缚能、物质内部原子的结合状态和电荷分布等电子状态的信息。X 射线光电子能谱中常见的谱线一般有两类，第一类是与样品物理化学性质有关的，其中最重要的是元素的特征峰。每一种元素都有一系列结合能不同的光电子能谱峰，在实际分析中，通常选用元素的最强峰作为元素的特征峰来鉴别元素。元素的特征峰反映了元素内层电子的性质，一般很少会发生重叠。第二类是技术上的基本谱线，在进行 XPS 分析时，试样可能会被空气中的二氧化碳、水分和尘埃等污染，表面可能会被部分氧化，造成谱图中出现 C、O、Si 等元素的特征峰。因此，在实际测试时，应尽量用各种方法对样品表面清洁也可以利用吸附的 C1s 峰作为内标来对荷电效应造成的谱线移动进行校正。

通过对 XPS 谱图的分析主要可以得到元素定性、化学价态鉴定、半定量分析以及深度分布这几种重要信息。①元素定性：利用 XPS 对物质表面成分定性分析是一种最常规的分析方法，一般是利用 XPS 谱仪的宽扫描程序。各种原子相互结合形成化学键时，内层轨道基本保留原子轨道的特征，因此可以利用 XPS 内层光电子峰以及俄歇峰这两者的峰位置和峰强度来进行元素鉴定。②化学价态鉴定：利用 XPS 进行化学价态鉴定较为常用的是内层光电子峰的化学位移和伴峰，峰的位置和峰形可以提供化学价态的有关信息。在进行元素化学价态分析前，首先必须对结合能进行正确的校准。当荷电校准误差较大时，很容易标错元素的化学价态。另外，一些化合物的标准数据也存在很大的差异，这种情况最好是自己制样。有一些化合物的元素不存在标准数据，要判断价态就要自制标样来对比。③半定量分析：XPS 也可以确定样品中不同组分的相对浓度。利用峰面积和原子灵敏度因子法进行 XPS 定量测量比较准确。由 XPS 提供的定量数据是以原子分数表示的，并不是质量分数，它得到的结果仅是半定量的分析结果。④深度分布：XPS 可以通过多种方法实现元素沿深度方向分布的分析，最常用的两种方法是 Ar 离子剥离深度分析和变角 XPS 深度分析。Ar 离子剥离深度分析是利用 Ar 离子束和样品表面之间的相互作用，把表面一定厚度的元素溅射掉，之后再用 XPS 对剥离后的表面元素含量进行分析。这是一种使用最为广泛的深度分布分析方法之一，但是它对样品也具有破坏性，会造成样品表面晶格的损伤、择优溅射以及表面原子混合等现象。它具有分析速度快、可以分析表面层较厚的体系的优点，同时也具有剥离速度慢和深度分辨率不高的缺点。

纯的 TiO_2 和在 Ag 与 TiO_2 的原子比为 2 的时候制备的 Ag/TiO_2 空心微球体的 XPS，在结合能为 458eV、531eV、684eV 和 285eV 的时候出现四个光电子能谱峰，分别对应 Ti2p、O1s、F1s 和 C1s。通过进一步的分析可以知道，F 在 684eV 的位置出现峰是由于部分 F 吸附在 TiO_2 的表面，同时在 368eV 的位置出现 Ag 的光电子能谱主峰，说明了该体系中 Ag 的存在。而当 Ag 与 TiO_2 的原子比为 2 的时候的高分辨率 XPS，更说明了银单质的存在，结合能在 368. 1eV 对应的是 Ag3d2/5，374. 1eV 对应的是 Ag3d3/2，这两个结合能相差 6. 0eV 正是 Ag3d 的化学特征[60]。

王雅君课题组在碳包覆 C_3N_4 纳米线三维光催化剂的工作中，通过原位 XPS 表征研究了光照前后 g-C_3N_4 和 3D C_3N_4@C-2mol/L 的表面电子转移过程。g-C_3N_4 在光照前后的峰位置均无明显位移[图 4-14(a)、(b)]。然而，在 3D C_3N_4@C-2mol/L 的 C1s 谱图中[图 4-14(c)]，光照后，N═C—N 键向高结合能方向偏移，而 C—C/C═C 键和C—O 键向低结合能方向偏移，表明光生电子从 3D C_3N_4 转移到表面碳层。此外，在 3D C_3N_4@C-2mol/L 的 N 1s 谱图中[图 4-14(d)]，所有的 N 1s 峰都向高结合能偏移，这一结果为 3D C_3N_4@C-2mol/L 中电子转移方向提供了直接证据[56]。

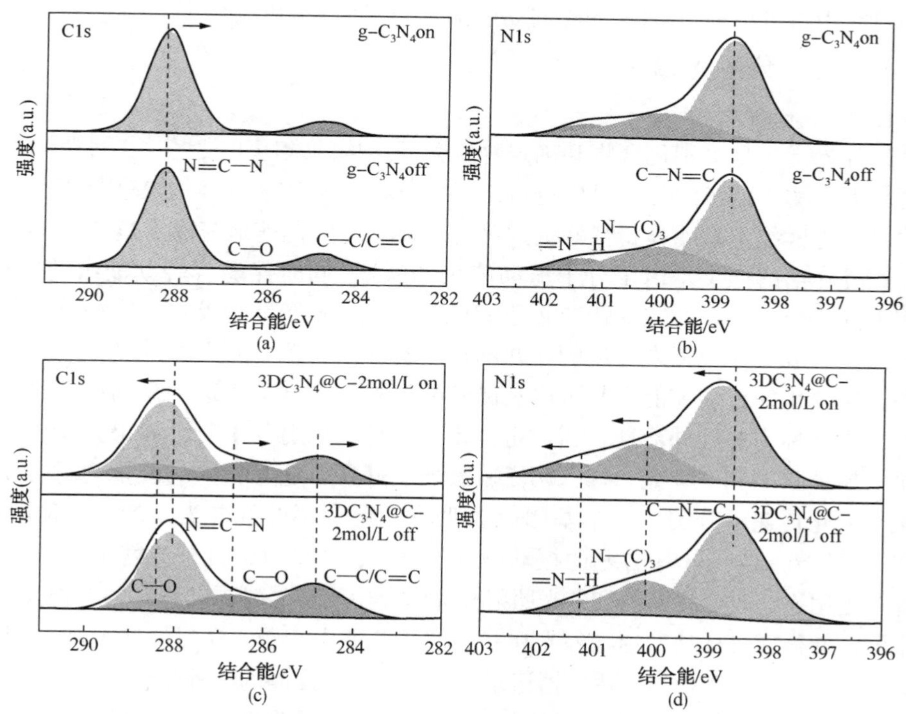

图 4-14 (a) g-C_3N_4的 C 1s 谱；(b) g-C_3N_4的 N 1s 谱；(c) 3D C_3N_4@C-2mol/L 的 C 1s 谱；(d) 3D C_3N_4@C-2mol/L 的 N 1s 谱

2. 俄歇电子能谱

俄歇现象早在 20 世纪 20 年代就已经被发现，但直到 20 世纪 60 年代末，采用电子能量分布微分方法解决了二次电子能量分布曲线上俄歇峰与本底分离问题后，才得到了迅速发展，目前俄歇电子能谱已经成为表面能谱的一个重要分支。俄歇电子能谱又被称为 AES，是分析电子与物质相互作用而发生多种效应产生的各种次级电子中的俄歇电子的能量分布得到的，可以用于快速、高灵敏度的表面成分分析，是目前研究固体表面组成的有力分析手段。

AES 与光电子能谱一样也不能分析 H、He，对样品有一定的破坏作用，但具有表面灵敏度高、分析速度快等优点，主要可以进行表面组成的定性和定量、表面元素的二维分布图和显微像、表面元素的三维分布分析、表面元素的化学环境和键合等方面的研究。AES 最主要的应用是进行表面元素的定性分析。由于俄歇电子强度很弱，用记录微分峰的办法可以从大的背景中分辨出俄歇电子峰，得到的微分峰容易识别。例如，夏盛杰课题组在对 Ti 基层状双氢氧化物的研究中使用 ICP-AES 进行了 Zn、Al、Ti 和 Ce 元素分析，测定了化学成分。此外，在光电极的研究中，可以通过 AES 的溅射功能测定电极薄膜的厚度[61]。

4.4.5 分子光谱法

1. 红外光谱

红外光谱法是鉴别化合物和确定物质分子结构的常用手段之一。对单一组分或者是混合物中的各组分也可以进行定量的分析，尤其是对一些较难分离并在紫外、可见光区找不到明显特征峰的样品也可以方便、迅速地完成定量分析。

红外光谱的产生是由于分子振动能级的跃迁(同时伴随着转动能级的跃迁)而产生的。分子振动能级的跃迁必须依靠外界红外光能量的吸收，这种能量的转移是通过偶极矩的变化来实现的。并不是所有的振动都会产生红外吸收，只有发生偶极矩变化的振动才能引起可以观测到的红外吸收谱带，这种振动称为红外活性，反之则称为非红外活性。当一定频率的红外光照射分子时，如果分子中某个基团的振动频率和红外光一样，两者就会发生共振，这时，光的能量通过分子偶极矩的变化传递给分子，这个基团就会吸收一定频率的红外光，产生振动跃迁；反之，若红外光与分子中各基团振动频率不符合，这部分的红外光就不会被吸收。因此，当用连续改变频率的红外光照射样品时，由于样品对不同频率的红外光的吸收不同，使得通过样品后的红外光在一些波长范围内变弱，在另一些范围内变强。将分子对红外光的吸收情况用仪器记录下来就得到该样品的红外吸收光谱。

在红外光谱中，每种官能团均具有特征结构，因此也具有特定的吸收频率。任何气态、固态或者液态的样品都可以进行红外光谱的测定。在样品的制备中，要求样品中不含游离水，样品的浓度和测试层的厚度要选择适当，透射比在10%~80%。固体样品一般可以采用压片法、糊状法和薄膜法制样；液体样品一般采用液膜法和溶液法制样；气相样品可以直接在玻璃气槽内进行测定。各种有机化合物和许多无机化合物在红外区域都会产生特征峰，因此光谱法已经广泛应用于这些物质的定性和定量分析。

当前红外光谱法主要应用于催化剂表面吸附物种和催化剂表征方面、催化剂体相和表面结构、催化过程以及反应动态学方面的研究。朱永法等利用红外光谱研究了 PANI/TiO_2杂化光催化剂，通过对 C—H 弯曲振动、醌环振动以及苯环振动进行分析，证明形成了单层杂化结构且单层覆盖量为 1%，PANI 的振动峰红移，化学键被削弱，PANI 与光催化剂之间形成了化学键作用[62]。

原位红外法可以测量在化学反应过程中官能团结构的改变，从而更好地模拟实验过程，对于解析化学反应原理很有帮助。而在催化表征研究方面，则能够模拟出催化剂催化原理。王雅君课题组通过调节 Pt 物种的化学状态促进光催化分解水制氢，为了研究不同价态 Pt 与 g-C_3N_4之间的电荷分离效率，测量了 1.0%-Pt/CN-BH-H 和 1.0%-Pt/CN-P 样品在可见光照射下的原位红外光谱。与 1.0%-Pt/CN-BH-H 在黑暗条件下相对较低的峰强相比，随着光照时间的增加，峰强显著提高[图 4-15(a)]。822cm^{-1}处的峰归因于七嗪环的伸缩振动，886cm^{-1}处的峰归因于 N—H 键的弯曲振动。在 1489cm^{-1}和 1710cm^{-1}附近的峰分别对应于杂环中的—C═N 和 N—C═N，而在 1338cm^{-1}附近的峰则来源于—CN 的伸缩。这些结果表明，1.0%-Pt/CN-BH-H 样品中 g-C_3N_4的结构和化学键在可见光照射下由于强烈的电子传递而发生明显变化。为了比较，研究了 1.0%-Pt/CN-P 样品[图 4-15(b)]，1.0%-Pt/CN-P 没有明显的峰的变化，这可能是由于 Pt^{2+}与 g-C_3N_4之间的电子转移能力较差所致。这些结果表明，高 Pt^0比例有利于电荷的分离。为了揭示 1.0%-Pt/CN-BH-H 中 Pt^0的形成机理，采用原位红外光谱模拟了 1.0%-Pt/CN-BH 的氢氮混合气氛处理过程。如图 4-15(c)、(d)所示，C—N 杂环中 C—N 键的峰在 1200~1750cm^{-1}范围内显著增加。随着焙烧温度的升高，C—N 键的振动模式发生改变，1710cm^{-1}处的峰强度逐渐增强，表明 C_3N_4结构中 N 元素的电负性发生改变[图 4-15(d)]。这些结果证实了在气氛处理过程中，当电子从 N 元素转移到 Pt 时，大量的 Pt^{2+}转变为 Pt^0[63]。

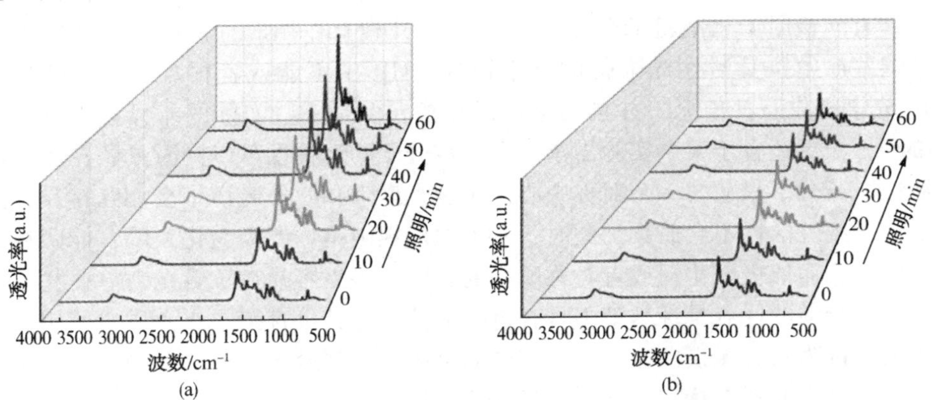

图 4-15　(a)1.0%-Pt/CN-BH-H 和(b)1.0%-Pt/CN-P 在可见光(λ≥420nm)照射下的原位红外光谱；(c)1.0%-Pt/CN-BH 在气氛处理和加热过程中的原位红外光谱和(d)局部放大图

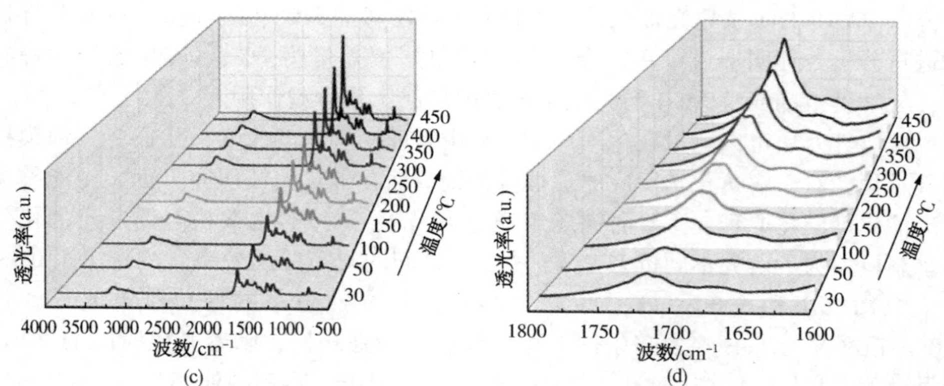

图 4-15 (a)1.0%-Pt/CN-BH-H 和(b)1.0%-Pt/CN-P 在可见光($\lambda \geqslant 420$nm)照射下的原位红外光谱;(c)1.0%-Pt/CN-BH 在气氛处理和加热过程中的原位红外光谱和(d)局部放大图(续)

2. 拉曼光谱

拉曼光谱是一种散射光谱,它是 1928 年由印度物理学家 Raman 发现的。它是一种分子光谱技术,利用光和物质之间的相互作用深入了解材料的构成或特性。拉曼光谱提供的信息源自光散射过程,而红外光谱则依靠的是光吸收。拉曼光谱可提供关于分子内和分子间振动的信息,并且可以增强对反应的了解。与红外光谱相比,拉曼光谱可以提供关于体现晶格与分子主链结构的较低频率模式与振动的信息。

与分析偶极矩变化情况的 FTIR 光谱不同,拉曼分析的是分子键极性的变化情况。光与分子的相互作用会导致电子云形变,这种形变称为极化度变化。分子键具有特定的能量跃迁,在此期间极化度会发生变化,从而产生拉曼活性。比如,含有同核原子之间键的分子会在光子与其相互作用时,造成极化性发生变化。这些产生拉曼活性光谱带的化学键在 FTIR 中不能或者很难看到。拉曼和 FTIR 光谱提供互补信息,并且通常可以互换,但是一些实际的差异会影响到选择哪种方法更适合于某个实验需求。大多数分子的对称性可以同时具备拉曼与红外活性。若分子只包含一个对称中心,拉曼光谱带和红外光谱带会相互排斥,拉曼活性和红外活性不会兼具。此时,一个通用规则是,偶极变化大的官能团在红外方面强,而偶极变化弱或者对称度高的官能团将更容易在拉曼光谱中被发现。

拉曼光谱的优点是羟基键不具有拉曼活性,使其可直接在水介质中使用。拉曼光谱被认为具有无损性,尽管有些样品可能会受到激光辐射的影响。选择拉曼光谱方法还需要考虑特定样品的荧光性。拉曼散射是一种弱现象,荧光可能会抑制信号,导致难以采集质量数据。可以通过使用较长波长的激光源来缓解这一问题。

1970 年和 1971 年，Hendra 和 Loader 等报道了在硅和硅铝化合物表面的 CCl_4、Br_2和 CS_2等物种吸附的拉曼光谱，首次研究了化学吸附和物理吸附对化合物特征振动模式的影响，拉开了拉曼光谱在研究催化剂表面吸附行为中的应用。目前拉曼光谱在催化剂表面吸附行为研究中的主要用途之一是以吡啶为吸附探针对催化剂表面酸性进行研究，是红外光谱在表征催化剂表面的化学吸附以及识别 Brφnsted 酸和 Lewis 酸方面的有效补充。Schede 和 Cheng 对 $\gamma-Al_2O_3$以及不同负载量的 MoO_3/Al_2O_3和 $CoO-MoO_3/Al_2O_3$催化剂的吡啶吸附进行了研究，他们发现表面 Lewis 酸随负载量的不同而发生变化，并且与表面物种的结构进行了关联。另外，拉曼光谱技术还可以用于对其他一些不饱和烃、卤代烃和噻吩等在催化剂上的吸附进行研究，依据的主要是在催化剂表面吸附的物种与它们在液相中的拉曼谱图有很大的不同。这是因为表面物种与载体的相互作用导致表面物种的对称性发生改变，因此可以观察到拉曼非活性的谱峰。

将拉曼光谱和密度泛函理论计算结合，可以更好地理解反应过程。Takayuki Hirai 团队采用尿素和二氧化硅模板合成了具有高比表面积的 $g-C_3N_4$光催化材料，可以提高选择性产 H_2O_2的活性。如图 4-16 所示，通过拉曼光谱证实了在光活化的 $g-C_3N_4$上形成过氧化物物种，$g-C_3N_4$本身在 709cm^{-1}、753cm^{-1}和 982cm^{-1}处显示出三条谱带，709cm^{-1}和 982cm^{-1}谱带均归属于三嗪环的振动。图 4-16(a)显示了使用密度泛函理论(DFT)计算获得的三嗪环的拉曼位移，获得的三个谱带(730cm^{-1}、760cm^{-1}和 950cm^{-1})与观察到的谱带相似[图 4-16(A)]，说明 DFT 计算可准确地表示 $g-C_3N_4$的电子结构。图 4-16(B)显示了在 EtOH/水/$16O_2$体系中光催化反应后 $g-C_3N_4$的光谱。图 4-16(b)描述了吸附在三嗪环上的过氧化物物种的计算拉曼位移[64]。

4.4.6 紫外漫反射光谱技术

光催化材料的催化性能和材料的光学性质密切相关，常见光学性能研究包括紫外-可见漫反射吸收光谱和荧光光谱。紫外-可见漫反射吸收光谱是表征光催化固体光吸收性能的一种常用方法，不仅可以研究光催化材料的吸光性能，探讨材料的电子结构，还可以计算获得半导体材料的能带间隙。

紫外-可见吸收光谱法(也称为分光光度计法)，在测定前先将光谱分光，然后测定其吸光度，所用仪器名称为分光光度计。它是基于分子内电子跃迁产生的吸收光谱进行分析测定的一种仪器分析方法，波长范围为 200~800nm。这种方法能够有效应用于含有生色基团和共轭体系的有机化合物的鉴定，也可以用于物质的常量、微量和痕量分析和元素周期表中几乎所有金属元素及非金属元素分析。

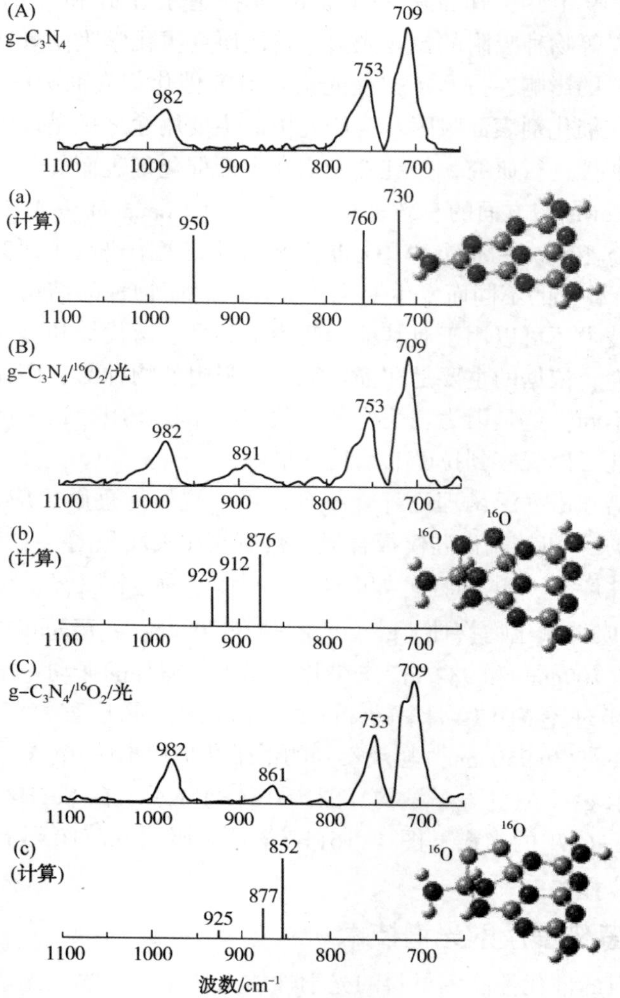

图 4-16　g-C_3N_4光催化剂的拉曼光谱研究

测定吸收光谱的方法一般有两种，分别是透射法和反射法。透射法因为具有技术简单、操作方便、重现性好以及准确度高等优点而应用较为广泛。反射法则研究相对较少。尽管透射法优点较多，但是这种方法也不是通用的，例如难溶物质、不透明物质以及无法做成单晶的物质就无法测得透射光谱。除此以外，有些物质一旦做成溶液就会破坏其结构，此时就可以测得其反射光谱。因此反射光谱是透射光谱的补充。由于它可以不改变固体物质的状态而直接测定其光谱，因此反射技术尤其适用于固体催化剂的研究。

通过紫外-可见漫反射光谱可以方便地获得半导体材料的吸收带边，而材料制备工艺对其吸收带边有明显的影响。对通过水热法合成以及固态合成的 Bi_2WO_6 样品测试紫外-可见漫反射吸收光谱[65]，发现两种样品都有明显的吸收带边，其吸收带边位置可以由吸收带边上升的拐点来确定，而拐点则可以通过其导数谱来确定，相应地可以计算出其光吸收阈值的大小，从而可以确定其禁带宽度。王雅君团队通过水热和化学吸附法制备了 CoAl-LDH 和 $BiPO_4$ 的高效复合光催化剂（标记为 CoAl-LDH/$BiPO_4$），采用 UV-Vis DRS 表征 $BiPO_4$、CoAl-LDH 和 1%CoAl-LDH/$BiPO_4$ 的光学性能（图 4-17），同时制备了机械混合的复合催化剂（标记为 1%CoAl-LDH/$BiPO_4$ 机械混合物）用于比较。$BiPO_4$ 的带隙约为 3.85eV，只能吸收紫外光，而 CoAl-LDH 吸收 400~500nm 的可见光。从图 4-17 中可以看出，与 CoAl-LDH 相比，1%CoAl-LDH/$BiPO_4$ 在紫外区域的光吸收增加[66]。

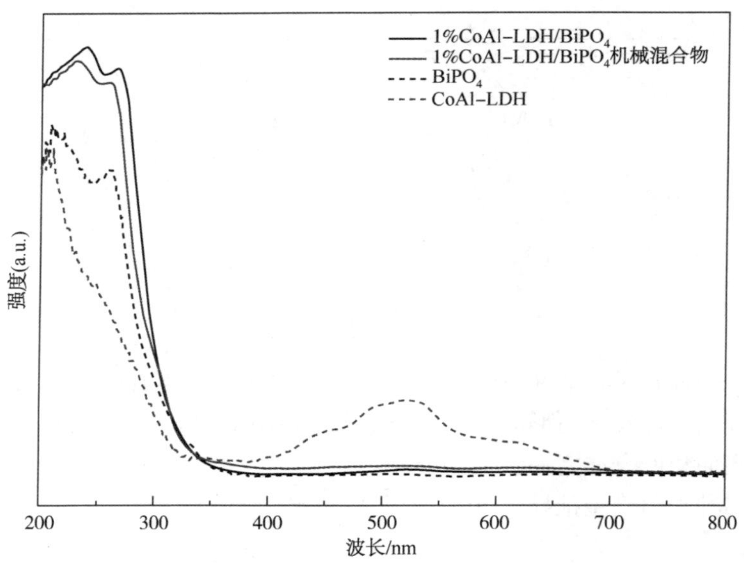

图 4-17 $BiPO_4$、CoAl-LDH 和 1%CoAl-LDH/$BiPO_4$ 的紫外-可见漫反射吸收光谱

4.4.7 低温物理吸附技术

物理吸附技术广泛应用于测定催化剂的表面积以及孔结构。对催化剂的表面积进行测定以及对其孔结构进行表征在催化剂性能研究中具有非常重要的作用。固体催化剂的比表面积和孔结构都可以通过物理吸附来测定。

当气体在固体表面吸附时，吸附量 q 通常是用单位质量的吸附剂所吸附的气体的体积 V 或物质的量 n 表示。对于一个给定的体系，达到平衡时的吸附量与温度以及气体的压力有关，为了找出这三个变量的规律性，常常固定其中一个变量，然后找出其他两个变量之间的关系。例如，当固定 T 为常数时，则 $q=f(p)$，称为吸附等温式；当固定 p 为常数时，则 $q=f(T)$，称为吸附等压式；若 q 为常数，则 $p=f(T)$，称为吸附等量式。上述三种吸附曲线互相联系，从其中一组某一类型的曲线可以作出其他两组曲线，最常用的是吸附等温线。氮气吸附等温线是指在液氮温度下测量的氮气吸附的等温线，其中吸附量用所吸附的氮气的体积 V 表示。目前从所测得的各种等温线中总结出吸附等温线主要包括以下几种类型，图 4-18 中纵坐标代表吸附量，横坐标为相对压力 p/p_0，p_0 代表该温度下被吸附物质的饱和蒸气压，p 是吸附平衡时的压力。

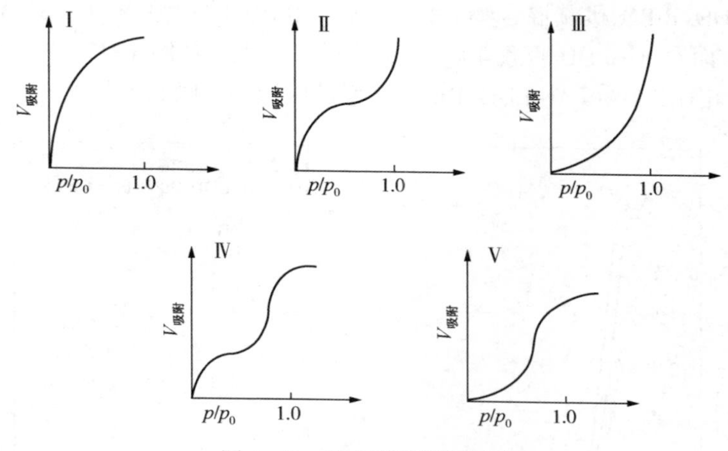

图 4-18　基本型吸附等温线

BET 比表面积是建立在 1938 年 Brunauer、Emmet 以及 Teller 将 Langmuir 单分子层吸附理论加以发展而形成的多分子层吸附模型基础上的，是目前使用最普及的测量比表面积的方法之一。

根据多种吸附模型推导出 BET 等温式：

$$\frac{p}{V_a(p_0-p)}=\frac{1}{V_m C}+\frac{C-1}{V_m C}\left(\frac{p}{p_0}\right)$$

BET 公式有适用范围，这说明了其局限性。大量的实验结果表明，低压条件下的实验吸附量较理论值偏高，而高压条件下则偏低，造成理论与实验结果偏离的主要原因是 BET 理论认为吸附剂的表面是均匀的并且吸附分子之间没有相互作用。尽管 BET 等温式目前还存在争议，但仍然是物理吸附研究中应用最多的等温式。Langmuir 公式基于单层吸附模型而没有考虑实际情况中气体分子的多层吸附，因此计算出来的比表面积误差较大，尤其是计算介孔材料比表面积的时候，一般采用 BET 方法，并且称这种方法得到的比表面积为 BET 比表面积。

熊婷课题组以钨酸、三聚氰胺和硝酸铋（Ⅲ）五水合物为前驱体，通过一步共煅烧法成功合成了直接固态双 Z 型 $WO_3/g-C_3N_4/Bi_2O_3$ 光催化剂。样品显示出具有 H3 型磁滞回线的Ⅳ型等温线，通过图 4-19 中所示的孔径分布表明样品具有中孔结构。二元 CW 和三元 WCB 复合材料表现出比单一 WO_3、$g-C_3N_4$ 和 Bi_2O_3 高得多的比表面积和孔体积。这是因为在 $g-C_3N_4$ 片的夹层之间形成 WO_3 纳米颗粒会使 $g-C_3N_4$ 片展开，增加了比表面积和孔体积。与二元 CW 杂化物相比，WCB 复合物的比表面积略有下降。从 CB 显示出与 $g-C_3N_4$ 相似的 SBET 可以看出，这是添加 Bi_2O_3 引起的。高比表面积可以提供丰富的活性反应位点，并使得更多的污染物分子吸附在其表面。与单一样品相比，高比表面积有助于提高光催化活性[67]。

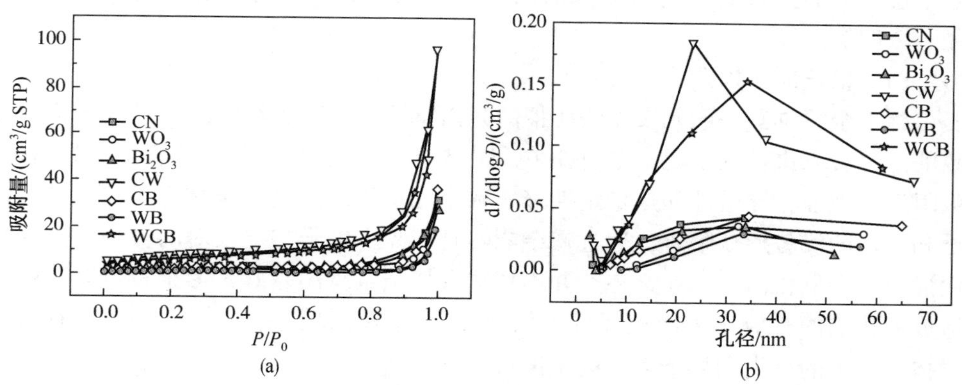

图 4-19　$WO_3/g-C_3N_4/Bi_2O_3$ 的 N_2 吸附-脱附等温线(a)和相应的孔径分布(b)

4.5　提高光催化活性的方法

自 1972 年日本东京大学 Fuiishima A 和 Honda K 等[68]发现 TiO_2 单晶电极可分解水，由此开始了对光催化反应的研究。1976 年 Craey 等[69]发现 TiO_2 光催化剂能够有效对多氯联苯和卤代烷烃进行氧化分解。经过几十年广泛而深入的研究，以 TiO_2 为代表的光催化剂在基础理论探索和环境净化中的应用得到了巨大的发展，并在一些领域已经取得一定的商业应用。

然而，从太阳光的利用效率来看，还存在以下的主要弊端：一是大部分半导体的光吸收范围窄，只有在紫外区才有吸收，而紫外光仅占整个太阳光的 5%，因此使得半导体催化剂的太阳光利用率低；二是光生载流子的复合率高，导致量子效率较低。另外，有些催化剂还存在着严重的光腐蚀。不同种类的光催化剂具有不同的催化特性，影响光催化材料活性的主要因素包括晶相结构、能带位置和晶粒尺寸等[70]。目前研究人员主要从离子掺杂、表面杂化、半导体复合、染料敏化、光电协同催化等几个方面着手，来提高光催化剂的活性。

4.5.1 离子掺杂

离子掺杂不仅可以在本征半导体的内部引入掺杂能级，这样可以不同程度地减小原有半导体的禁带宽度，使得宽禁带半导体有可见光响应；而且可以置换晶格缺陷，减少载流子在缺陷处复合。元素掺杂主要有阳离子掺杂、阴离子掺杂；而根据掺杂阳离子种类的不同，可以分为稀土离子掺杂和过渡金属离子掺杂两大类。阴离子掺杂则主要包括碳、氮、硫等元素的掺杂。

1. 阳离子掺杂

在半导体中掺杂不同价态的金属离子后，半导体的催化性质将会被改变。一般来说，影响金属离子掺杂效果的因素有很多，如掺杂离子的种类、电荷、半径、浓度等。

（1）稀土离子掺杂

稀土金属具有一般元素无法比拟的光谱特性，这是其特殊的电子层结构所导致的。一般来讲：稀土元素具有 4f 电子，易产生多电子组态，其氧化物晶型多，吸附选择性强，导电性和热稳定性好。稀土元素较多的电子能级可以成为光生电子和空穴的浅势捕获陷阱，通过掺杂能够延长光生电子与空穴对的复合时间，从而提高其光催化活性；元素掺杂并不意味着掺杂量越高越好，掺杂量过高，就会造成催化剂的有效比表面积降低，从而导致光催化活性降低[71]。因此，有必要对掺杂离子的种类和掺杂离子的浓度进行详细研究。

Xu 等[72]采用溶胶-凝胶法对 TiO_2 进行 La^{3+}、Ce^{3+}、Er^{3+}、Pr^{3+}、Gd^{3+}、Nd^{3+} 和 Sm^{3+} 等掺杂，通过对亚硝酸盐的降解能够得出，合适的掺杂量能够拓宽光吸收范围，稀土金属掺杂具有良好光催化效果，稀土金属离子有利于亚硝酸盐在催化剂表面的吸附，抑制电子-空穴对复合，从而增强界面电子传递效率。实验结果表明：Gd^{3+} 掺杂效果最好，其最佳掺杂质量分数为 0.5%。与商用 TiO_2 的催化效果相比，Gd^{3+} 掺杂后的催化效果更为优异。

（2）过渡金属离子掺杂

过渡金属离子掺杂可以在半导体晶格中引入缺陷位置或改变结晶度，抑制电子-空穴对的复合，延长载流子的寿命。过渡金属的变价特性以及 3d 轨道对半导体的光电化学性质有很大的影响，同时某些金属离子的掺杂还可以扩展光吸收范围。例如，对于常见的半导体 TiO_2，有大量的研究表明掺入过渡金属离子可改善 TiO_2 的光催化性能。

1）掺杂离子种类的选择：

掺杂离子种类对于光催化的性能有着至关重要的影响。Choi 等[73]系统地报道了 21 种金属离子对 TiO_2 的光催化性质的影响。如 V^{3+}、V^{4+}、V^{5+}、Mn^{3+}、Fe^{3+}、

Mo^{5+}、Ru^{3+}等多价态离子，研究发现 Fe^{3+}、Mo^{5+}、Ru^{3+}、Os^{3+}、Re^{5+}、V^{4+}、Rh^{3+}的掺杂量在 0.1%～0.5%时光反应活性明显提高，Co^{3+}、Al^{3+}反而降低，Li^{+}、Mg^{2+}、Zn^{2+}、Ga^{3+}、Zr^{4+}、Nb^{5+}、Sn^{4+}、Sb^{5+}、Ta^{5+}的掺杂几乎没影响。在掺杂 Fe^{3+}、V^{4+}、Rh^{3+}、Mn^{3+}时发现了能带红移，这是由于电子与导带或价带之间的跃迁。已有文献报道金属离子进入 TiO_2的晶格，在 TiO_2的禁带中产生杂质能级，可吸收可见光并被激发。

2022 年宁夏大学詹海鹃课题组[74]报道了利用水热合成法制备出了过渡金属（Fe、Co、Ni、Cu）掺杂的富钛钛酸锶（M-$SrTiO_3$@TiO_2）催化剂材料，有效地将 $SrTiO_3$@TiO_2材料紫外光响应范围拓宽至可见光，并且能够在常温常压下通过氙灯模拟太阳光促进 CO_2还原制备 CO 和 CH_4。该研究富钛钛酸锶材料光催化性能提升主要归因于以下几个方面：a. 元素掺杂引起催化剂可见光响应增强；b. 掺杂在富钛钛酸锶材料中引入中间能级促进光电子空穴分离；c. Ni、Co、Cu 的引入由于电荷补偿效应诱导 $SrTiO_3$中 Ti^{4+}转变为 Ti^{3+}（有效的光电子捕获位点），从而抑制光电子-空穴二次复合。

2）掺杂离子量的影响：

掺杂离子量对光催化性能具有极大的影响，不同的掺杂浓度对体系的影响也是不一样的。郑修成等[75]研究了 Bi_4O_7和 x%Ni/Bi_4O_7［x 代表 Ni 相对于 Bi_4O_7的掺杂量(%)，x=2、4、6、8］在可见光照射下对环丙沙星（CIP）降解的光催化性能。与 Bi_4O_7相比，适当增加所得复合材料中 Ni^{2+}的掺杂量有利于提高去除效率。在 4%Ni/Bi_4O_7催化下，最终去除率可以达到 96%。然而，当进一步提高 Ni^{2+}的掺杂量（即 6%Ni/Bi_4O_7和 8%Ni/Bi_4O_7）时，会出现相反规律。研究者认为，过高的 Ni^{2+}掺杂量会降低复合材料的孔隙率，不利于 CIP 分子的传质，从而降低光催化活性。此外，4%Ni/Bi_4O_7对应的反应速率常数 k 值为 0.0249min^{-1}，是 Bi_4O_7（0.0030min^{-1}）的 8.3 倍，高于其他复合材料（0.0017～0.0155min^{-1}），表现出优越的光催化活性。王崇臣等[76]通过水热法成功制备了具有不同投料比的 Mo 掺杂 BiOBr 纳米复合材料，该材料对常见抗菌药物磺胺的降解显示出优异的光催化活性。图 4-20 为掺杂 Mo 和未掺杂 Mo 情况下样品的 SEM 图。由于掺杂量较少，因此掺杂后的样品扫描电镜与不掺杂样品并无明显差异。实验结果表明可见光照射 80min 后，0.5%Mo-BiOBr 的剩余磺胺浓度为 48.3%，1%Mo-BiOBr 的为 33.8%，2%Mo-BiOBr 的为 12.5%，3%Mo-BiOBr 的为 20.1%。Mo 掺杂量为 2%的 BiOBr 样品表现出最好的光催化活性，其性能是未掺杂 Mo 催化剂的 2.3 倍，出现该情况的原因为 Mo 掺杂缩小了 BiOBr 的带隙并增强了其在可见光区域的吸收。此外，高度暴露的(102)晶面丰富了光催化活性位点，并促进了磺胺分子的吸附及其最终被自由基的降解。

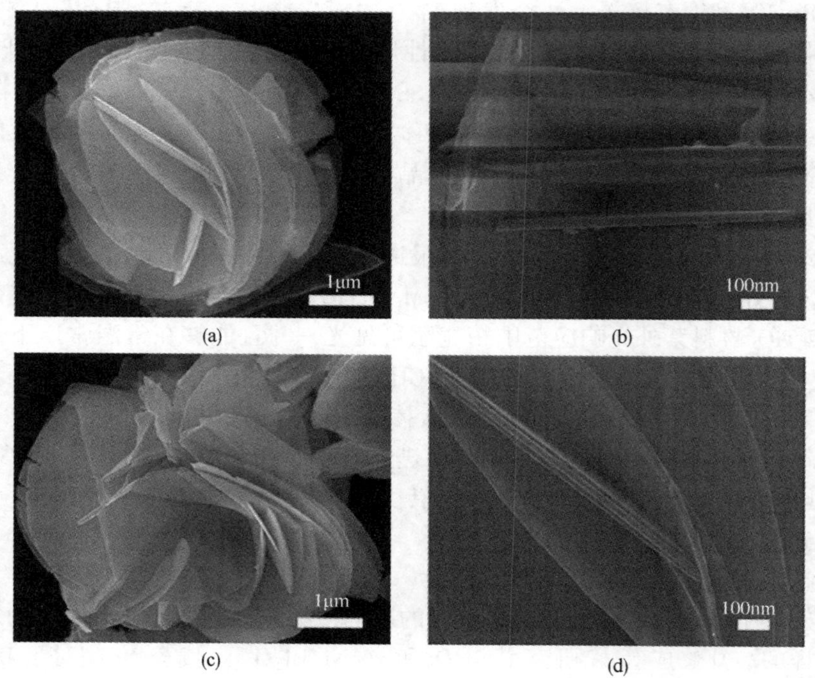

图 4-20　SEM 图像：（a，b）未掺杂 BiOBr；（c，d）2%Mo-BiOBr

2. 阴离子掺杂

金属离子的掺入会代替 TiO_2 晶格中部分钛原子，可能在 TiO_2 半导体晶格中引入缺陷位置或改变结晶度，影响电子与空穴的复合或改变其激发波长，从而改变 TiO_2 的催化性能。而非金属掺杂 TiO_2，则是由非金属元素替代 TiO_2 晶格中的部分氧原子，氧的 2p 轨道和非金属中与其能量接近的 p 轨道杂化后，价带位置上移，禁带宽度相对减小，因此可见光响应范围拓宽，产生光生载流子从而发生氧化还原反应，增强催化活性。

（1）硼掺杂

由于 B^{3+} 的离子半径（0.023nm）小于 Ti^{4+} 的离子半径（0.064nm），因此，存在于 TiO_2 表面、晶界或 TiO_2 基质中的硼氧化物很容易进入 TiO_2 的骨架中。Lu 等[77]在阳极氧化的钛片上以氮气为载气、硼酸三甲酯为硼源进行化学气相沉积处理，形成掺硼的纳米 TiO_2。X 射线光电子能谱分析表明，掺入的硼以 Ti-B-O 形式存在，硼掺杂的 TiO_2 为锐钛矿和金红石相的混合物。

硼掺杂不会改变 TiO_2 初始的形貌，而且比未掺杂的结构更均匀和紧凑。B 掺杂会使 TiO_2 禁带宽度减小，紫外光区和可见光区的吸收增强，这可能因为带隙变窄和表面积增大所致。作为光电极材料使用时，B 掺杂电极的光电流密度约为未掺杂电极的 1.6 倍，即 B 掺杂电极上获得了更高的光电流密度，原因除了光吸收增强之外，B 掺杂电极的混合晶相也可能有助于产生光电流[78]。如图 4-21 所示，Wang 等[79]使用掺硼 TiO_2，在室温、常压的环境条件下将 N_2 还原为 NH_3，而且 NH_3的产率优于未掺杂 B 的 TiO_2催化下的产率。

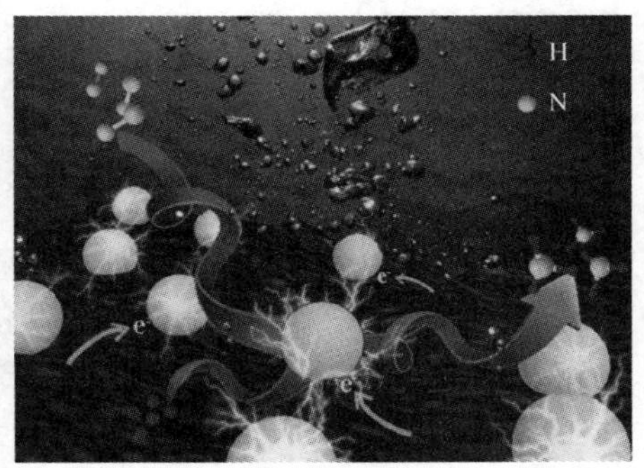

图 4-21　掺硼二氧化钛在室温条件下将 N_2还原为 NH_3示意图

（2）碳掺杂

通常认为碳掺杂改善了催化剂表面上有机污染物分子的吸附。此外，碳掺杂可以提高 TiO_2的导电性，因为它可以促进电荷从 TiO_2结构内部转移到表面区域。碳掺杂剂的存在形式不一，价态范围为-4 至+4。

刘日平等[80]报道了一种具有较窄带隙以及较长载流子寿命的微量碳掺杂 $TiO_2g-C_3N_4$（$C-TiO_2/g-C_3N_4$）催化剂。相比原始的 CN 和 TiC 前体，$C-TiO_2/g-C_3N_4$具有优越的光催化活性，在 15h 的光稳定性循环试验中表现良好。420nm 处 $C-TiO_2/g-C_3N_4$的表观量子效率约为 6.2%，是原始 $g-C_3N_4$（2.6%）的 2.4 倍。$C-TiO_2/g-C_3N_4$光催化活性的提升归因于光生电子空穴对的复合概率降低以及窄带隙所致的光吸收能力增强。由于其优越的光催化性能和较强的光稳定性，该光催化剂有望在光能转换和环境修复等领域得到实际应用。Lee 等[81]通过简单的自组装混合物一步碳化法制备了 TiO_2 纳米复合材料（TiO_2-xC_x-AC）。通过 XPS 分析发现，掺入的碳以 Ti-O-C 形式存在，TiO_2纳米粒子以锐钛矿形式存在。TiO_2-xC_x-AC 纳米复合材料由较小尺寸的 TiO_2微晶组成。TiO_2-xC_x-AC 纳米复合材料具有较高的比表面积，能够吸附大量的有机物，提高了对目标污染物的降解。

（3）氮掺杂

N^{3-}的离子半径为 0.146nm，O^{2-}半径为 0.14nm，因此 N 与 O 具有相当的离子尺寸，而 N 的 2p 轨道为半饱和状态，较稳定，因此氮掺杂到 TiO_2基质中更有利。根据掺杂方式的不同，N 掺杂可分为取代 N 掺杂和间隙 N 掺杂。研究表明，通常在 TiO_2晶格的氮掺杂过程中同时发生取代掺杂和间隙掺杂，而间隙氮掺杂和取代氮掺杂的概率则与掺杂方法有关。氮的存在可以改变 TiO_2的能带结构或抑制其光生电子-空穴的复合效率，从而导致 TiO_2 在可见光区域的光催化能力增强[82]。中国科学院金属研究所刘岗研究员等[83]利用草酸钛水合物丰富的 1D 扩散通道优势促进氮掺杂物质进入体相并随后在氨气中进行热拓扑转变，得到具有

可见光吸收活性的 TiO_2催化剂，其在可见光下能够氧化水释放氧气。该研究不仅提供了富有前景的可见光响应 TiO_2光催化剂，而且为开发其他太阳能驱动光催化剂提供了重要的参考。甲烷直接光催化氧化为液态含氧产物是室温下甲烷稳定化的可持续策略。然而，在该反应中，通常需要贵金属作为助催化剂以获得足够的活性和选择性。叶金花等[84]通过把镍单原子作为助催化剂，锚定在氮掺杂的碳/TiO_2 复合材料(Ni-NC/TiO_2)上，探究了该材料将 CH_4 光催化氧化为 C_1 含氧化合物的性能。Ni-NC/TiO_2在 4h 内表现出 198μmol 的 C_1含氧化合物产率，选择性为 93%，超过了大多数报道的高性能光催化剂。实验和理论研究表明，单原子 Ni-NC 位点不仅增强了光生电子从 TiO_2到孤立 Ni 原子的转移，而且促进了 O_2的活化，以形成关键的中间体 *OOH 自由基，从而导致活性和选择性的显著增强。

4.5.2 表面杂化

表面杂化光催化剂是一类由含有共轭 π 结构的导电有机材料对无机半导体进行表面修饰的材料。有机材料分散在无机半导体的表面并通过牢固的化学键连接。根据有机材料的结构特征，表面杂化可分为三类：有机小分子半导体、导电聚合物和碳基导电材料。基于有机材料的光催化性能，表面杂化包括两种情况：一种是表面杂化剂中没有光催化性能的仅充当光敏材料和保护层，以增强无机光催化剂的光催化活性；另一种情况是有机材料本身具有光催化活性。表面杂化被认为是能数倍提高光催化活性、完全抑制无机光催化剂的光腐蚀以及扩大光催化剂的光谱响应范围的有效方法[85]。

值得一提的是，许多已报道的杂化系统往往没有有效的设计和优化界面。对此，杨等[86]制备的黑磷-C_{60}杂化材料通过球磨将黑磷(BP)与 C_{60}界面结合。通过比较傅里叶变换红外光谱、拉曼光谱和 X 射线近边吸收光谱结果，他们充分证实了界面 P—C 化学键存在于 BP-C_{60}杂化物中，但不存在于 BP/C_{60}物理混合物中。连接界面的化学键使光生电子从 BP 快速转移到 C_{60}，从而增强材料的光催化活性。通过比较化学键合表面混合物和非化学键合物理混合物的性能特征，这项研究充分证明了界面化学键的存在有助于电荷传输。表面杂化技术在光催化除解污染物，产氢中的应用广泛，基于 g-C_3N_4的表面杂化研究正在蓬勃发展。有机半导体材料与宽带隙金属氧化物结合形成的表面杂化光催化剂，可帮助改变其能带结构和表面功能特性，从而增强光催化活性和选择性。

4.5.3 助催化剂

助催化剂在半导体光催化体系中扮演至关重要的角色。首先，助催化剂与半导体间能够形成肖特基势垒，可以促进光生载流子的分离和迁移，降低电子-空穴对的复合概率。当金属纳米粒子(如 Pt、Pd、Ag、Au 等)负载在半导体时，金属的费米能级通常低于半导体的导带，在热力学上允许电子从半导体转移到金属助催化剂上。以 Pt 纳米粒子为例，当纳米粒子的颗粒越来越大时，其费米能级低于-4.4eV(低于 TiO_2的导带)，电子可以自由地从 TiO_2转移到 Pt。但是，颗粒太大的 Pt 纳米粒子可能同时捕捉光生电子和空穴，从而成为复合中心。

在大部分半导体催化剂中，由于较快的光生载流子的复合效率，使光生电子空穴来不及迁移到催化剂表面就在半导体内复合，因而导致较低的光催化分解水制氢效率。为了解决这一问题，可以负载金属、构建异质结等方法来提高光生电子空穴的分离效率。单原子(SA)催化剂因其优异的性能及其在燃料电池、光催化、有机催化等领域的应用而备受关注。在光催化制氢中，需要用合适的助催化剂来修饰二氧化钛。需要增强金属 SA 和衬底之间的相互作用，以抑制 SA 的团聚。因此，在二氧化钛中掺杂 F 原子可以通过对正离子的强吸附和增强的 Pt-F 相互作用，从理论上提高锚定 SA 的稳定性。Patrik Schmuki 等[87]研究了纳米二氧化钛表面的 F 物种及其对光催化制氢的影响，揭示了晶格 F 物种对铂催化剂的稳定作用。该实验中，当负载量仅为 0.03%(质量分数)时，铂就足以实现优异的光催化制氢效率。Tian 等[88]制备了表面氧空位富集锌铁氧体@二氧化钛($ZnFe_2O_4$@H-TiO_{2-x})双壳中空异质结构纳米球，配以空间分离的 CoO_x 和 Au-Cu 双助催化剂，实现了高效光催化 CO_2还原。与一般的双壳空心纳米球相比，具有空间分离助催化剂的双壳异质结构可以有效地促进表面和块体区域的电荷转移和分离。同时，中空结构的纳米球可以通过内部中空腔内的多次反射大大增强光的收集。此外，表面氧空位和双金属 Au-Cu 纳米颗粒对 CO_2分子具有较强的吸附/活化能力，因此易于生成主要中间体。结果表明，优化后的杂化催化剂的光催化 CO_2 还原活性明显高于含有单一助催化剂的对照样品，CH_4 产率为 21.39μmol/(g·h)，选择性为 93.8%。MoS_2作为高效的助催化剂用于光催化分解水产氢，是当前光催化领域的研究热点。二维材料 MoS_2存在着两种相：2H(半导体特性)和 1T(金属特性)，在光催化分解水制氢反应中，这两种相表现出两种不同的电子转移机制。Liu 等[89]利用简单水热的方法，使用超声分散的 MoO_3前驱体制备得到了 2H-1T 混合相薄层 MoS_2，并成功负载在 TiO_2纳米棒阵列上。混相 MoS_2@TiO_2展现出好的光催化制氢活性，其是 Pt@TiO_2的两倍。并在一系列光电表征实验和 KPFM(开尔文探针力显微镜)的帮助下，明确显示混相 MoS_2不是作为半导体和 TiO_2形成异质结结构，而是类似金属 Pt 作为助催化剂起作用。

4.5.4 半导体复合

当宽带隙半导体与具有更负导带位置的窄带隙半导体耦合时，利用可见光照射，窄带隙半导体导带上的光生电子可能会：①转移到宽带隙半导体导带上，发生还原反应；②与来自宽带隙半导体价带上的光生空穴发生复合。这两种情况都可以达到光生载流子分离的目的。

木质素作为自然界中唯一含芳香族基团的可再生资源，其 C_β—O 键的选择性裂解是生产高附加值芳香族单体的主要挑战之一。量子点异质结构筑是调控光催化剂能带结构和界面性质的重要手段。李宇亮等[90]设计了巯基修饰的 CdS 量子点和 TiO_2形成异质结的 CdS-SH/TiO_2光催化剂，用于选择性高效裂解木质素中的 C_β—O 键。异质结的构筑，有效增强了光催化剂的光吸收效率，同时促进了电子空穴对的分离，增强了催化底物与催化剂的有效结合。在最佳条件下，使用催化剂 CdS-SH/TiO_2的转化率可达 99%，苯酚和苯乙酮的产率分别为 85%和 87%，远高于单体光催化剂 CdS-SH 的产率。该工作为异质结光催化剂设计提供了参考。杨彦等[91]采用物理研磨法合成 S 型 TiO_2/$BaTiO_3$异质结，用于光催化降解甲苯。与单一的 $BaTiO_3$和 TiO_2相比，TiO_2/$BaTiO_3$异质结能有效地提高光催化活性和稳定性，在不同的相对湿度下都能保持较高的活性。S 型 TiO_2/$BaTiO_3$异质结的构建加强了光生载流子的分离，保留了强的氧化能力和还原能力。O_2和 H_2O 分子可以通过与 TiO_2/$BaTiO_3$的不同表面相互作用而被激活，从而产生大量的活性物种。受益于这些因素，甲苯被高度矿化为 CO_2和 H_2O，并且可以在很大程度上抑制难熔碳质中间体的积累。该研究提供了一种新的 S 形异质结构的制备方案，解决了光催化甲苯矿化过程中 TiO_2容易失活的难题，实现了稳定高效的光催化甲苯矿化。

杨彦等[92]通过表面热解重构方法设计合成了 TiO_2/Ti-BPDC-Pt 光催化剂，其具有原位自生长的 TiO_2/Ti-MOF 异质结和被选择性锚定于 Ti-MOF 上的高密度 Pt 单原子助催化剂。该异质结以直接 Z 型电子转移机制实现电子和空穴的有效空间分离，Ti-MOF 相作为 Pt 的负载位点被证实是该异质结的电子富集区，这能够进一步促进光生电子参与表面反应。与其他 TiO_2基或 MOF 基光催化剂相比，TiO_2/Ti-BPDC-Pt 表现出显著增强的析氢活性，达到 12.4mmol/(g·h)，约是未经热处理催化剂 Ti-BPDC-Pt 的 41 倍。

4.5.5 染料敏化

染料敏化半导体的机理如图 4-22 所示，吸附在半导体表面的染料可以吸收各种可见光甚至近红外光，染料吸收可见光后，染料上电子就会从基态跃迁至激发态。当激发态染料的自由电子电位高于 TiO_2导带的电位时，电子会从染料转移至半导体，进而与 O_2等反应生成活性自由基，而染料本身变成正离子自由基。染料敏化关键在于需要激发电子快速注入半导体光催化剂中，同时也要避免激发电子与染料正离子自由基的复合。染料敏化是将 TiO_2的光吸收区域扩展到可见区域的另一种方法。与元素掺杂不同，敏化剂的能带结构需与 TiO_2的 CB-VB 位置有一定的匹配度，且需要保证光被染料敏化剂吸收。

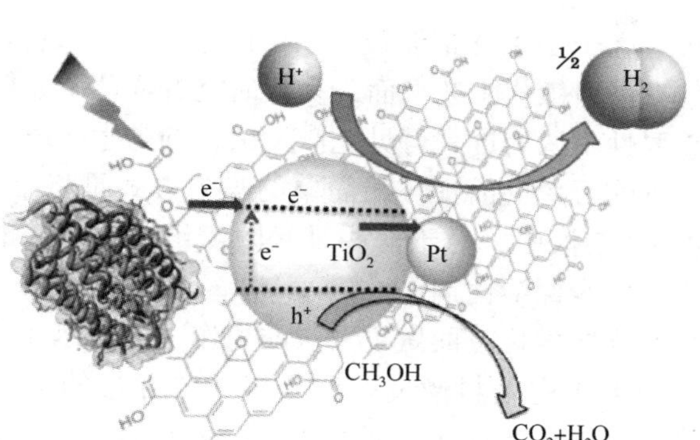

图 4-22 染料敏化 Pt/TiO_2-rGO 复合材料的机理图

Eunyoung Bae 等[93]合成了 $Pt/TiO_2/Ru^{II}L_3$催化剂，如图 4-23 所示：①$Ru^{II}L_3$受光激发，激发电子转移至 TiO_2导带上；②反向电子转移到氧化的敏化剂($Ru^{II}L_3$)上；③沉积 Pt 后，电子继而转移至 Pt 上，避免了激发电子与染料正离子自由基的复合，改善了体系光催化性能；④界面电子转移到铂上的氯化分子；⑤电子供体再生。王晓峰等[94]以羧基化叶绿素衍生物(Chl-COOH)和类胡萝卜素(Car-COOH)合成的有机染料二联体(Dyad-COOH)作为全色光敏剂在基于助催化剂 Pt/TiO_2的体系中进行光催化分解水析氢反应。实验结果表明，Dyad-COOH 二联体全色光敏剂在整个可见光范围内展现出了出色的光捕获性能，并且 Dyad-COOH 与 TiO_2与之间的光生载流子分离和转移能够有效进行，抑制了光生载流子的重组，提高了光生电荷的利用率。因此，Dyad-COOH/Pt/TiO_2体系在可见光照射下($\lambda>420$nm)产氢效率高达 9147μmol/(g·h)。这项工作为传统敏化染料光催化剂开辟了新的道路，并开发了一种低成本、高效的光催化水解析氢光敏剂。

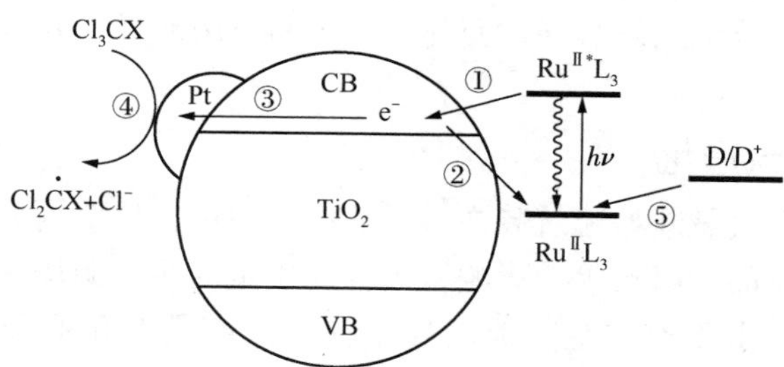

图 4-23 可见光诱导全氯化的化合物的还原降解机理图

敏化染料分子的性质是影响电子生成和注入的关键因素。作为光敏剂的染料一般应具备以下条件：①对太阳光要有较强的吸收能力；②能够有效地被 TiO_2捕获并牢固吸附在半导体上，以实现可见光激发；③激发态能级与 TiO_2导带能级相匹配且激发态能级应高于 TiO_2 导带能级，以保证电子的注入；④敏化材料本身要有一定的稳定性。在染料敏化工艺方面，多数研究者强调了光敏化剂在半导体表面上发生吸附的重要性，认为这是可见光激发敏化剂产生的电子被注入半导体导带，并继而发生光催化反应的前提。最简单的吸附方式是将半导体纳米晶(或薄膜)直接浸入敏化剂的溶液中，对于一些难吸附于半导体表面的光敏化剂，还可向体系中添加一定量的表面活性剂。

人们在光催化剂染料敏化方面做了大量的工作，但仍然面临着光电转换效率低的问题，这主要归因于由染料激发态注入半导体导带的电子容易发生反向复合。除此以外，染料光敏化还存在以下的缺点：①大部分光敏化催化剂体系中的敏化剂是吸光物质，反应活性位仍由半导体来提供，而敏化剂本身占据了半导体材料的大量表面吸附位，必然影响光催化效能的提升，特别是应用于有机污染物处理时，需要考虑有机污染物和敏化剂的竞争吸附问题。②由于光敏化剂在半导体表面存在吸附-脱附平衡，或发生不可逆反应，光敏化剂易从催化剂表面流失，如 Abe 等发现以水为溶剂时，部分敏化的 Pt/TiO_2 在反应过程中有少量染料脱附，类似现象必然造成光敏化能力下降，用于水中污染物去除时还会造成二次污染。

4.6 光催化的应用

近半个世纪以来，伴随着可持续发展和碳中和的提出，全球性的环境和能源问题受到越来越多的关注。由于人们对能源和环境的忧虑不断加重，可持续发展已成为人类社会关注的一个重要问题。以太阳能为驱动力的半导体光催化被认为是解决能源危机和环境污染的理想解决方案，虽然目前光催化研究仍处于初始阶段，但是已经发展出了诸多应用，如图 4-24 所示。光催化的应用大致可分为能源光催化、环境光催化、高价值化学品合成三大类。半导体光催化技术在杀菌消毒、污染物降解、分解水制氢等方面都有广泛的应用前景，并且已经在环境保护中发挥了重要作用。

4.6.1 空气净化

近年来，随着大量新型建筑装饰材料的广泛使用，如室内装饰装修材料、电子产品、日用化学品、家具等，影响室内空气质量的污染源增多。同时，封闭的办公楼、写字楼，由于室内空气流动性不佳、人流量大和不合理使用空调等因素，室内残留的甲醛和苯等挥发性有机化合物会导致病态建筑综合征。例如室内空气主要污染物之一的甲醛，通常情况下其释放期可达 3~10 年之久，并且在高温高湿条件下会加剧发散。这会引起人们患上癌症、白血病、呼吸系统疾病、过敏和免疫力下降等疾病。因此，如何吸附和降解室内有机污染物气体(VOCs)来保障居民生活健康是迫在眉睫的。目前，活性炭吸附等方法已经用于甲醛的降

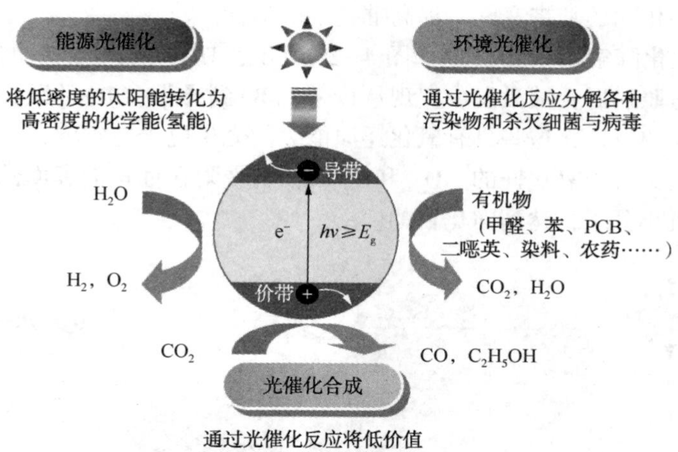

图 4-24　光催化的应用

解。然而，这些净化方法仍然存在一些缺点[41]。如用活性炭吸附甲醛需要定期更换活性炭，同时还需要防止活性炭吸附饱和后向外界释放甲醛气体。光催化氧化作为一种绿色技术，光催化剂利用太阳能直接降解室内的 VOCs 气体，是一种很有前途的空气净化方法。

目前实际应用的空气净化技术有活性炭吸附、水洗净化、静电集尘、负离子技术、等离子体技术和光催化技术。其中光催化技术（Photocatalytic Oxidation）是将空气中的有害污染物降解为 CO_2、H_2O 等无害产物，反应过程条件温和，不存在吸附饱和现象，能耗低，引起广大学者的关注。国内外大量研究表明，光催化是降解室内空气污染物的有效技术。日本大金、中国亚都和 TCL 公司已经将这种技术应用到空气净化机的实际生产中。

光催化技术从 1972 年首次提出已经发展了几十年，其具有节能高效、操作简单、无毒无害、二次污染小等明显优势。常见光催化剂如 CeO_2、TiO_2、ZnO、g-C_3N_4、CdS、ZrO 等都可用于环境净化，其中 TiO_2是一种 n 型半导体材料。目前纳米二氧化钛抗菌自洁功能优异，具有抗菌能力强、抗菌种类多、抗菌时效长、无毒安全等特性，可用于制造抗菌纤维、抗菌防污涂料、抗菌卫生陶瓷洁具、抗菌荧光灯等产品，是应用最为广泛的光催化材料之一[95]。按照晶体类型来划分，纳米二氧化钛可以分为金红石型纳米二氧化钛、锐钛型纳米二氧化钛两种，其中，金红石型纳米二氧化钛生产技术壁垒较高。纳米二氧化钛生产技术主要包括物理气相沉积法（PVD）、化学气相沉积法（CVD）两大类，其中，化学气相沉积法可生产粒度更细、性能更优的产品，但其设备投资金额也相对更高。工业生产方法主要有两种：硫酸法和氯化法。大量学者通过贵金属沉积、离子掺杂等手段降低催化剂的禁带宽度，提高催化剂的活性。

TiO_2光催化降解污染物机理如图 4-25 所示，TiO_2光催化剂中的电子经过紫外光源的辐射照射后会被激发，实现从价带(VB)到导带(CB)的跃迁，从而在价带产生了相应的空穴，这些具有氧化还原能力的光生电子与空穴，分别将氧气和水分子转化成具有强氧化性的 $\cdot O_2^-$ 和 $\cdot OH$，将吸附在催化剂表面的污染物快速氧化生成无机小分子，达到净化目的。

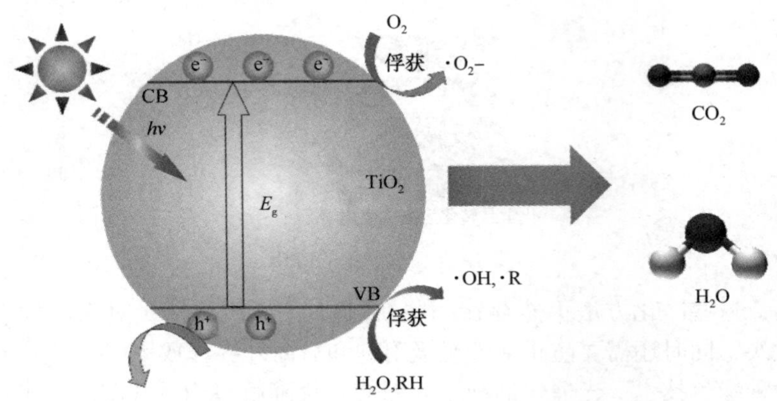

图 4-25　TiO_2 光催化降解污染物的原理图

目前已有的空气净化方法中，光催化氧化技术对生物过敏原有较好的杀灭效果。在紫外光照射下，光催化材料生成的光生电子-空穴对可对生物细胞产生破坏，从而彻底杀灭生物过敏原。与传统的净化方法相比，光催化氧化具有明显的优势，且使用成本低、净化效率高、反应条件温和、对环境无污染，目前已经在空气净化方面得到了越来越广泛的应用。空气过滤技术可过滤掉空气中的颗粒物过敏原及依附其上的其他过敏原，光催化氧化技术可将气态过敏原分解为无害物质。因此选择空气过滤技术与光催化技术相结合的方式，就能够对室内空气中的过敏原进行彻底的净化。

Geng 等[96]使用自制的循环式二氧化钛光催化反应装置，用溶胶凝胶法制备二氧化钛并用聚丙烯酸酯乳液来增强二氧化钛的负载能力，考察了氨气初始浓度对光催化脱氨的影响，并分析了光催化脱氨过程中 TiO_2失活的原因。研究结果显示，氨气的脱除速率随着初始浓度的增加会先上升后下降，而光催化剂失活的原因是生成的 HNO_3堆积在催化剂表面，减少了氨气与催化剂表面活性位点的有效接触。Kebede 等[97]开展了 TiO_2 对 NH_3 进行光催化氧化的研究，他们发现 NH_3 在含 TiO_2 上的吸收并不是一个永久性的去除过程，而是一个产生活性氮氧化物的光化学过程。在这个过程中，湿度对氮氧化合物的形成具有很大影响。不同湿度下，会生成不同的产物。

4.6.2 有机污染物降解

随着工业的迅速发展，环境污染已成为人类社会最严重的威胁之一。光催化技术是近几十年来迅速发展起来的一种新技术，能将有机污染物矿化为无二次污染的二氧化碳和水，在降解水环境中高毒性、低浓度的有机污染物具有独特的优势[98]。

如图 4-26 所示，王雅君课题组[56]制备了碳包覆 C_3N_4 纳米线三维光催化剂（3D C_3N_4@ C-$x$mol/L）。得益于 3D C_3N_4 与表面碳层之间的强界面电场，以及独特的 3D 结构与表面碳层之间的协同作用，3D C_3N_4@ C-$x$mol/L 表现出优异的光

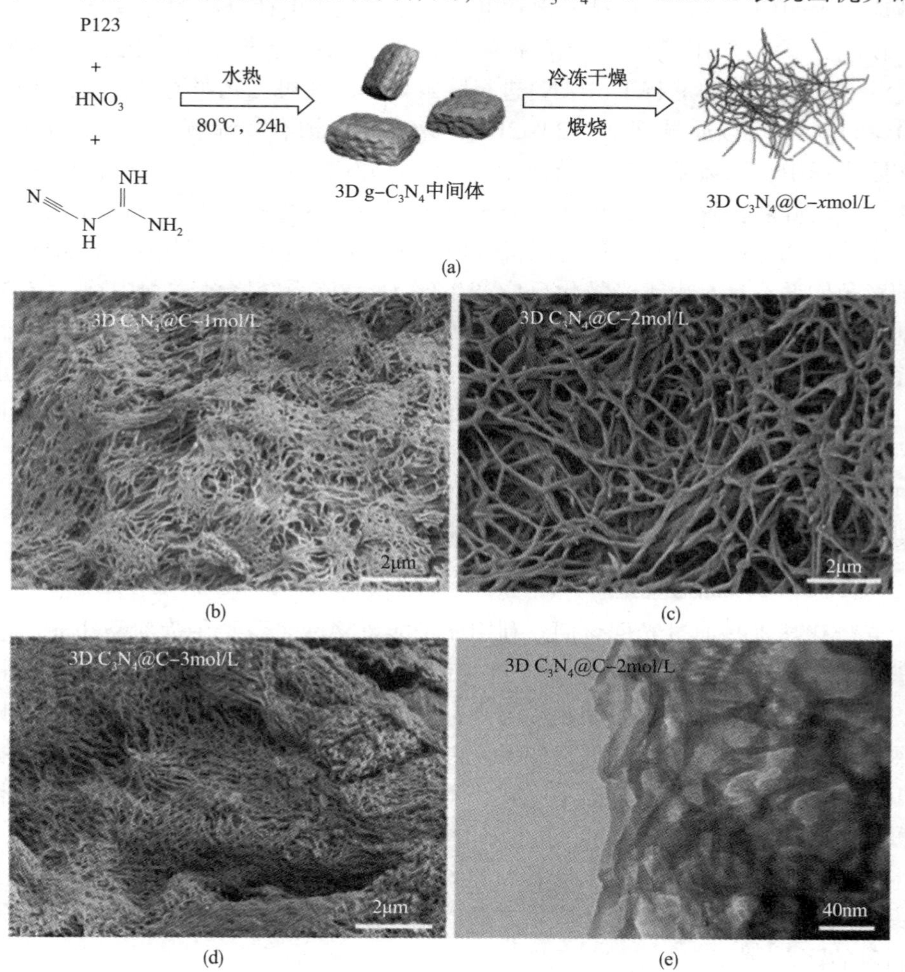

图 4-26 （a）3D C_3N_4@ C-$x$mol/L 光催化剂的制备示意图；（b）3D C_3N_4@ C-1mol/L 的 SEM 图像；（c）3D C_3N_4@ C-2mol/L 的 SEM 图像；（d）3D C_3N_4@ C-3mol/L 的 SEM 图像；（e）C_3N_4@ C-2mol/L 的 TEM 图像

吸收性能和光催化降解性能。3D C_3N_4@C-$x$mol/L 的光吸收范围拓宽到了全光谱，对双酚 A(BPA)和苯酚降解的速率常数分别是 g-C_3N_4的 41.2 倍和 5.7 倍。该研究结果表明，构建强的界面电场是开发新型光催化剂的一种很有效的方法。与此同时，王雅君等[54]通过水热法制备了 $BiPO_4$纳米棒/石墨烯(GA)水凝胶。实验结果表明：70% $BiPO_4$/GA 水凝胶表现出最高的盐酸四环素降解活性，是纯 $BiPO_4$的 3.2 倍。光催化活性增强的原因是通过精确控制 $BiPO_4$/GA 水凝胶的界面接触而产生的最佳界面电场，以及 3D 诱导的原位光催化降解和吸附富集的协同效应，表明精确控制异质结的内建电场是促进光生电荷分离的有效方法。

侯晓虹等[99]采用微波辅助溶剂热法合成了二维卟啉金属有机骨架纳米片(PCN-134-2D)对雷尼替丁(RAN)进行降解处理。在可见光照射下，模拟水样中 93.1%的 RAN 可以通过 PCN-134-2D 在 120min 内被有效降解。值得注意的是，在实际水样中，该体系对 RAN 的最终去除率仍然高达 84%，有效矿化程度大于 30%。研究结果表明，基于 PCN-134-2D 的多相光催化系统不仅可以有效去除残留在水体中的有机污染物，还可以很好地解决实际水体中无机阴离子和天然有机物的竞争问题，这是由于光敏化反应产生的$^1O_2$是该系统降解过程中起主导作用的活性氧物种。梁婕等[100]制备了一种 Co—Cl 键增强的 CoAl-LDH/$Bi_{12}O_{17}C_{12}$非均相光催化剂，以研究光催化在环境条件下处理持续性有机污染物(POPs)的可行性。优化后的 CoAl-LDH/$Bi_{12}O_{17}C_{12}$(5-LB)复合光催化剂表现出优异的光催化性能，日光照射 2h 后可降解 92.47%的环丙沙星(CIP)和 95%的双酚 A。此外，大肠杆菌和枯草芽孢杆菌培养证明了 5-LB 光催化剂和处理后的 CIP 溶液均无毒，这进一步证明了 5-LB 在太阳光照射下处理真实水体中的 POPs 的可行性。

4.6.3 太阳能制氢

光催化技术是通过光催化剂，利用光子能量将许多需要在苛刻条件下发生的化学反应，转化为可在温和环境下进行的先进技术。利用光催化技术分解水制氢，可以将低密度的太阳光能转化为高密度的化学能，在解决能源短缺问题上具有深远的意义。美国能源部提出如果光催化分解水制氢的太阳能转换氢能效率达到 10%，太阳能制氢成本(包括生产和运输)控制在 2~4 美元/kgH_2，这项技术就有可能大规模应用。但太阳能-氢能转化受到诸多动力学和热力学因素限制，目前半导体材料实现的最高太阳能转换氢能效率距离实际应用要求还有很大差距。解决太阳光分解水制氢技术在应用方面的瓶颈问题，关键在于提高光催化剂分解水制氢的活性[101]。

如图 4-27 所示，王雅君课题组[52]制备了 Bi、Co、Zn、Ti、Cd 等金属掺杂的碳量子点(M-CDs)，将其作为助催化剂与 CdS 复合，考察其光催化产 H_2的活性。图 4-27 中表示的是 CdS 和 Bi-CDs/CdS 复合材料的透射电子显微镜(TEM)图像。Bi-CDs 均匀分散在 CdS 纳米线上，与 CdS 纳米线形成紧密的界面。发现金属掺杂碳量子点可以有效提高 CdS 的产 H_2活性，其中 Bi-CDs/CdS 的产 H_2活性最高，大约是纯 CdS 产氢活性的 5.2 倍，是纯 CDs/CdS 的 1.9 倍，并且拥有良好的光催化稳定性。

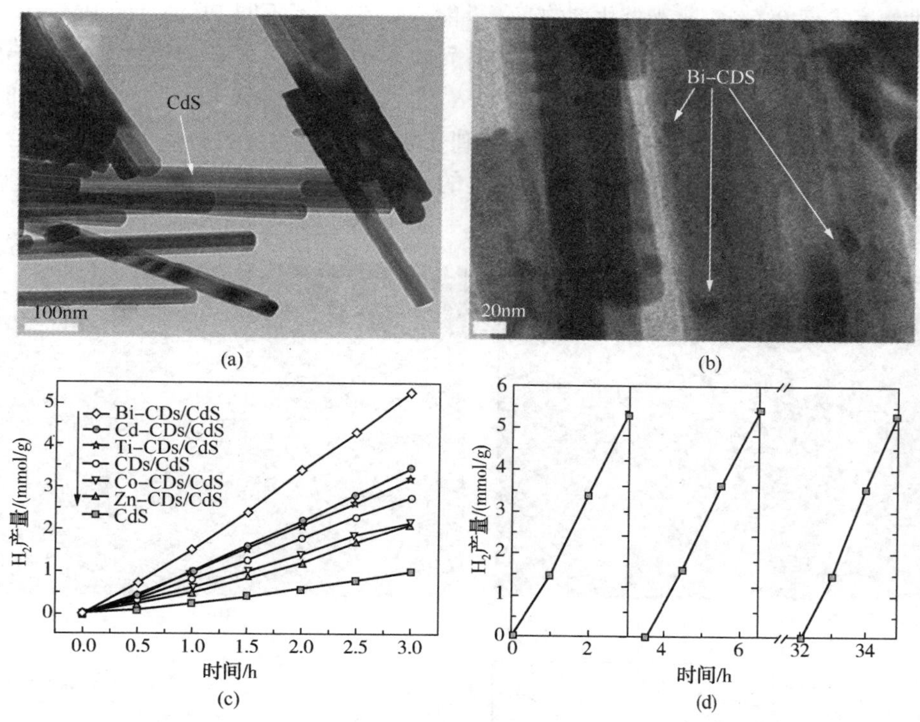

图 4-27 (a)CdS TEM 照片；(b)Bi-CDs/CdS TEM 照片；(c)可见光下不同金属掺杂 CDs/CdS 的产氢活性图；(d)可见光下 Bi-CDs/CdS 的产氢稳定性

与此同时，王雅君课题组也在传统Ⅱ型异质结 CdSe/TiO_2之间通过原子层沉积(Atomic Layer Deposition，ALD)的方法制备了 Al_2O_3界面电荷阻挡层[102]。图 4-28 表示的是 TiO_2、CdSe/Al_2O_3/TiO_2纳米线的 SEM 图像，TiO_2纳米线结构清晰，排列整齐；CdSe 纳米颗粒均匀分散在 Al_2O_3/TiO_2纳米线上。通过对比纯 TiO_2纳米线、Al_2O_3/TiO_2、CdSe/TiO_2、CdSe/Al_2O_3/TiO_2、Al_2O_3/CdSe/TiO_2五种不同构型催化剂的光电催化分解水制氢活性，结果发现 CdSe/Al_2O_3/TiO_2催化剂表现出最高的光电性能和光电催化产氢活性，在可见光($\lambda \geq 420$nm)、0.2V 偏压下的产氢活性是 Al_2O_3/CdSe/TiO_2样品的 2.35 倍，是 Al_2O_3/TiO_2样品的 2.1 倍，是纯 TiO_2纳米线阵列的 6.6 倍。Al_2O_3作为界面阻挡层可以有效抑制 TiO_2 与 CdSe 之间的界面电荷复合，提高产氢活性。贵金属 Pt 因其具有合适的费米能级而被用作常用的助催化剂，具有活性高、稳定性好等优势。作为助催化剂，Pt 的化学状态对光催化剂的析氢活性有显著影响，但这种影响尚未得到深入研究。更为重要的是，了解 Pt 在光催化反应过程中的真实状态，可以为构建具有高活性的光催化剂提供新的思路。为此，提出了一种有效的方法，通过调节 Pt 的化学状态来大幅度提高 $Pt/g-C_3N_4$光催化剂的产氢性能[63]。制备了不同 Pt^0含量的 $Pt/g-C_3N_4$催化剂，发现提高 Pt^0含量可以大幅提高光解水产氢活性。原位红外光谱和 DFT 理论计算证明，气氛处理使电子从 $g-C_3N_4$的 N 原子转移到 Pt^{2+}上，从而增加了 Pt^0物种的数量。Pt^0物种的大量生成有利于加速光生电荷的分离。此外，Pt^0比 Pt^{2+}具有更低的氢气吸附能，有利于氢气的溢出。因此，具有高比例 Pt^0的光催化剂具有更高的产氢活性。

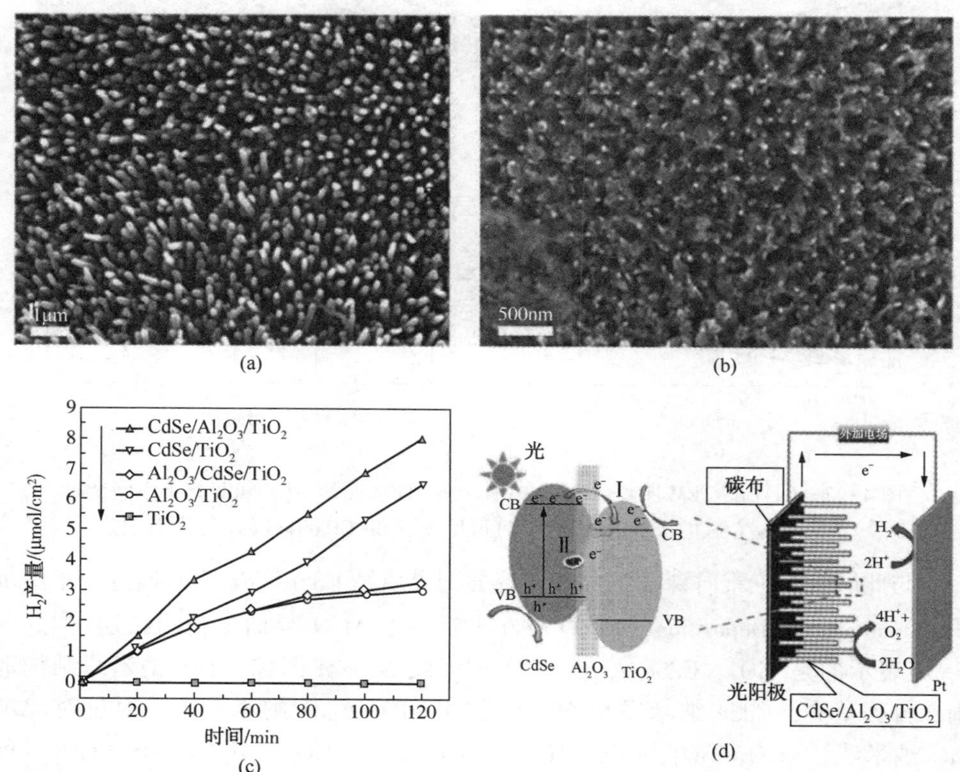

图 4-28 (a) TiO_2纳米线 SEM 照片；(b) $CdSe/Al_2O_3/TiO_2$纳米线 SEM 照片；(c)不同纳米线阵列的产 H_2曲线($\lambda \geqslant 420$nm)；(d) $CdSe/Al_2O_3/TiO_2$纳米线阵列中电荷转移过程示意图

光催化分解水制氢技术经过半个世纪的发展，在技术上已相对成熟，该领域的研究在近些年也取得了较大的进展。目前围绕二氧化钛(TiO_2)、硫化镉

（CdS）、铋基含氧酸盐（BiOX）、层状金属复合氧化物、氮氧化物以及 g-C_3N_4等主流光催化材料研究了一系列的改性方法，如贵金属沉积、半导体复合、离子掺杂、光敏化和缺陷调控等，这些手段在一定程度上提高了材料的光催化产 H_2性能，但由于光生电子与空穴复合率高，材料光谱响应范围窄等问题，使得光催化分解水制氢的效率依旧不理想，远未达到实际应用的要求。近日，Domen 通过排列 1600 个反应器单元，成功在日本的东京大学内建造了一个 100m^2规模的光催化太阳能制氢系统，这是迄今为止报道过的最大的太阳能制氢规模。目前，光催化分解水还有很多问题需要解决，如高活性半导体光催化剂的设计与合成，光生载流子分离的机制，光催化剂的稳定性，光催化分解水的反应机理，光催化反应效率提高等，需要加强基础理论研究，促进这一领域发展。

4.6.4　表面自清洁

目前，自清洁材料应用场景广阔，有巨大的潜在市场，从道路、建筑到汽车、日常家具等生活的方方面面，都需要用到自清洁技术，以达到减少环境中灰尘、有害的有机物和微生物对日常生活的污染。因此，采用镀有光催化功能材料为主的薄膜进行自清洁玻璃的制备越来越受到人们的关注。氧化钛就是这一类材料中应用较广泛的代表。利用氧化钛制备的薄膜通过吸收太阳光谱中能量较高的紫外光后，会发生光催化反应，这种反应会将薄膜表面的有机污染物分解为可除去的无污染成分，形成自清洁表面效果。

近年来，不仅是自清洁玻璃以及陶瓷，表面光催化材料还可以广泛用于口罩、污水处理、水制氢等领域。这些年来，无数科研工作者们都在寻求一种可以有效解决环境问题的方法，以实现生态文明建设和能源的可持续发展目标。美国东北大学祝红丽教授课题组[103]以可生物降解的聚乙烯醇（PVA）、聚环氧乙烷（PEO）和纤维素纳米纤维（CNF）为原材料，通过静电纺丝制备了具有多孔结构的纳米网，同时对纳米织物表面进行酯化以获得良好的疏水性能，再通过沉积氮掺杂的 TiO_2（N-TiO_2）赋予口罩光催化活性。在简单的太阳光照射下，口罩即可实现灭菌自净功能。TiO_2和 N-TiO_2以 3∶7 的比例混合使用，不仅能保证纳米织物高效的光催化功能，还能保证纳米织物良好的疏水性能。该口罩在日常太阳光下照射 10min 即可实现 100%杀菌，且再生后的口罩具有高达 98%的过滤性能、良好的透气性能，以及长时间稳定的过滤性能。与普通商业口罩一样，该口罩具有良好的可穿戴性，并且在穿戴 2h 后仍然具有稳定的过滤性能。相比之下，商业口罩在穿戴了 1h 之后过滤性能即开始下降。该研究表明了所制备的口罩具有良好的市场推广价值，对于生产下一代高效、环保的个人防护器具，应对未来可能的全球公共卫生危机具有重要的实际意义。

二维分离膜材料在水净化领域得到迅速发展，然而在水处理过程中膜表面与内部往往存在严重的污染物吸附或沉积，这大大降低了分离膜的性能和寿命。通过光催化与二维分离膜技术相结合来构建具有自清洁特性的分离膜是解决上述问题最有效、最绿色的方法之一。颜录科等[104]通过在 g-C_3N_4纳米片中插层 3D TiO_2@ MnO_2纳米花结构，构建了一种先进的 2D/3D g-C_3N_4/TiO_2@ MnO_2分离膜。具体来说，通过以 MXene 和 $KMnO_4$为原料的溶剂热反应合成 3D 纳米结构，然后与 g-C_3N_4纳米片进行真空辅助自组装，从而获得多功能复合分离膜。3D 花状纳米结构增加了分离膜表面粗糙度，拓宽了复合膜传输通道，赋予分离膜超亲水/水下超疏油特性。光电化学测试表明 TiO_2@ MnO_2作为一种良好的电子受体，为光生电子的转移提供了途径，从而使得电子-空穴实现有效的空间分离。2D/3D 结构的异质性使材料具有更广泛光吸收和更小带隙（2.10eV），使薄膜在可见光辐射下通过自由基活性物质对不同污染物进行高效降解，对亚甲基蓝和孔雀石绿的降解率约为 100%，该膜光催化抗菌效率接近 100%。此外，经循环实验，膜仍能保持原有分离和光催化能力。该 g-C_3N_4基分离膜具有显著的多功能性和自清洁性，赋予了其在复杂废水处理方面的潜在价值。

参考文献

[1] Li Y, Sun S, Ma M, et al. Kinetic study and model of the photocatalytic degradation of rhodamine B (RhB) by a TiO_2-coated activated carbon catalyst: effects of initial RhB content, light intensity and TiO_2 content in the catalyst[J]. Chemical Engineering Journal, 2008, 142(2): 147-155.

[2] Micic O I, Zhang Y, Cromack K R, et al. Trapped holes on TiO_2 colloids studied by electron paramagnetic resonance[J]. J. Phys. Chem. 1993, 97: 7277-7283.

[3] Nakaoka Y, Nosaka Y. ESR investigation into the effects of heat treatment and crystal structure on radicals produced over irradiated TiO_2 powder[J]. Journal of Photochemistry and Photobiology A: Chemistry, 1997, 110(3): 299-305.

[4] Green J, Carter E, Murphy D M. Interaction of molecular oxygen with oxygen vacancies on reduced TiO_2: site specific blocking by probe molecules[J]. Chemical Physics Letters, 2009, 477(4): 340-344.

[5] Berger T, Diwald O, Knözinger E, et al. Hydrogen activation at TiO_2 anatase nanocrystals[J]. Chemical Physics, 2007, 339(1): 138-145.

[6] Coronado J M, Javier Maira A, Martínez-Arias A, et al. EPR study of the radicals formed upon UV irradiation of ceria-based photocatalysts[J]. Journal of Photochemistry and Photobiology A: Chemistry, 2002, 150(1): 213-221.

[7] Sirisuk A, Klansorn E, Praserthdam P. Effects of reaction medium and crystallite size on Ti^{3+} surface defects in titanium dioxide nanoparticles prepared by solvothermal method[J]. Catalysis Communications, 2008, 9(9): 1810-1814.

[8] Komaguchi K, Maruoka T, Nakano H, et al. ESR study on the reversible electron transfer from O_2^{2-} to Ti^{4+} on TiO_2 nanoparticles induced by visible-light illumination[J]. The Journal of Physical Chemistry C, 2009, 113(4): 1160-1163.

[9] Komaguchi K, Nakano H, Araki A, et al. Photoinduced electron transfer from anatase to rutile in partially reduced TiO_2(P25) nanoparticles: an ESR study[J]. Chemical Physics Letters, 2006, 428(4): 338-342.

[10] Anpo Y M. Photocatalytic oxidation of ethylene to CO_2 and H_2O on ultrafine powdered TiO_2 photocatalysts in the presence of O_2 and H_2O[J]. Journal of Catalysis, 1999, 185(1): 114-119.

[11] Suriye K, Praserthdam P, Jongsomjit B. Control of Ti^{3+} surface defect on TiO_2 nanocrystal using various calcination atmospheres as the first step for surface defect creation and its application in photocatalysis[J]. Applied Surface Science, 2007, 253(8): 3849-3855.

[12] Murakami S-Y, Kominami H, Kera Y, et al. Evaluation of electron-hole recombination properties of titanium(Ⅳ) oxide particles with high photocatalytic activity[J]. Research on Chemical Intermediates, 2007, 33(3): 285-296.

[13] Richards E, Carley A, Murphy D. Evidence for O_2^- radical stabilization at surface oxygen vacancies on polycry-

stalline TiO_2[J]. The Journal of Physical Chemistry C, 2007, 111.

[14] Oviedo J, Gillan M J. First-principles study of the interaction of oxygen with the SnO_2(110) surface[J]. Surface Science, 2001, 490(3): 221-236.

[15] de Lara-Castells M P, Krause J L. Theoretical study of the interaction of molecular oxygen with a reduced TiO_2 surface[J]. Chemical Physics Letters, 2002, 354(5): 483-490.

[16] Carter E, Carley A F, Murphy D M. Free-radical pathways in the decomposition of ketones over polycrystalline TiO_2: the role of organoperoxy radicals[J]. ChemPhysChem, 2007, 8(1): 113-123.

[17] Chen S, Zhang S, Zhao W, et al. Study on the photocatalytic activity of TiN/TiO_2 nanoparticle formed by ball milling[J]. Journal of Nanoparticle Research, 2009, 11(4): 931-938.

[18] Zhao J, Wu T, Wu K, et al. Photoassisted degradation of dye pollutants. 3. degradation of the cationic dye rhodamine b in aqueous anionic surfactant/TiO_2 dispersions under visible light irradiation: evidence for the need of substrate adsorption on TiO_2 particles[J]. Environmental Science & Technology, 1998, 32(16): 2394-2394.

[19] Liu G, Wu T, Zhao J, et al. Photoassisted degradation of dye pollutants. 8. irreversible degradation of alizarin red under visible light radiation in air-equilibrated aqueous TiO_2 dispersions[J]. Environmental Science & Technology, 1999, 33(12): 2081-2087.

[20] Sivula K, van de Krol R. Semiconducting materials for photoelectrochemical energy conversion[J]. Nature Reviews Materials, 2016, 1(2): 15010.

[21] Turchi C S, Ollis D F. Photocatalytic degradation of organic water contaminants: mechanisms involving hydroxyl radical attack[J]. Journal of Catalysis, 1990, 122(1): 178-192.

[22] Schwarz P F, Turro N J, Bossmann S H, et al. A new method to determine the generation of hydroxyl radicals in illuminated TiO_2 suspensions[J]. The Journal of Physical Chemistry B, 1997, 101(36): 7127-7134.

[23] Ishibashi K-i, Fujishima A, Watanabe T, et al. Quantum yields of active oxidative species formed on TiO_2 photocatalyst[J]. Journal of Photochemistry and Photobiology A: Chemistry, 2000, 134(1): 139-142.

[24] Chatterjee D, Patnam V R, Sikdar A, et al. Kinetics of the decoloration of reactive dyes over visible light-irradiated TiO_2 semiconductor photocatalyst[J]. Journal of Hazardous Materials, 2008, 156(1-3): 435-441.

[25] Linsebigler A L, Lu G, Yates J T. Photocatalysis on TiO_2 surfaces: principles, mechanisms, and selected results[J]. Chemical Reviews, 1995, 95(3): 735-758.

[26] Wang Z, Li C, Domen K. Recent developments in heterogeneous photocatalysts for solar-driven overall water splitting[J]. Chemical Society Reviews, 2019, 48(7): 2109-2125.

[27] Kudo A, Miseki Y. Heterogeneous photocatalyst materials for water splitting[J]. Chemical Society Reviews, 2008, 38(1): 253-260.

[28] Matsunaga T, Tomoda R, Nakajima T, et al. Photoelectrochemical sterilization of microbial cells by semiconductor powders[J]. FEMS Microbiology Letters, 1985, 29(1): 211-214.

[29] Benabbou K, Derriche Z, Felix C, et al. Photocatalytic inactivation of escherichia coli: effect of concentration of TiO_2 and microorganism, nature, and intensity of UV irradiation[J]. Applied Catalysis B-environmental, 2007, 76: 257-263.

[30] Li Q, Mahendra S, Lyon D Y, et al. Antimicrobial nanomaterials for water disinfection and microbial control: potential applications and implications[J]. Water Research, 2008, 42(18): 4591-4602.

[31] Wang R, Hashimoto K, Fujishima A, et al. Light-induced amphiphilic surfaces[J]. Nature, 1997, 388(6641): 431-432.

[32] Sakai N, Fujishima A, Watanabe T, et al. Quantitative evaluation of the photoinduced hydrophilic conversion properties of TiO_2 thin film surfaces by the reciprocal of contact angle[J]. The Journal of Physical Chemistry B, 2003, 107(4): 1028-1035.

[33] Sakai N, Fujishima A, Watanabe T, et al. Enhancement of the photoinduced hydrophilic conversion rate of TiO_2 film electrode surfaces by anodic polarization[J]. The Journal of Physical Chemistry B, 2001, 105(15): 3023-3026.

[34] Zubkov T, Stahl D, Thompson T, et al. Ultraviolet light-induced hydrophilicity effect on TiO_2(110)(1×1). dominant role of the photooxidation of adsorbed hydrocarbons causing wetting by water droplets[J]. The Journal of Physical Chemistry B, 2005, 109: 15454-15462.

[35] Nakata K, Ochiai T, Murakami T, et al. Photoenergy conversion with TiO_2 photocatalysis: new materials and recent applications[J]. Electrochimica Acta, 2012, 84: 103-111.

[36] Farhan A, Arshad J, Rashid E U, et al. Metal ferrites-based nanocomposites and nanohybrids for photocatalytic water treatment and electrocatalytic water splitting[J]. Chemosphere, 2023, 310: 136835.

[37] Cao S, Wang C, Wang G, et al. Visible light driven photo-reduction of Cu^{2+} to Cu_2O to Cu in water for photocatalytic hydrogen production[J]. 2020, 10(10): 5930-5937.

[38] Zahid A H, Han Q. A review on the preparation, microstructure, and photocatalytic performance of Bi_2O_3 in polymorphs[J]. Nanoscale, 2021, 13(42): 17687-17724.

[39] Zhang Y, Liu M, Chen J, et al. Recent advances in Cu_2O-based composites for photocatalysis: a review[J]. Dalton Transactions, 2021, 50(12): 4091-4111.

[40] Roy H, Rahman T U, Khan M A J R, et al. Toxic dye removal, remediation, and mechanism with doped

SnO_2-based nanocomposite photocatalysts: a critical review[J]. Journal of Water Process Engineering, 2023, 54: 104069.
[41] Gao C, Guo X, Nie L, et al. A review on WO_3 gasochromic film: mechanism, preparation and properties [J]. International Journal of Hydrogen Energy, 2023, 48(6): 2442-2465.
[42] Ramos P G, Sánchez L A, Rodriguez J M. A review on improving the efficiency of photocatalytic water decontamination using ZnO nanorods[J]. Journal of Sol-Gel Science and Technology, 2022, 102(1): 105-124.
[43] Zhang K, Wang J, Jiang W, et al. Self-assembled perylene diimide based supramolecular heterojunction with Bi_2WO_6 for efficient visible-light-driven photocatalysis[J]. Applied Catalysis B: Environmental, 2018, 232: 175-181.
[44] Zhong X, Li Y, Wu H, et al. Recent progress in $BiVO_4$-based heterojunction nanomaterials for photocatalytic applications[J]. Materials Science and Engineering: B, 2023, 289: 116278.
[45] Yang Y, Zhang C, Lai C, et al. BiOX(X=Cl, Br, I) photocatalytic nanomaterials: applications for fuels and environmental management[J]. Advances in Colloid and Interface Science, 2018, 254: 76-93.
[46] Zhang L, Ai Z, Xu X, et al. Research progress on synthetic and modification strategies of CdS-based photocatalysts[J]. Ionics, 2023, 29(6): 2115-2139.
[47] Xu C, Ravi Anusuyadevi P, Aymonier C, et al. Nanostructured materials for photocatalysis[J]. Chemical Society Reviews, 2019, 48(14): 3868-3902.
[48] Zhou W, Liu G, Yang B, et al. Review on application of perylene diimide(PDI)-based materials in environment: pollutant detection and degradation[J]. Science of the Total Environment, 2021, 780: 146483.
[49] Praus P. A brief review of s-triazine graphitic carbon nitride[J]. Carbon Letters, 2022, 32(3): 703-712.
[50] Xu C, Pan Y, Wan G, et al. Turning on visible-light photocatalytic C-H oxidation over metal-organic frameworks by introducing metal-to-cluster charge transfer[J]. Journal of the American Chemical Society, 2019, 141(48): 19110-19117.
[51] Gautam S, Agrawal H, Thakur M, et al. Metal oxides and metal organic frameworks for the photocatalytic degradation: a review[J]. Journal of Environmental Chemical Engineering, 2020, 8(3): 103726.
[52] Wang Y, Chen J, Liu L, et al. Novel metal doped carbon quantum dots/CdS composites for efficient photocatalytic hydrogen evolution[J]. Nanoscale, 2019, 11(4): 1618-1625.
[53] Xie G, Jan S, Dong Z, et al. GaP/GaPN core/shell nanowire array on silicon for enhanced photoelectrochemical hydrogen production[J]. Chinese Journal of Catalysis, 2020, 41: 2-8.
[54] Wang Y, Qiang Z, Zhu W, et al. $BiPO_4$ nanorod/graphene composite heterojunctions for photocatalytic degradation of tetracycline hydrochloride[J]. ACS Applied Nano Materials, 2021, 4(9): 8680-8689.
[55] Xu T, Zhang C, Shao X, et al. Monomolecular-layer $Ba_5Ta_4O_{15}$ nanosheets: synthesis and investigation of photocatalytic properties[J]. Advanced Functional Materials, 2006, 16(12): 1599-1607.
[56] Wang Y, Liu M, Fan F, et al. Enhanced full-spectrum photocatalytic activity of 3D carbon-coated C_3N_4 nanowires via giant interfacial electric field[J]. Applied Catalysis B: Environmental, 2022, 318: 121829.
[57] Wang Y, Bai X, Pan C, et al. Enhancement of photocatalytic activity of Bi_2WO_6 hybridized with graphite-like C_3N_4[J]. Journal of Materials Chemistry, 2012, 22(23): 11568-11573.
[58] Kim D, Yong K. Boron doping induced charge transfer switching of a C_3N_4/ZnO photocatalyst from Z-scheme to type Ⅱ to enhance photocatalytic hydrogen production[J]. Applied Catalysis B: Environmental, 2021, 282: 119538.
[59] Wang Y, Liu L, Zhang J, et al. NiFe-layered double hydroxide/vertical Bi_2WO_6 nanoplate arrays with oriented {001} facets supported on ITO glass: improved photoelectrocatalytic activity and mechanism insight[J]. ChemCatChem, 2021, 13(15): 3414-3420.
[60] Xiang Q, Yu J, Cheng B, et al. Microwave-hydrothermal preparation and visible-light photoactivity of plasmonic photocatalyst Ag-TiO_2 nanocomposite hollow spheres[J]. Chemistry-An Asian Journal, 2010, 5(6): 1466-1474.
[61] Wang Y, Xu J, Zong W, et al. Enhancement of photoelectric catalytic activity of TiO_2 film via Polyaniline hybridization[J]. Journal of Solid State Chemistry, 2011, 184(6): 1433-1438.
[62] Zhang H, Zong R, Zhao J, et al. Dramatic visible photocatalytic degradation performances due to synergetic effect of TiO_2 with PANI[J]. Environmental Science & Technology, 2008, 42(10): 3803-3807.
[63] Wu J, Xi X, Zhu W, et al. Boosting photocatalytic hydrogen evolution via regulating Pt chemical states[J]. Chemical Engineering Journal, 2022, 442: 136334.
[64] Shiraishi Y, Kanazawa S, Sugano Y, et al. Highly selective production of hydrogen peroxide on graphitic carbon nitride(g-C_3N_4) photocatalyst activated by visible light[J]. ACS Catalysis, 2014, 4(3): 774-780.
[65] Zhang C, Zhu Y. Synthesis of square Bi_2WO_6 nanoplates as high-activity visible-light-driven photocatalysts [J]. Chemistry of Materials, 2005, 17(13): 3537-3545.
[66] Wang Y, Zhang J, Hou S, et al. Novel CoAl-LDH nanosheets/$BiPO_4$ nanorods composites for boosting photocatalytic degradation of phenol[J]. Petroleum Science, 2022, 19(6): 3080-3087.
[67] Jiang L, Yuan X, Zeng G, et al. In-situ synthesis of direct solid-state dual Z-scheme WO_3/g-C_3N_4/Bi_2O_3 photocatalyst for the degradation of refractory pollutant[J]. Applied Catalysis B: Environmental, 2018,

227: 376-385.

[68] Fujishima A, Honda K. Electrochemical photolysis of water at a semiconductor electrode[J]. Nature, 1972, 238(5358): 37-38.

[69] Carey J H, Lawrence J, Tosine H M. Photodechlorination of PCB's in the presence of titanium dioxide in aqueous suspensions[J]. Bulletin of Environmental Contamination and Toxicology, 1976, 16(6): 697-701.

[70] Ratan J K, Saini A. Enhancement of photocatalytic activity of self-cleaning cement[J]. Materials Letters, 2019, 244: 178-181.

[71] Eliseeva S V, Bünzli J-C G. Lanthanide luminescence for functional materials and bio-sciences[J]. Chemical Society Reviews, 2010, 39(1): 189-227.

[72] Xu A, Gao Y, Liu H. The Preparation, characterization, and their photocatalytic activities of rare-earth-doped TiO_2 nanoparticles[J]. Journal of Catalysis, 2002, 207(2): 151-157.

[73] Choi W, Termin A, Hoffmann M R. The role of metal ion dopants in quantum-sized TiO_2: correlation between photoreactivity and charge carrier recombination dynamics[J]. The Journal of Physical Chemistry, 1994, 98(51): 13669-13679.

[74] Sun H, Dong C, Huang A, et al. Transition metal doping induces Ti^{3+} to promote the performance of $SrTiO_3$ @ TiO_2 visible light photocatalytic reduction of CO_2 to prepare c1 product[J]. Chemistry-A European Journal, 2022, 28(28): e202200019.

[75] Tian Y, Li J, Zheng H, et al. Synthesis and enhanced photocatalytic performance of Ni^{2+}-doped Bi_4O_7 nanorods with broad-spectrum photoresponse[J]. Separation and Purification Technology, 2022, 300: 121898.

[76] Wu Y, Ji H, Liu Q, et al. Visible light photocatalytic degradation of sulfanilamide enhanced by Mo doping of BiOBr nanoflowers[J]. Journal of Hazardous Materials, 2022, 424: 127563.

[77] Lu N, Quan X, Li J, et al. Fabrication of boron-doped TiO_2 nanotube array electrode and investigation of its photoelectrochemical capability[J]. The Journal of Physical Chemistry C, 2007, 111(32): 11836-11842.

[78] Velusamy V, Palanisamy S, Chen S-W, et al. Novel electrochemical synthesis of cellulose microfiber entrapped reduced graphene oxide: a sensitive electrochemical assay for detection of fenitrothion organophosphorus pesticide[J]. Talanta, 2019, 192: 471-477.

[79] Wang Y, Jia K, Pan Q, et al. Boron-doped TiO_2 for efficient electrocatalytic N_2 fixation to NH_3 at ambient conditions[J]. ACS Sustainable Chemistry & Engineering, 2019, 7(1): 117-122.

[80] Yang C, Qin J, Xue Z, et al. Rational design of carbon-doped TiO_2 modified g-C_3N_4 via in-situ heat treatment for drastically improved photocatalytic hydrogen with excellent photostability[J]. Nano Energy, 2017, 41: 1-9.

[81] Lee Y F, Chang K H, Hu C, et al. Synthesis of activated carbon-surrounded and carbon-doped anatase TiO_2 nanocomposites[J]. Journal of Materials Chemistry, 2010, 20(27): 5682-5688.

[82] Wang W, Tadé M O, Shao Z. Nitrogen-doped simple and complex oxides for photocatalysis: a review[J]. Progress in Materials Science, 2018, 92: 33-63.

[83] Wu T, Niu P, Yang Y, et al. Homogeneous doping of substitutional nitrogen/carbon in TiO_2 plates for visible light photocatalytic water oxidation[J]. Advanced Functional Materials, 2019, 29(25): 1901943.

[84] Song H, Huang H, Meng X, et al. Atomically dispersed nickel anchored on a nitrogen-doped carbon/TiO_2 composite for efficient and selective photocatalytic CH_4 oxidation to oxygenates[J]. Angewandte Chemie International Edition, 2022, 62(4): e202215057.

[85] Guo Y, Li H, Ma W, et al. Photocatalytic activity enhanced via surface hybridization[J]. Carbon Energy, 2020, 2(3): 308-349.

[86] Zhu X, Zhang T, Jiang D, et al. Stabilizing black phosphorus nanosheets via edge-selective bonding of sacrificial C_{60} molecules[J]. Nature Communications, 2018, 9(1): 4177.

[87] Wu S, Hwang I, Osuagwu B, et al. Fluorine aided stabilization of Pt single atoms on TiO_2 nanosheets and strongly enhanced photocatalytic H_2 evolution[J]. ACS Catalysis, 2023, 13(1): 33-41.

[88] Liu X, Chen Y, Wang Q, et al. Improved charge separation and carbon dioxide photoreduction performance of surface oxygen vacancy-enriched zinc ferrite@ titanium dioxide hollow nanospheres with spatially separated cocatalysts[J]. Journal of Colloid and Interface Science, 2021, 599: 1-11.

[89] Liu Y, Li Y, Peng F, et al. 2H-and 1T-mixed phase few-layer MoS_2 as a superior to Pt co-catalyst coated on TiO_2 nanorod arrays for photocatalytic hydrogen evolution[J]. Applied Catalysis B: Environmental, 2019, 241: 236-245.

[90] Xu S, Gao Q, Hu Z, et al. CdS-SH/TiO_2 heterojunction photocatalyst significantly improves selectivity for C-O bond breaking in lignin models[J]. ACS Catalysis, 2023, 13(21): 13941-13954.

[91] Zhou X, Wang X, Tan T, et al. Unique S-scheme TiO_2/$BaTiO_3$ heterojunctions promote stable photocatalytic mineralization of toluene in air[J]. Chemical Engineering Journal, 2023, 470: 143933.

[92] He X, Ding Y, Huang Z, et al. Engineering a self-grown TiO_2/Ti-MOF heterojunction with selectively anchored high-density Pt single-atomic cocatalysts for efficient visible-light-driven hydrogen evolution[J]. Angewandte Chemie International Edition, 2023, 62(25): e202217439.

[93] Bae E, Choi W. Highly enhanced photoreductive degradation of perchlorinated compounds on dye-sensitized

metal/TiO_2 under visible light[J]. Environmental Science & Technology, 2003, 37(1): 147-152.
[94] Liu Y, Li Y, Chen G, et al. Semi-synthetic chlorophyll-carotenoid dyad for dye-sensitized photocatalytic hydrogen evolution[J]. Advanced Materials Interfaces, 2021, 8(20): 2101303.
[95] Arun J, Nachiappan S, Rangarajan G, et al. Synthesis and application of titanium dioxide photocatalysis for energy, decontamination and viral disinfection: a review[J]. Environmental Chemistry Letters, 2023, 21(1): 339-362.
[96] Geng Q, Guo Q, Cao C, et al. Investigation into photocatalytic degradation of gaseous ammonia in CPCR[J]. Industrial & Engineering Chemistry Research, 2008, 47(13): 4363-4368.
[97] Kebede M A, Varner M E, Scharko N K, et al. Photooxidation of ammonia on TiO_2 as a source of NO and NO_2 under atmospheric conditions[J]. Journal of the American Chemical Society, 2013, 135(23): 8606-8615.
[98] Jing L, Xu Y, Xie M, et al. Piezo-photocatalysts in the field of energy and environment: Designs, applications, and prospects[J]. Nano Energy, 2023, 112: 108508.
[99] Li J, Zhao Y, Wang X, et al. Rapid microwave synthesis of PCN-134-2D for singlet oxygen based-oxidative degradation of ranitidine under visible light: mechanism and toxicity assessment[J]. Chemical Engineering Journal, 2022, 443: 136424.
[100] Guo J, Sun H, Yuan X, et al. Photocatalytic degradation of persistent organic pollutants by Co-Cl bond reinforced CoAl-LDH/$Bi_{12}O_{17}Cl_2$ photocatalyst: mechanism and application prospect evaluation[J]. Water Research, 2022, 219: 118558.
[101] Zhang L, Mohamed H H, Dillert R, et al. Kinetics and mechanisms of charge transfer processes in photocatalytic systems: a review[J]. Journal of Photochemistry and Photobiology C: Photochemistry Reviews, 2012, 13(4): 263-276.
[102] Wang Y, Bai W, Wang H, et al. Promoted photoelectrocatalytic hydrogen evolution of a type Ⅱ structure via an Al_2O_3 recombination barrier layer deposited using atomic layer deposition[J]. Dalton Trans, 2017, 46(32): 10734-10741.
[103] Li Q, Yin Y, Cao D, et al. Photocatalytic rejuvenation enabled self-sanitizing, reusable, and biodegradable masks against COVID-19[J]. ACS Nano, 2021, 15(7): 11992-12005.
[104] Yu F, Luo C, Niu X, et al. An advanced 2D/3D g-C_3N_4/TiO_2@MnO_2 multifunctional membrane for sunlight-driven sustainable water purification[J]. Nano Research, 2023.

第5章 光电催化

近年来，随着纳米级光催化剂在水溶液体系中降解有机污染物的研究逐渐成为环境保护领域的热点，光催化本身的一些问题逐渐凸显。目前的研究大多采用粉末悬浮体系，即把催化剂粉末加入液相体系中，在充分搅拌下进行光催化反应。粉末催化剂催化存在易凝聚而导致失活的缺点，而且反应后的液体要经过过滤、离心、共聚和沉降等方法才能使催化剂和液体分离。粉末催化剂催化在反应中需动力搅拌维持悬浮，反应后需要经过一系列复杂的步骤进行分离，不利于实现工业化，给实际应用带来一定的困难。为了克服这一障碍，很多研究者采用了负载的方法，即把催化剂固定在一定基体上进行反应，如玻璃、硅胶、不锈钢等。但是当粉末悬浮型的光催化剂转变为负载型的光催化剂时，反应中传质和有效反应面积会减小，这使得催化活性受到一定的影响。此外，光生电子-空穴复合概率高，从而导致光催化效率下降的问题在负载后仍然没有得到解决。为了解决上述问题，一种将粉末型催化剂固定在导电基体上，同时外加偏电压抑制光生电子和空穴复合的光催化技术——光电催化技术，逐渐被研究人员开发出来。

光电催化技术能有效抑制光生电子和空穴复合，并在光电协同作用下使催化氧化效果得到大幅加强。光电催化技术一般把光催化剂负载在电极上，对催化剂所在的光阳极施加一定的偏电压，催化剂表面产生的光生电子就会在电压的作用下与空穴分离并迁移至外电路，从而有效地抑制光生电子和空穴的复合；此时吸附在催化剂表面的有机污染物就能与累积的光生空穴发生进一步的氧化反应。近二十年来大量的相关实验证明：光电催化法与传统光催化相比，光电催化过程的量子效率显著提高，半导体表面 · OH 的生成效率大幅增加。光电催化因为只需要很小的外加电场便能显著地提高催化效率，所以在近年来日益受到研究者们的重视，但相比起已有四十多年研究历史的光催化，对它的研究在近十几年才逐渐系统化，其中有很多与电化学方面相结合的原理、机制仍不明确。本章将从电化学基础、光电催化原理、光电催化材料制备及光电催化应用几个方面进行介绍。

5.1 电化学基础

电化学是研究电与化学反应相互关系的科学，是化学体系的一个重要分支，它主要涉及电能与化学能的相互转化方面的研究。电化学是一门既古老又年轻的科学，从1800年伏特制成第一个化学电池开始，到两个多世纪后的今天，电化学已发展成为内容非常广泛的学科领域。如化学电源、电化学分析、电化学合成、光电化学、生物电化学、电催化、电冶金、电解、电镀、腐蚀与保护等都属于电化学的范畴。尤其是近年来锂离子电池的普及、燃料电池的发展、汽车工业领域的应用研究开发以及生物电化学的迅速发展，都为电化学这一古老的学科注入了新的活力。无论是基础研究还是技术应用，电化学从理论到方法都在不断地突破与发展，越来越多地与其他自然科学或技术学科相互交叉渗透，在能源、交通、材料、环保、信息、生命等众多领域发挥着越来越重要的作用。

电化学原理是各种化学电池、燃料电池和储能电池的理论基础。电化学反应需通过“电池”来实现，故电化学即“电池的化学”。电池包括电极和电解液两部分。电化学的基础内容包括电极的热力学和动力学两大部分。电极的热力学能够预测反应的发生以及反应方向，但反应发生的快慢及反应速率则由电极动力学理论确定。本节将简要介绍电化学方向的基本内容，包括氧化还原反应、电化学的基本定义、电池及其电动势、化学电池种类、未来发展方向等。

5.1.1 氧化还原反应基本概念

化学反应是指分子破裂成原子，原子重新排列组合生成新分子的过程。所有的化学反应都可分为两类：一类是氧化还原反应，另一类是非氧化还原反应。氧化还原反应是一类极其重要的反应类型，是指电子从一种物质转移到另一种物质，相应的某些元素的氧化值发生改变的反应。早在远古时代，“燃烧”这一最早被应用的氧化还原反应促进了人类进化。地球上发生的光合作用也是氧化还原反应。在现代社会中，金属冶炼、高能燃烧和众多的化工产品的合成都涉及氧化还原反应。在电池中自发的氧化还原反应将化学能转变为电能。相反，在电解池中，电能将迫使非自发的氧化还原反应进行，并将电能转化为化学能。

在氧化还原反应中，电子转移引起某些原子的价电子层结构发生变化，从而改变了原子的带电荷状态。为了描述原子带电荷状态的改变，表明元素被氧化的程度，提出了氧化态的概念。元素的氧化态是用一定的数值表示的。1970年，国际纯粹与应用化学联合会(IUPAC)定义了氧化值的概念：氧化值是指某元素的一个电子的荷电数。该荷电数是假定把每一化学键的电子指定给电负性更大的原子而求得的。确定氧化值的规则如下：

① 在单质中，元素的氧化值为零。

② 在单原子离子中，元素的氧化值等于离子所带的电荷数。

③ 在大多数化合物中，氢的氧化值为+1；只有在金属氢化物（如 NaH、

CaH_2)中，氢的氧化值为-1。

④ 在化合物中氧的氧化值为-2；但是在 H_2O_2、Na_2O_2、BaO_2 等过氧化物中，氧的氧化值为-1；在氧的氟化物(如 OF_2、O_2F_2)中，氧的氧化值分别为+2和+1。

⑤ 在所有的氟化物中，氟的氧化值为-1。

⑥ 碱金属和碱土金属在化合物中的氧化值分别为+1 和+2。

⑦ 在中性分子中，各元素氧化值的代数和为零。在多原子离子中，各元素氧化值的代数和等于离子所带电荷数。

元素氧化值的改变与反应中的得失电子相关联。如果反应中某元素的原子失去电子，使该元素的氧化值升高；相反，某元素的原子得到电子，其氧化值降低。在氧化还原反应中，失去电子的物质使另一物质得到电子被还原，则失去电子的物质是还原剂，还原剂是电子的给予体，它失去电子后本身被氧化；得到电子的物质是氧化剂，氧化剂是电子的接受体，它得到电子后本身被还原。

配平氧化还原方程式常用的方法有氧化值法和离子-电子半反应法(简称为“离子-电子”法)。本节介绍后一种方法。配平时首先要知道反应物和生成物，且必须遵守电荷守恒(反应过程中氧化剂与还原剂得失电子数相等)和质量守恒(反应前后各元素的原子总数相等)。

配平的具体步骤如下：

① 写出离子方程式：

$$MnO_4^- + SO_3^{2-} + H^+ = Mn^{2+} + SO_4^{2-} + H_2O$$

② 将反应拆分为氧化和还原两个半反应式：

还原反应：$$MnO_4^- \longrightarrow Mn^{2+}$$

氧化反应：$$SO_3^{2-} \longrightarrow SO_4^{2-}$$

③ 配平：使半反应两边的原子数和电荷数相等

$$MnO_4^- + 8H^+ + 5e^- = Mn^{2+} + 4H_2O$$

$$SO_3^{2-} + H_2O = SO_4^{2-} + 2H^+ + 2e^-$$

④ 整合：以得失电子数相等为标准，将两个半反应合并：

$$2MnO_4^- + 5SO_3^{2-} + 6H^+ = 2Mn^{2+} + 5SO_4^{2-} + 3H_2O$$

在氧化还原反应中，氧化剂获得电子由氧化型变为还原型，还原剂失去电子由还原型变为氧化型。由物质本身的氧化型和还原型组成的体系称为氧化还原电对。氧化剂或还原剂的强弱，可用氧化还原电对的电极电位来衡量。对一个氧化还原反应来说，若 Ox 表示某一电对的氧化态，Red 表示它的还原态，n 为电子转移数，该电对的氧化还原半反应为：

$$Ox + ne^- \longrightarrow Red$$

同种元素的氧化态与还原态构成了氧化还原电对，记作 Ox/Red，如 Sn^{4+}/Sn^{2+}，Fe^{3+}/Fe^{2+}。氧化-还原反应的实质为两个共轭电对之间的电子转移反应，任何氧化还原反应都可拆分为两个氧化还原电对的半反应(半电池反应、电极反应)，例如，对如下反应式进行拆分：

$$2MnO_4^- + 5H_2C_2O_4 + 6H^+ \xlongequal{} 2Mn^{2+} + 10CO_2 + 8H_2O$$

还原反应：　$MnO_4^- + 8H^+ + 5e^- \longrightarrow Mn^{2+} + 4H_2O$

氧化反应：　$H_2C_2O_4 \longrightarrow 2CO_2 + 2H^+ + 2e^-$

写成氧化还原电对的形式即为 MnO_4^-/Mn^{2+} 和 $CO_2/H_2C_2O_4$。使用氧化还原电对的电极，能够准确衡量氧化剂或还原剂的强弱，正确地判断氧化还原反应的方向和程度。

氧化-还原电对添加剂的研究始于二次锂电池的限压保护，如今已经成为锂离子电池限压添加剂的主要组成部分，这类化合物包括芳香族化合物、金属茂化合物、聚吡啶配合物、锂的卤化物、噻蒽、茴香醚以及吩嗪等。氧化-还原电对添加剂在电解液中的作用机理是：在正常充电条件下，氧化-还原电对[O]/[R]稳定存在于电解液中，不参加任何化学或电化学反应，对电池宏观电化学性能没有影响；当电池电压达到或超过电池截止电压时，还原态[R]在阴极表面被氧化，氧化产物[O]扩散到阳极表面被还原成为[R]，还原产物[R]再扩散到阴极继续被氧化，整个过程“氧化-扩散-还原-扩散”循环进行。这样，阴极电位就被锁定在氧化-还原电对[O]/[R]的氧化电位附近，直到充电结束。在限压添加剂的工作过程中，法拉第电流仅仅是通过可逆的氧化-还原反应来承载，过充的电量既没有被储存在两电极，也没有用于电解液的不可逆氧化分解，只是伴随着添加剂的氧化-还原反应以热的形式释放出来，从这个意义上讲，限压添加剂的使用不会对电池造成根本性的破坏。

5.1.2　电化学相关概念

电化学过程必须借助一定的装置才能实现，有法拉第电流通过的电化学池分为原电池和电解池。原电池是两支电极插入电解质溶液中形成的，能自发地在两极发生化学反应，使化学能转化为电能。原电池的构成包括电势不同的两个电极、盐桥和外电路三部分。图 5-1 展示的丹尼尔(Daniel)电池就是一个典型的原电池。该电池是由锌电极(将锌片插入 $ZnSO_4$ 水溶液中)作为阳极，铜电极(将铜片插入 $CuSO_4$ 水溶液中)作为阴极而组成的，这种把阳极和阴极分别置于不同溶液中的电池称为双液电池。丹尼尔电池装置的电极和

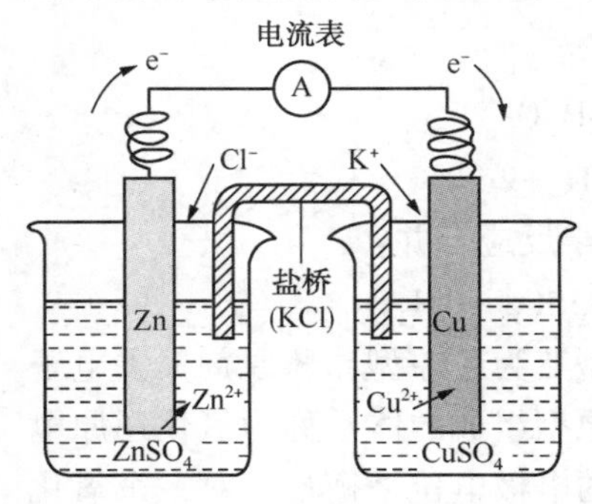

图 5-1　丹尼尔电池示意图

电池反应为：

阳极（负极）： $Zn \longrightarrow Zn^{2+}+2e^-$

阴极（正极）： $Cu^{2+}+2e^- \longrightarrow Cu$

电池反应： $Zn+Cu^{2+} \longrightarrow Zn^{2+}+Cu$

原电池的书写要求：

① 负极写在左边，正极写在右边；

② 正负极之间用盐桥“||”相接；

③ 不同物相的接界用竖线“|”表示；

④ 同相之不同物质间用“,”间隔；

⑤ 若为离子时应注明其活度（浓度亦可）；

⑥ 若电对不含金属导体，则需加惰性导体；

⑦ 纯气体、液体或固体与惰性电极名称之间以“,”间隔，并应注明其状态。

按此规定，则上述丹尼尔电池系统可表示为 $Zn|Zn^{2+}||Cu^{2+}|Cu$。

电解池是将接有外电源的两支电极浸入电解质溶液中，迫使两极发生化学反应，将电能转变为化学能的装置，如图 5-2 所示。

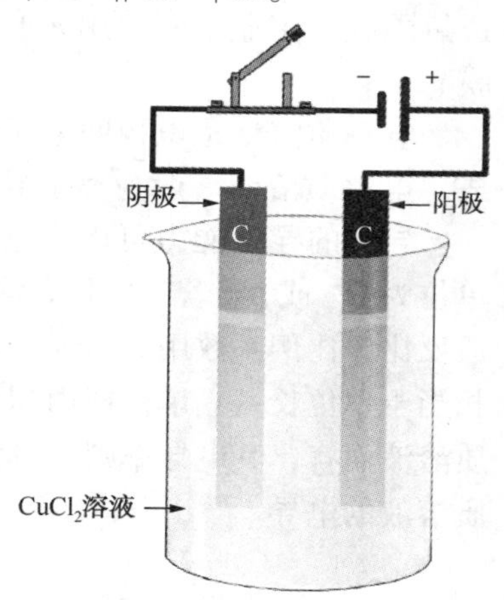

图 5-2 电解池示意图

无论是原电池还是电解池，都有共同的特点：当外电路接通时在电极与溶液的界面上有电子得失的反应发生，溶液内部有离子定向迁移运动。这种在界面上进行的化学反应称为电极反应。电化学规定，发生氧化反应的电极为阳极，发生还原反应的电极为阴极。又规定：电势高的电极是正极，电势低的电极是负极。原电池与电解池的不同之处在于：原电池的电子在外电路中流动的方向是从阳极到阴极，电流方向是从阴极到阳极，所以阴极电势高，阳极电势低，因此阴极是正极，阳极是负极；在电解池中，电子从外电源的负极流向电解质的电解池中，阳极电势高，阴极电势低，故阳极为正极，阴极为负极。不过在溶液内部阳离子总是向阴极运动，阴离子总是向阳极运动。

电化学体系的基本单元一般包括电极、隔膜、电解质三大部分。电极为电子导体或半导体，实现电能的输入或输出，是实现电极反应的场所。常用电极体系包括工作电极、参比电极、辅助电极。工作电极要求所研究的电化学反应不因电极自身发生的反应受到影响，不与溶剂、电解液组分发生反应，电极表面均一、平滑、容易表面净化；辅助电极（对电极）与工作电极组成回路，辅助电极上可以是气体的析出反应或工作电极反应的逆反应，作用是使电解液组分不变，不显著影响研究电极上的反应，用离子交换膜等隔离两电极区以减小干扰。辅助电极要求有较大的表面积，使极化作用主要作用于工作电极，电阻小，不容易极化；参比电极是一个已知电势且接近于理想电极，基本无电流通过的电极，用于测定研究电极的电势，起着提供热力学参比、将工作电极作为研究体系隔离的作用。目前常用甘汞电极（SCE）、Ag/AgCl 电极、标准氢电极。为降低液体接界电势，常采用盐桥、毛细管等进行辅助。在化学电源、电解装置中，辅助电极、参比电极常合二为一。

电极类型包括金属-金属离子电极［如 $Zn|Zn^{2+}$（浓度）］、金属-金属难溶盐电极［如 Ag，AgCl（固体）$|Cl^-$（浓度）］、双离子电对电极［如 $Pt|Fe^{2+}(c_1)$，$Fe^{3+}(c_2)$］、气体电极［如 $Pt|Cl_2$（压力）$|Cl^-$（浓度）］等。

隔膜将电解槽分隔为阳极区和阴极区，保证阴极、阳极上的反应物、产物不互相接触和干扰。可以采用玻璃滤板隔膜、盐桥、离子交换膜等，离子可以透过隔膜。工业上常使用多孔隔膜、离子交换膜（阳离子交换膜、阴离子交换膜）。

电解质溶液是电极间电子传递的媒介，由溶剂、电解质盐、电活性物质组成。电解质溶液一般为离子导体。离子导体是依靠离子的定向运动而导电的。

导体的导电能力可以用电导 G 表示，其定义为电阻 R 的倒数，即 $G=1/R$，单位为 Ω^{-1} 或 S。若导体具有均匀截面，则其电导 G 与截面积 A 成正比，与长度 l 成反比，比例系数用 κ 表示，$G=\kappa A/l$。κ 称为电导率，如图 5-3 所示。电导率相当于单位长度、单位截面积导体的电导，单位是 $S\cdot m^{-1}$ 或 $\Omega^{-1}\cdot m^{-1}$。对电解质溶液而言，其电导率则为单位长度、单位面积的两个平行板电容器间充满电解质溶液的电导。

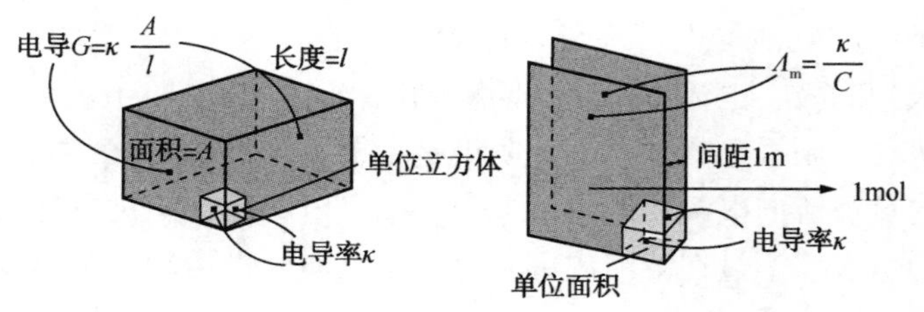

图 5-3　电导率的定义

如图 5-4 所示，对于强电解质溶液（如 KOH 溶液与 H_2SO_4 溶液），在其浓度较小时，随着浓度的升高，离子数目随之增加，从而电导率明显增大。而当浓度增加到一定程度后，由于离子数目过多，离子间相互作用的影响更为明显，导致离子运动速率降低，电导率也随之降低。对于弱电解质溶液（如 CH_3COOH 溶液)，其内部存在电离平衡，电解质溶液浓度上升时，电解质分子增多但电离度下降，故溶液中离子数目变化不大，电导率变化不显著。

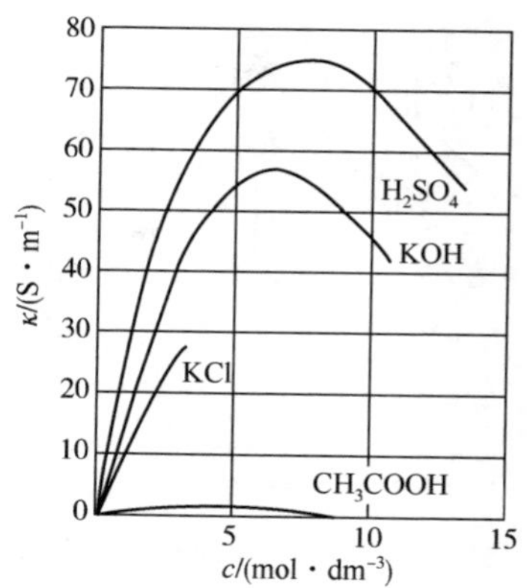

图 5-4 电解质电导率随浓度变化图

虽然电导率 κ 消除了电解池几何结构的影响，但 κ 仍与溶液单位体积的质点数有关。因此，无论是比较不同种类电解质溶液在指定温度下的导电能力，还是比较同一电解质溶液在不同温度下的导电能力，都需固定比较溶液所包含的质点数。这就引入了物理量摩尔电导率 Λ_m。将含有 1mol 电解质的溶液置于相距为单位距离的电解池的两个平行电极之间，这时溶液所具有的电导称为摩尔电导率 Λ_m，单位为 $S\cdot m^2/mol$。

由于溶液中导电物质的量已给定，都为 1mol，所以当浓度降低时，粒子之间相互作用减弱，正、负离子迁移速率加快，溶液的摩尔电导率必定升高。但不同的电解质，摩尔电导率随浓度降低而升高的程度也大不相同。图 5-5 展示了几种电解质摩尔电导率与浓度平方根的关系(在 298K 条件下)。由图 5-5 可见，无论是强电解质还是弱电解质，其摩尔电导率均随溶液的稀释而增大。对于强电解质而言，溶液浓度降低，摩尔电导率增大，这是因为随着浓度的降低，离子间引力减少，离子运动强度增加。在低浓度时，其摩尔电导率的曲线接近一条直线，将直线外推至纵坐标，所得截距即为无限稀释的摩尔电导率。对弱电解质来说，溶液浓度降低时，摩尔电导率也增加，在其浓度减小到一定程度时，随着溶液浓度的进一步降低，摩尔电导率急剧增加。这是由于弱电解质的电离度随着溶液的稀释而显著提高，浓度越低，解离出的离子越多，摩尔电导率也就越大。

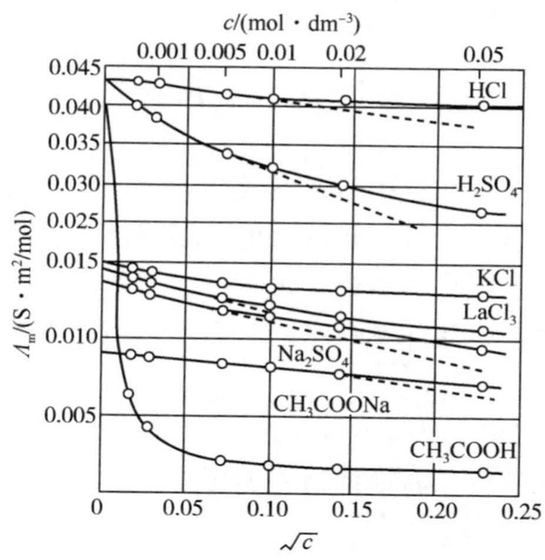

图 5-5 摩尔电导率与浓度的关系

在无限稀释的溶液中，可以认为每种离子都独立移动，不受其他离子的影响，电解质的摩尔电导率可认为是两种离子无限稀释摩尔电导率之和，即对 $M_{\nu_+}A_{\nu_-}$ 型电解质，有：

$$\Lambda_m^{\infty}=\nu_+\Lambda_{m,+}^{\infty}+\nu_-\Lambda_{m,-}^{\infty}$$

此即 Kohlrausch 离子独立移动定律。

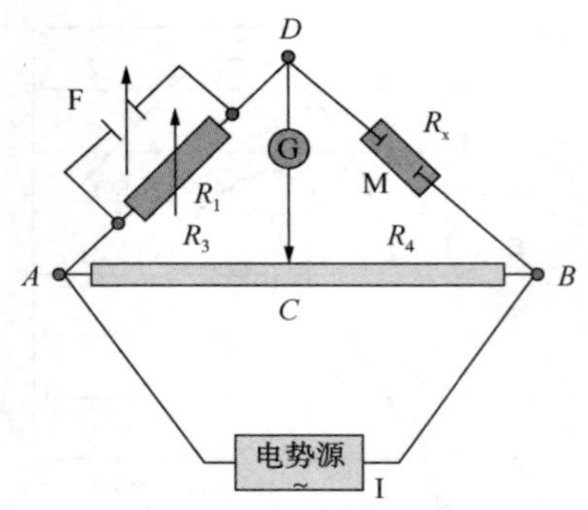

图 5-6　电解质的电导测定

电导测定实际上测定的是电阻，常用韦斯顿电桥进行测量，如图 5-6 所示。其中 AB 为均匀的滑动电阻，R_1 为可变电阻，并联一个可变电容 F 以便调节与电导池实现阻抗平衡，M 为放有待测溶液的电导池，其电阻 R_x 待测。I 是频率在 1000Hz 左右的高频交流电源，G 为灵敏电流计。接通电源后，移动 C 点，使 DGC 线路中无电流通过，这时 D、C 两点电位降相等，电桥达到平衡。根据几个电阻之间关系就可求得待测溶液的电导：

$$R_1/R_x = R_3/R_4$$

若先用标准液标定电池常数，则可直接得到电导率：

$$\kappa_x = G_x \cdot K_{电池} = K_{电池}/R_x = K_{电池} \cdot R_3/(R_1 \cdot R_4)$$

5.1.3　电池及其电动势

由于热力学研究的对象必须是平衡系统，对一个过程来说，平衡就意味着可逆，所以在用热力学的方法研究电池时要求电池是可逆的。电池的可逆包括三方面的含义：

① 化学可逆性，即物质可逆。要求两个电极在充电时的电极反应必须是放电时的逆反应。

② 热力学可逆性，即能量可逆。要求电池在无限接近平衡的状态下工作，电池在充电时吸收的能量严格等于放电时放出的能量，并使系统和环境都能够复原。要满足能量可逆的要求，电流必须趋于无限小。不具有化学可逆性的电池不可能具有热力学可逆性，而具有化学可逆性的电池却不一定以热力学可逆的方式工作。

③ 实际可逆性，即电池内没有因液接电势等因素引起的实际过程中的不可逆性。严格说来，由两个不同电解质溶液构成的具有液体接界的电池都是热力学不可逆的，因为在液体接界处存在着不可逆的离子扩散。

国际纯粹与应用化学联合会(IUPAC)定义，电池电动势 E 等于电流趋于零的极限情况，即电池中的各点均建立了化学平衡和电荷平衡时。正极的电极电势 $E_{正}$ 与负极的电极电势 $E_{负}$ 的差值，即：$E = E_{正} - E_{负}$。在可逆电池中，进行化学反应产生的电流可以做非体积功——电功。根据物理学原理可以确定电流所做的电功等于电路中所通过的电荷量与电势差的乘积。即：

$$W(\mathrm{J}) = Q(\mathrm{C}) \times E(\mathrm{V})$$

可逆电池所做的最大电功为：

$$W_{max} = -nFE$$

式中，n 为电池反应所转移的电子的物质的量；F 为 Faraday 常数，约为 96485C/mol；nF 为 $n$mol 电子的总电荷量，E 为电池电动势。

热力学研究表明，在定温定压下，系统的 Gibbs 函数的变化等于系统所做的非体积功：

$$\Delta G = W_{max}$$

结合上述两式可得：

$$\Delta G = -nFE$$

该式表明了可逆电池中系统的 Gibbs 函数的变化等于系统对外所做的最大电功。

根据上式可以进行电池反应的 Gibbs 函数变和电池电动势的相互换算，以利用测定原电池电动势的方法确定某些离子的 $\Delta_f G_m^\Theta$。

应当指出，对于一个给定的电池反应，其电池电动势是一定的，不因反应方程式写法的改变而改变。

单个电极电势差的绝对值是无法直接测定的，为了方便计算和理论研究，人们提出了相对电极电势的概念，即选一个参考电极作为共同的比较标准，将所研究的电极与参考电极构成一个电池，该电池的电动势即为所研究电极的电极电势。利用得到的电极电势值，人们可以方便计算出由任意两个电极所组成的电池电动势。原则上任何电极都可作为比较基准，但习惯上，常选用标准氢电极作为参考电极。

标准氢电极的构造如图 5-7 所示，将镀有铂黑的铂片（镀铂黑是为了增加电极的表面积，促进气体的吸附，以有利于与溶液达到平衡）浸入含有氢离子的酸溶液中，并不断通入压力为 100kPa 的纯净氢气，使氢气作用在铂片上，同时使 H^+浓度为 1mol/L 的溶液被氢气所饱和，氢气气泡围绕铂片浮出液面。此时铂黑表面既有 H_2，又有 H^+。氢电极的图示可表示为：

$$Pt|H_2(g)|H^+(aq) \text{或} H^+(aq)|H_2(g)|Pt$$

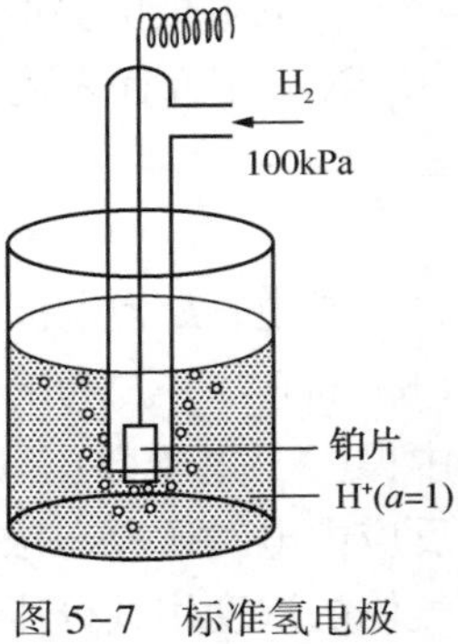

图 5-7 标准氢电极电池示意图（a 为活度）

这种电极反应表明了电对的氧化型得到电子转变为还原型的过程，是还原反应。与电对的还原反应相对应的电极电势称为还原电势；与电对的氧化反应相对应的电极电势称为氧化电势。本书全部采用还原电极电势，规定标准氢电极的还原电极电势为零，即 $E^\Theta(H^+/H_2) = 0V$。

标准电极电势是指处于标准态下的电极的电势，符号 E^Θ 或 $E^\Theta_{Ox/Red}$ 表示给定电极的标准电极电势（相对值）。在实际应用中，半电池（即电对）的标准电极电势相当重要。标准电极电势可以通过实验测得。但实验测试较为复杂。常使待测半电池中的各物种均处于标准状态下，将其与标准氢电极相连组成原电池，确定被测电极是正极还是负极，再推算出待测半电池的标准电极电势。

若为正极，则其标准电极电势：

$$E_+^\Theta = E^\Theta + E^\Theta(H^+/H_2) = E^\Theta$$

若为负极，则其标准电极电势：

$$E_-^\Theta = E^\Theta(H^+/H_2) - E^\Theta = -E^\Theta$$

标准电极电势表中，以标准氢电极为界，氢以上电极的 E^Θ 均为负值，氢以下电极的 E^Θ 均为正值。某电极的 E^Θ 代数值越小，表示此电对中还原态物质越易失去电子，即还原能力越强，是较强的还原剂；若电极的 E^Θ 代数值越大，表示此电对中氧化态物质越易得到电子，即氧化能力越强，是较强的氧化剂。对比两个氧化还原电对的标准电极电势的大小，便可知道此氧化还原反应在标准态时谁是氧化剂，谁是还原剂，也可判断标准态时氧化还原反应自发进行的方向：电极电势越高，氧化还原电对中的氧化态得到电子变成其还原态的趋势越强；电极电势越低，氧化还原电对中的还原态失去电子变成其氧化态的趋势越强。标准态下氧化还原反应的方向总是电极电势高的电对的氧化态氧化电极电势低的电对的还原态。

标准电极电势是在标准状态下测定的，通常参考温度为 298. 15K。如果改变温度或压力条件，则电对的电极电势也随之发生改变。德国化学家 W. Nernst 提出 Nernst 方程，其体现出温度和系统组成对电动势的影响。

（1）电极电势的 Nernst 方程

Nernst 方程表述为：对于任一电极反应 $a\mathrm{Ox}+ne^- \rightleftharpoons b\mathrm{Red}$，都有：

$$E = E^\Theta + \frac{RT}{nF}\ln\frac{[\mathrm{Ox}]^a}{[\mathrm{Red}]^b}$$

式中，E 为电极电势，V；E^Θ 为标准电极电势，V；R 为气体常数，8. 314J/(K · mol^{-1})；F 为 Faraday 常数，96485C/mol；T 为绝对温度，K；n 为电极反应中得(失)电子数；$[\mathrm{Ox}]^a$ 为电极反应中电对氧化态浓度幂的乘积；$[\mathrm{Red}]^b$ 为电极反应中电对还原态浓度幂的乘积。电极反应中的固体或纯液体，其活度视为 1，气体的浓度用其分压表示。

当 T=298. 15K 时，代入有关常数可得：

$$E = E^\Theta + \frac{0.05916}{n}\lg\frac{[\mathrm{Ox}]^a}{[\mathrm{Red}]^b}$$

显然，E 与电对中氧化态浓度呈正相关，与电对中还原态浓度呈负相关。

（2）电池电动势的 Nernst 方程

对于任一电池反应 $a\mathrm{Ox}_1 + b\mathrm{Red}_2 \rightleftharpoons c\mathrm{Red}_1 + d\mathrm{Ox}_2$，都有：

$$E=E^{\ominus}-\frac{RT}{nF}\ln J=E^{\ominus}-\frac{RT}{nF}\ln\frac{[\mathrm{Red}_1]^c[\mathrm{Ox}_2]^d}{[\mathrm{Ox}_1]^a[\mathrm{Red}_2]^b}=E_+^{\ominus}-E_-^{\ominus}+\frac{RT}{nF}\ln\frac{[\mathrm{Ox}_1]^a[\mathrm{Red}_2]^b}{[\mathrm{Red}_1]^c[\mathrm{Ox}_2]^d}$$

式中，$[\mathrm{Ox}_1]$、$[\mathrm{Red}_2]$为反应物；$[\mathrm{Red}_1]$、$[\mathrm{Ox}_2]$为产物。

在298.15K时，代入有关常数可得：

$$E=E_+^{\ominus}-E_-^{\ominus}+\frac{0.05916}{n}\lg\frac{[\mathrm{Ox}_1]^a[\mathrm{Red}_2]^b}{[\mathrm{Red}_1]^c[\mathrm{Ox}_2]^d}$$

显然，E与电池反应中反应物浓度呈正相关，与电池反应中产物浓度呈负相关。

在应用Nernst方程时应注意：

① 除Ox和Red外，若有H^+或OH^-参与反应，则它们的浓度也应写进Nernst方程。

② 无论是计算电极电势，还是计算电池电动势，都必须首先配平反应式。

③ 电极的电子转移数往往与电池反应不一致。

5.1.4 化学电源的类别

化学电源又称电池，是一种能将化学能直接转变成电能的装置，它通过化学反应，消耗某种化学物质，输出电能。它包括一次电池、二次电池和燃料电池等几大类。

判断一种电池的优劣或是否符合某种需要，主要看这种电池单位质量或单位体积所能输出电能的多少(比能量，W·h/kg，W·h/L)，或者输出功率的大小(比功率，W/kg，W/L)以及电池的可储存时间的长短。除特殊情况外，质量轻、体积小而输出电能多、功率大、可储存时间长的电池，更适合使用者的需要。

(1) 一次电池

一次电池的活性物质(发生氧化还原反应的物质)消耗到一定程度，就不能再继续使用。一次电池中电解质溶液制成胶状不流动，也叫干电池。常用的有普通的锌锰干电池、碱性锌锰电池、锌汞电池、镁锰干电池等。

电子手表、液晶显示的计算器或一个小型的助听器等所需电流是微安或毫安级的，它们所用的电池体积很小，有“纽扣”电池之称。它们的电极材料是Ag_2O和Zn，所以叫银-锌电池[1]。电极反应和电池反应是：

负极：　$Zn+2OH^--2e^-=\!=\!=Zn(OH)_2$

正极：　$Ag_2O+H_2O+2e^-=\!=\!=2Ag+2OH^-$

总反应：　$Zn+Ag_2O+H_2O=\!=\!=Zn(OH)_2+2Ag$

利用上述化学反应也可以制作大电流的电池，它具有质量轻、体积小等优点。这类电池已用于宇航、火箭、潜艇等方面。

(2) 二次电池

二次电池又称充电电池或蓄电池，放电后可以再充电使活性物质获得再生。这类电池可以多次重复使用。铅蓄电池是最常见的二次电池，它由两组栅状极板交替排列而成，正极板上覆盖有 PbO_2，负极板上覆盖有 Pb，电介质是 H_2SO_4。

铅蓄电池放电的电极反应如下：

负极： $Pb(s)+SO_4^{2-}(aq)-2e^- = PbSO_4(s)$

正极： $PbO_2(s)+SO_4^{2-}(aq)+4H^+(aq)+2e^- = PbSO_4(s)+2H_2O(l)$

总反应： $Pb(s)+PbO_2(s)+2H_2SO_4(aq) = 2PbSO_4(s)+2H_2O(l)$

铅蓄电池充电的反应是上述反应的逆过程：

阴极： $PbSO_4(s)+2e^- = Pb(s)+SO_4^{2-}(aq)$

阳极： $PbSO_4(s)+2H_2O(l)-2e^- = PbO_2(s)+SO_4^{2-}(aq)+4H^+(aq)$

总反应： $2PbSO_4(s)+2H_2O(l) = Pb(s)+PbO_2(s)+2H_2SO_4(aq)$

可以把上述反应写成一个可逆反应方程式：

$$Pb(s)+PbO_2(s)+2H_2SO_4(aq) \rightleftharpoons 2PbSO_4(s)+2H_2O(l)$$

(3) 燃料电池

燃料电池是一种连续地将燃料和氧化剂的化学能直接转换成电能的化学电池。燃料电池的电极本身不包含活性物质，只是一个催化转化元件。它工作时，燃料和氧化剂连续由外部供给，在电极上不断地进行反应，生成物不断地被排除，于是电池就连续不断地提供电能。

例如：酸性氢氧燃料电池以氢气为燃料，氧气(空气)为氧化剂，以铂为电极。它的工作原理如下：

负极： $2H_2-4e^- = 4H^+$

正极： $O_2+4H^++4e^- = 2H_2O$

总反应： $2H_2+O_2 = 2H_2O$

(4) 海洋电池

1991 年，我国首创以铝-空气-海水为能源的新型电池，称其为海洋电池。它是一种无污染、长效、稳定可靠的电源。海洋电池，是以铝合金为电池负极，金属(Pt、Fe)网为正极，用取之不尽的海水为电解质溶液，它靠海水中的溶解氧与铝反应产生电能的。众所周知，海水中只含有 0.5%的溶解氧，为获得这部分氧，科学家把正极制成仿鱼鳃的网状结构，以增大表面积，吸收海水中的微量溶解氧。这些氧在海水电解液作用下与铝反应，源源不断地产生电能。两极反应为：

负极(Al)： $4Al-12e^- = 4Al^{3+}$

正极(Pt 或 Fe 等)： $3O_2+6H_2O+12e^- = 12OH^-$

总反应： $4Al+3O_2+6H_2O = 4Al(OH)_3\downarrow$

海洋电池本身不含电解质溶液和正极活性物质，不放入海洋时，铝电极就不会在空气中被氧化，可以长期储存。用时，把电池放入海水中，便可供电，其能量比干电池高20~50倍。电池使用周期可长达一年以上，避免经常更换电池的麻烦。即使更换，也只是换一块铝板，铝板的大小可根据实际需要而定。此外海洋电池没有怕压部件，在海洋下任何深度都可以正常工作，且海洋电池以海水为电解质溶液，不存在污染，是海洋用电设施的能源新秀。

5.1.5　电化学展望

20世纪的后50年，在电化学的发展史上出现了两个里程碑：Heyrovsky因创立极谱技术而获得1959年的诺贝尔化学奖；以及Marcus因电子传递理论而获得1992年的诺贝尔化学奖[2]。

20世纪50年代以来，Marcus建立了电子传递的微观理论，其中固-液界面的电子传递理论是其重要组成部分。Marcus电子传递理论，沿用了微观化学动力学和电子跃迁理论的基本思路，但在反应粒子活化方式上主要考虑溶剂分子重排的扰动。理论中，Marcus对反应物原子核的运动采用经典力学处理，计算速度参数时采用统计力学和非平衡连续介质极化理论。20世纪后50年是电化学新体系研究和实验信息的丰产期。实验上发现了一些有重要意义的表面光谱效应，包括金属、半导体电极的电反射效应，表面分子振动光谱的电化学Stark效应，表面增强拉曼散射效应，表面增强红外吸收效应。

这一时期电化学应用技术也有不小的突破。发明了对信息技术至关重要的锂离子二次电池、镍氢化物电池和导电聚合物电池，被誉为21世纪绿色发电站和解决电动汽车动力最佳选择的燃料电池。已筛选出最有商品化希望的四种燃料电池：磷酸燃料电池(PARC)、熔融碳酸盐燃料电池(MCFC)、固体氧化物燃料电池(SOFC)和聚合物电解质燃料电池(PEFC)，此外甲醇直接燃料电池的实验室研究也备受重视。

电化学在工业上起着相当重要的作用，包括电解金属加工与处理、电池和燃料电池水和废水处理等方面的应用。氯碱工业是世界上最大的电化学工业，它是通过电解食盐水，从而获得氯气和苛性钠的过程。氯气用于制备氯乙烯，进而合成得到聚氯乙烯，还可用作纸浆及纸的漂白剂和杀菌剂。工业中常用的有三种电解池：汞电解池、隔板电解池和离子选择性电解池[3]。由于氯的腐蚀力和电极本身的氧化，传统碳棒或石墨阳极已经远远不能满足现代工业生产的需求，而由此也催生出了一批新兴的电极材料，例如RuO_2涂层的钛电极，RuO_2涂层中含有一定量的过渡金属氧化物，如Co_3O_4等这类阳极几乎不被腐蚀，它的超电势在4~5mV，还有一个优点是：析氧副反应被降到非常低的程度(1%~3%)。该法不需要很多化学药品，后处理简单，占地面积小，管理方便[4]。

电化学在金属腐蚀与防护方面也有广泛的应用。钢铁生锈、铜器泛绿、银具变黑等都是材料(通常是指金属)与其所处环境介质之间的化学反应或电化学反应所引起的破坏或变质。这类破坏或变质被称为材料的腐蚀。金属的腐蚀严重破坏了国民经济和国防建设，通过电化学研究金属的腐蚀对于提高人们的生活水平有着重要的意义。按照金属的腐蚀机理可以将金属腐蚀分为化学腐蚀与电化学腐蚀两大类。化学腐蚀就是金属与接触到的物质直接发生氧化还原反应而被氧化损耗的过程。例如铁和氧气，其电化学腐蚀就是铁和氧形成两个电极，组成腐蚀原电池，因为铁的电极电位总比氧的电极电位低，所以铁是阳极。无论是化学腐蚀还是电化学腐蚀，金属腐蚀的实质都是金属原子被氧化转化成金属阳离子的过程。

电化学保护指的是利用外部电流使金属电位改变以降低其腐蚀速度的防腐蚀技术。按照金属电位改变的方向，电化学保护分为阴极保护和阳极保护两大类。阴极保护是一项十分实用有效的防腐蚀技术。为了降低生产成本，已开始探索利用工业纯原料代替高纯度原料制备牺牲阳极的可能性。在构筑物密集的城市地下实施外加电流阴极保护时，已推广应用深埋阳极，以减小对周围的干扰。阴极保护的应用范围也在继续扩大，为了解决混凝土钢筋的腐蚀问题，提出将阴极保护作为一项主要的防腐蚀措施。传统的阴极保护技术只能应用于液体电解质或以此为导电组分的腐蚀环境(如土壤)中，不能控制大气腐蚀和水线以上的腐蚀，因为保护电流不能达到与液体电解质接触的金属表面。这也是电化学防护中亟待解决的问题。阳极保护适用于具有活化钝化转变的体系。它依靠通入阳极极化电流使金属电极电位正移，在表面生成钝化膜，从而减缓了腐蚀。它的特点是在进入稳定的钝态后，腐蚀速度显著降低，日常运行费用也低，在正常情况下可以达到十分有效的保护；阳极保护时电位分布比较均匀，能够应用于形状较复杂的设备，为了使电位进入稳定钝化区，阳极保护的电位控制要求比较严格，否则可能有增加阳极溶解的危险。阳极保护主要应用于化工设备的防腐蚀。

电化学研究不断朝着微观方向发展，这也促进了界面电化学的不断进步。界面电化学主要研究电化学界面微观结构模型的建立，例如界面电场的形成、界面电位的分布、界面区粒子间的相互作用、电极表面的微结构、表面重建和表面态等的建立。而对材料合成和加工控制、薄膜技术、材料表征、表面处理、金属腐蚀等方面的研究，也使得电化学材料学科不断成熟，表 5-1 为电化学材料主要研究对象及内容[5]。

光电化学是将光化学与电化学方法合并使用，以研究分子或离子的基态或激发态的氧化还原反应现象、规律及应用的化学分支，属于化学与电学的交叉学科。其中光电催化是光电化学的一个重要分支，主要研究半导体光电极在将光能转换为化学能的光电化学电池中，用半导体材料作光电极，起光吸收和光催化作用。n 型半导体构成光阳极，只催化氧化反应；p 型半导体构成光阴极，只催化还原反应。但半导体表面一般不具有良好的反应活性，电极反应往往需较高的过电位。经过适当的表面处理(如热处理、化学刻蚀和机械研磨等)来改变电极的表面状态(如价态分布、晶格缺陷、晶粒粒度、比表面积和表面态分布等)，可以大大改善其催化活性。

表 5-1 电化学材料主要研究对象及内容

大类	子类	主要研究内容
电极材料	阳极材料、阴极材料、其他电极材料	碳材料、氧化物材料、金属材料、聚合物、复合材料、选择性电极材料、中间电极材料
电解材料	电解质材料、隔膜材料	电解质、快离子导体、隔膜材料
电池材料	蓄电池、干电池、光电解电池、太阳能电池、燃料电池、贮氢电池、锂离子电池	正极材料、负极材料、电解质、硅材料、半导体、密封材料等
表面工程	电沉积、化学转化膜、表面着色、涂层与精饰	电镀、化学、电泳、电铸阳极化、磷化、电解着色、染色、防护性涂层、装饰性涂层
电化学加工	切削、抛光等	电解磨削、电解抛光、电溶蚀、电化学热处理
腐蚀与防护	腐蚀、防护	腐蚀、老化、氧化、高温材料、阴极防护、阳极保护、缓蚀剂、覆盖材料
传感信息材料	传感材料、信息材料	气体传感材料、生物传感材料、湿度传感材料、信息转换材料、电接触材料等

生物电化学是 20 世纪 70 年代由电生物学、生物物理学、生物化学以及电化学等多门学科交叉形成的一门独立的学科，是用电化学的基本原理和实验方法，在生物体和有机组织的整体以及分子和细胞两个不同水平上研究或模拟研究电荷(包括电子、离子及其他电活性粒子)在生物体系和其相应模型体系中分布、传输和转移及转化的化学本质和规律的一门新兴学科。该技术可以高效处理有机污染物，通过电化学对微生物的刺激，增强微生物降解污染物的能力，提高污染物降解效率。

21 世纪前期电化学的机会将较多地赋予电化学新体系，包括研制电化学体系新材料、新体系的结构和性能、新体系的应用基础等研究。

5.2 光电催化

1993 年，光电催化首次被 K. Vinodgopal 等采用，他们在导电玻璃上涂布商品化的 TiO_2粉末来催化降解 4-氯酚[6]。结果表明，在外加 0.6V 的偏压下，4-氯酚的光催化降解速率被极大地提升，从此开辟了光电催化降解有机污染物的新领域。近几年来，为了对半导体在构成这种光电化学电池中的作用有更清楚的了解，进行了大量的理论和试验工作，并使光电催化氧化发展到用于水处理领域。例如用固定态 TiO_2作阳极、铂作阴极的电化学体系中，用外电路来驱动电荷，使光生电子转移到阴极，利用这种方法抑制电子和空穴的简单复合，提高光催化氧化的效率。

5.2.1 光电催化原理

光电催化反应可以看作光催化和电催化反应的特例，同时具有光、电催化的特点。它是在光照下在具有不同类型(电子和离子)电导的两个导电体的界面上进行的一种催化过程。说它具有光催化的特点是由于它在光照下能产生新的可移动的载流子，而且，这样的载流子和在无光照时的电催化条件下产生的大多数载流子相比较具有更高的氧化或还原能力。这些少数的光载流子的多余能量，可被用来克服电催化反应的能垒。说它具有电催化的特点是它和通常的电催化反应一样，也伴随着电流的流动。光电化学通常研究在电化学体系中涉及光能和电能以及化学能相互转化的各种过程。其中最常见的是通过光电化学反应把光能转变为电能或化学能，而其逆过程即由电能或化学能转换为光能则是不常见的。

光电催化是指用光($h\nu>E_{bg}$)照射沉积在导电材料(电极)上的半导体(光催化剂)，同时施加恒定的阳极电位(E_a)或恒定的电流密度(j)，能够避免光催化过程中产生的自由电子-空穴对的复合，如图 5-8 所示。光阳极是光电催化工作的基础，它由支撑在导电基底(阳极)上的半导体材料膜(光催化剂)组成。当光催化剂被照射时，如果入射光子的能量高于半导体光催化剂的能带隙($h\nu>E_{bg}$)，则价带(VB)中的电子被激发并跃迁到导带(CB)，在价带中产生正空位或空穴(h_{VB}^+)，如反应(1)所示。生成的h_{VB}^+具有很强的氧化能力，可与水反应，促进羟基自由基(·OH)等活性氧的形成，如反应(2)和(3)所示，由于其高氧化性，可与有机污染物反应，使其矿化。此外，如反应(4)所示，e_{CB}^-可以与电子受体形成超氧自由基。然而，在光催化过程中，光生 e_{CB}^-/h_{VB}^+对也可以重组并释放热量或辐射，如反应(5)所示，此步骤会降低去除水介质中污染物的效率，因为它限制了活性物质的产生。

$$TiO_2+h\nu \longrightarrow TiO_2(e_{CB}^-+h_{VB}^+) \tag{1}$$

$$h_{VB}^++H_2O \longrightarrow \cdot OH+H^++e^- \tag{2}$$

$$h_{VB}^++OH^- \longrightarrow \cdot OH \tag{3}$$

$$e_{CB}^-+O_2 \longrightarrow \cdot O_2^- \tag{4}$$

$$h_{VB}^++e_{CB}^- \longrightarrow TiO_2+\text{热} \tag{5}$$

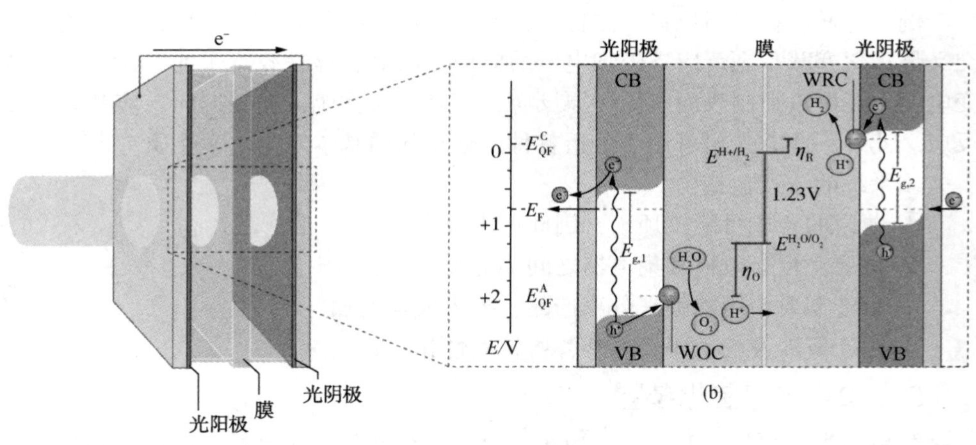

图 5-8 光电催化原理示意图[7]

在光电催化反应体系中，光阳极，即半导体催化剂所在的电极上发生的是氧化降解反应，而对电极(常用 Pt、碳棒等电极材料)上发生还原反应。以 TiO_2 的光电催化为例，一般来说，光电催化反应过程主要由以下几个步骤组成：

① 传递过程：反应物在溶液体系中传递到 TiO_2 薄膜电极表面上。

② 吸附过程：反应物吸附在电极表面上。

③ 电极反应：在光阳极方面，TiO_2 在光照下生成光生电子和空穴，光生电子在电场作用下迁移到对电极上，剩下光生空穴在电极表面上与溶液中的 OH^- 反应生成 ·OH，·OH 参与链式反应把目标有机物最终降解为 CO_2 和 H_2O，整个反应是在电极表面进行的。在对电极方面，光生电子与氧气反应，生成超氧自由基 $O_2^{-\cdot}$，超氧自由基参与氧化还原反应。

④ 脱附：氧化反应后，生成的产物无法继续吸附在电极表面上，从电极表面脱附出来，进入溶液中。然后，电极上的光生空穴与活性物种开始进行下一轮的循环反应。

⑤ 传质：电极表面产物的互相传递过程。

光电催化系统的优点包括：

① 提高电荷分离效率；

② 易于控制反应途径；

③ 易于通过外加电压为吉布斯自由能增大的光合反应提供补偿；

④ 易于产物分离；

⑤ 由于相对低的电流密度(对于电解应用通常为 10～20mA/cm^2 而不是 1A/cm^2)，对助催化剂的要求不那么严格。

例如，通过在空间位置上的良好分离，进行还原和氧化反应后，可以使产物交叉最小化并减少副反应。外加电压的应用可以显著提高载流子的寿命。通过调变电压，还可以控制表面氧化还原反应，促进正向反应，抑制逆向反应和其他副反应。此外，此方法也可用于分析各种光催化剂的基本光电化学性质。

该系统的缺点包括：

① 薄膜的合成可能较烦琐，因此成本较高；

② 需要优化光电极和集电器之间的界面；

③ 可能需要使用隔膜来分离产品，投入成本增加；

④ 由于所涉及的工程较复杂，可扩展性相对较差。

5.2.2 光电催化装置

简单的光电化学(PEC)电池应包括至少三个部分：光电极、电解质和外部电路。光电极采用薄膜材料，通常在导电基底上制备光催化剂，制备方法包括溶胶-凝胶[8]、溶液沉积、化学气相沉积(CVD)、分子束外延(MBE)、溅射沉积、水热或电子束蒸发和电沉积等。在图 5-9 中，展示了三种类型的 PEC 构成。第一种类型具有一个光吸收器(光电阴极或光电阳极)和对电极。这两个电极可以放置在同一个电解池腔室中，也可以放置在两个单独的电解池腔室中，然后通过离子导电膜连接。第二种类型具有两个光吸收器，以在更宽的太阳光谱范围内利用光能。第三种类型具有两个电极(一个或两个是光电极)，这两个电极是背光源连接，使外部电路最小化。

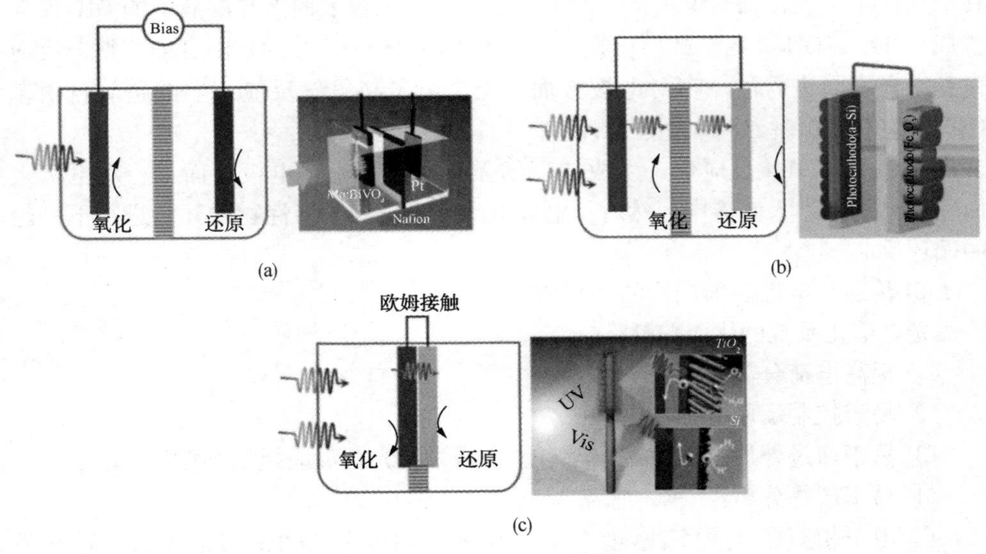

图 5-9 电极类型[9,10]

第一种类型[图 5-9(a)]由 Honda 和 Fujishima 开发。光电极被能量大于带隙的光子激发，使电子跃迁至导带并在价带中留下空穴。以 n 型半导体光电阳极为例，在半导体和电解质之间的界面处形成肖特基结，价带中的光生空穴在界面处进行氧化反应，被激发的电子通过外部电路传输到对电极以驱动还原反应。如果采用 p 型光电阴极，则为光生电子在光电极上进行还原反应，并将光生空穴传输到对电极进行氧化反应。如图 5-9(b)所示，双吸收器系统通常被称为“Z-scheme”。波长较短的辐射光被前面的光电极吸收(通常是宽带隙的 n 型光电阳极)，波长较长的光将透过前光电极并被后面的窄带隙半导体(通常是 p 型光电阴极)吸收。此外，平行双吸收器也可以并排使用，为了利用光谱的不同部分，可以使用光谱分离器，如 Li 等和 Mi 等就采用过[图 5-9(c)]。

电化学工程对于研究和评估反应堆设计中的一些操作要求非常重要。这些要求包括：电极材料、光吸收、反应器中的电势分布、适当的建模(物理、扩散和传质)、耐化学性材料和反应器结构(光电分解产物的分离)。在光电催化电池中，电势将光生电子移动到外部电路，并将其集中在阴极。这些系统由电解池、恒电位仪、电源和光源组成。根据工作条件，它们可以使用两个或三个电极。在双电极系统(光阳极和阴极)中，施加电流密度(恒电流过程)。三电极系统又包含一个控制阳极电位的参比电极，这意味着系统在恒电位条件下运行。根据反应器的配置，分为单室反应器和双室反应器。单室反应器是在同一室中具有平行电极的电解槽。在双室反应器中，阳极和阴极在单独的室内被离子交换膜分开，以避免混合电极产物。此外，光电催化降解有机物的速率对电解过程中的 pH 变化非常敏感，在没有 pH 控制的单室反应器中，比在双室反应器中可以发生更快的降解。然而，当用缓冲液调控介质的酸碱度时，在单室反应器和双室反应器中实现的降解没有明显差异。

光电反应器包括：涡流反应器、旋转圆盘反应器、淤浆反应器(具有三维电极)、填充床反应器、圆柱形反应器和管式反应器等。它们可以将光源安装在反应器的外部或内部，安装位置应使光源和光电极之间的距离尽可能小。因此，具有均匀形状、按比例放大优势的圆柱形光电催化反应器是一种有前途的设计。这种设计可以实现与合适的光源定位(环形反应器内部)相关联的高光子通量照明，该光源从各个方向照射，设计可以使用阳光以避免使用人工电气照明系统。这些需要在阳极和反应器结构上进行修改。在反应堆结构的框架内，一些研究人员对太阳能收集器进行了设计，以期通过利用太阳光来减少人工光源的使用，提高光收集的效率，从而显著降低运行成本，这使得它们更有希望实现大规模运行。

5.2.3 光电催化反应影响因素

光电催化工艺的有效性会受到一些操作参数的影响，这些操作参数会改变光电催化系统的性能。除了光电化学反应器的设计和光阳极的类型之外，一些重要的操作变量，例如施加在光阳极上的外部电势、电流密度、光源及其强度、溶液的酸碱度、电解质的种类、O_2浓度、搅拌速度和溶液温度已被研究。M. Hepel 曾就 WO_3电极光电催化降解纺织偶氮染料的影响因素做过较系统的研究，考察了外加偏压、有机物在电极上的吸附、溶液中的离子、溶液 pH 等对光电催化降解反应的影响[11]。但影响光电催化的因素较多，往往是几种因素的相互作用，机理较复杂，所以目前研究还欠完善。一般认为：外加偏压、光源和强度、电解质溶液、溶液酸碱度和催化剂粒径对光电催化的影响更大一些，其中外加偏压的影响在光电催化中研究得相对较多。

(1) 外加偏压

一些研究报告了外加偏压对有机污染物降解速率的影响。一般来说，通过增加外加偏压，污染物的降解速率会增加，因为在给定的时间会形成更多的氧化物种。外加偏压的影响表现在促使电极内部形成一定的电势梯度，从而光生电子会与光生空穴向相反的方向移动，对光生电子和光生空穴的分离起加速作用，有效降低它们的复合，而这种效果可以通过光电流的增强来体现。在不同的实验中，外加电压对光电催化的影响并不完全一样。当电压超过一定值时，光电催化降解反应的竞争反应——水的电解会成为光电极上的主要反应，并且会污染光阳极；而阳极电位在一个较低的范围内时，电极的污染和由此引起的失活无法对光电催化降解反应造成足够大的影响，此时外加偏压越大，光电催化降解速率越高。

外加偏压不仅能加速有机污染物在电极上的降解，而且还能改变催化降解的路线，使之按不同的机理降解。S. A. Walker 等在 TiO_2气凝胶电极降解苯酚的实验中发现，光照反应 2h 后苯酚的降解率为 55%[12]。用高效液相色谱检测中间产物，发现大约有 44%的苯酚被降解成醌醇。而当在气凝胶电极上施加 1. 0V 偏电压并光照反应 2h 后苯酚的降解率提高至 70%，且总有机碳(TOC)也大大降低。出现上述不同主要是因为施加偏压大大降低了电极表面光生电子和空穴的复合速率，使更多的光生空穴能在电极表面参加氧化反应，因此防止了光生电荷载流子的复合，并实现了更长的寿命。

(2) 光源和强度

在大多数工作中，光源选择的标准是根据每个光催化剂的带隙确定的。用于光电催化系统的四种光源：短波紫外 UVC($\lambda<300$nm)、长波紫外 UVA(λ：320~400nm)或紫外-可见 UV/Vis 灯和直接来自太阳或用灯模拟的阳光。紫外光具有很高的能量，可以激发大多数半导体，因此它被广泛用作激活宽禁带半导体，如二氧化钛和氧化锌的光源。在许多研究中，人工紫外线被用来照射光催化剂，以达到去除污染物的目的。相反，占太阳光谱大约 43%的可见光不能激发大多数宽

带隙光催化剂。作为取之不尽的清洁能源，阳光已被广泛用于废水处理。然而，光电催化系统不容易在室外应用，因此大多数关于光电催化去除有机污染物的研究仍在实验室条件进行，并且使用模拟阳光进行。此外，一些研究者研究了光强与有机污染物光电催化氧化的关系，认为光强对光电催化降解污染物有很大影响。在较高的紫外光强度下，由于光催化剂的高活性，有机化合物的分解或细菌的灭活率(尤其是在紫外线辐射下)会增加，从而在光阳极表面产生更多的 h_{VB}^{+} 和氧化物种。此外，光源的位置是光化学过程中的一个重要参数，因为光强取决于人工灯到光阳极的位置和距离。当光源位于光反应器内部时，光到达光阳极的距离减小，并且避免了溶液中散射效应的出现。相反，当光源位于光反应器外部时，其与光阳极之间的距离更大，这会影响光催化剂的光吸收。

(3) 电解质溶液

电解质是光电催化系统的关键组成部分，因为它完成电化学回路并允许氧化反应发生，类似于电化学氧化过程。电解质的加入增加了溶液的电导率，因此有助于减少由于欧姆降和过程中电能消耗造成的损失。此外，电解质的组成也可能影响降解动力学，因为它将作为其他活性物质形成的介质，例如过氧化物或活性氯，因为它们参与有机物的间接氧化。一些研究人员研究了添加氯化钠、硝酸钾和硫酸钠作为电解质的效果。Na_2SO_4更多地用于实验室，因为它能够通过产生过氧化二硫酸根离子来提高去除效率。此外，硫酸钠是一种无毒的电解质，在低浓度下可以排放到自然中。

(4) 溶液的酸碱度

溶液的酸碱度影响污染物的去除，因为它可能影响或有利于活性物种的形成，它也可能改变催化剂的表面电荷。电解溶液的酸碱度，决定了光催化剂在表面吸附不同污染物的能力。此外，废水的酸碱度也会影响光电极的稳定性和腐蚀现象。其他参数也可以影响 PEC 系统的效率，例如，溶解 O_2有助于防止光生电子-空穴对的复合，因为它充当电子受体以形成活性物质。另一个重要因素是搅拌速率，它影响反应器内的传质。最后，污染物的浓度以及电极的实际有效面积与处理样品的体积之比会影响有机污染物在水中的降解速度，是扩大光电催化处理规模时需要考虑的重要参数。

(5) 催化剂粒径

催化剂粒径越小，单位质量粒子数目越多，光吸收效率就越高，光吸收不易饱和，体系的比表面积越大也有助于有机物的预吸附，反应速率就越快；催化剂粒径越小，光生电子从晶体内扩散到表面的时间越短，电子与空穴分离的效果越好，光催化活性越高。粒径也不是越小越好，粒径降低到一定程度，比表面积急剧增加，导致表面电子和空穴复合概率提高。而且粒径过分减小，量子尺寸效应显著，禁带变宽，可利用的光的波长范围减小，导致可吸收的光子减少，迁移到表面的光生空穴-电子对减少，从而使光催化效果降低。因而光催化剂的粒径也有一个最佳值。

5.3 光电催化材料的制备

制备出具有良好光电化学性能，并且有较高的物理化学稳定性和高电子传导性能的光电催化电极材料是实现光电催化技术实际应用的关键所在。不同的制备方法对电极材料的性能有着较大影响，开发出简单易行且有效的制备方法是至关重要的[13]。目前，光电催化的电极材料主要有以下几种制备方法：电沉积法、水热法、溶胶-凝胶法、化学气相沉积法等。

5.3.1 电沉积法

电沉积法是利用三电极体系进行的，将工作电极以及对电极浸入前驱体溶液中。通过施加外加偏压，使工作电极上发生还原(阴极沉积)或氧化反应(阳极沉积)，活性组分在电极表面沉积。最终，得到想要的工作电极。电沉积法不仅简单且省时，而且可以控制催化剂形貌的大小、密度和组成[14]。

电沉积法可以稳定和方便地制作出光电催化电极，并且可以通过控制沉积时间、温度、电流大小等条件优化出具有最佳性能的材料。Chen 等[15]通过在 FTO 电极表面电化学还原 GO 制备高孔隙率的导电 3D 石墨烯水凝胶(GH)，接着将 BiOI 纳米片电沉积在其中，形成 3D BiOI/GH/FTO 光电极，如图 5-10 所示。随着 BiOI 沉积时间的增加，越来越多的 BiOI 暴露在 GH 表面，导致其形貌发生改

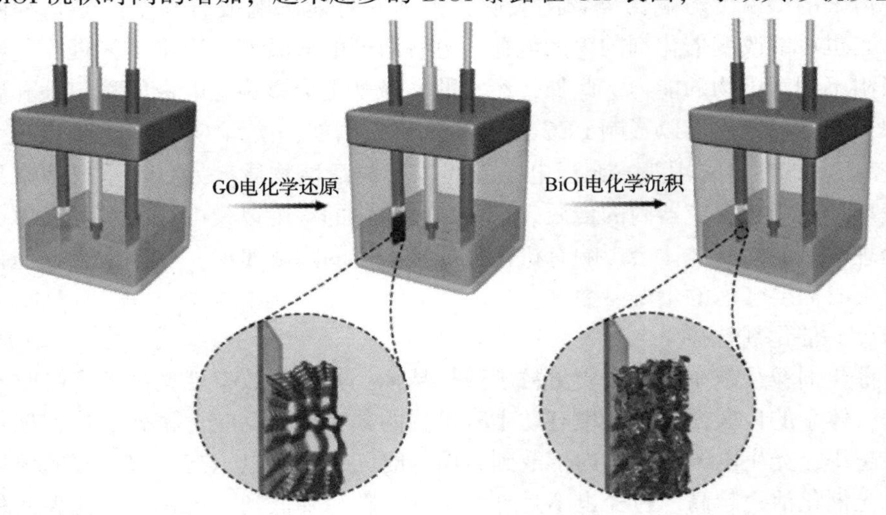

图 5-10　3D BiOI/GH/FTO 电极复合材料的合成过程示意图

变。结果表明，当 BiOI 的沉积时间为 60s 时，BiOI/GH/FTO 电极具有最大反应速率常数（$k=0.35h^{-1}$），而过量的 BiOI 会使 PEC 降解，活性变差。通常，沉积时间和电流密度影响着所沉积的催化剂的量以及形成的薄膜厚度，对复合电极的性能有较大影响。Bai 等[16]通过电化学沉积法制备的赤铁矿/$BiVO_4$/水滑石光阳极，对可见光具有快速的响应，且光电流密度是纯赤铁矿的 7 倍。这归因于光激发产生的电子-空穴对的有效分离。

由此可见，电沉积法作为一种条件温和、简单易操作的制备方法，所制备的光电催化电极材料主要与沉积物本身的类型和浓度、沉积电流、沉积时间和溶液温度等操作条件相关，改变这些参数会改变电极材料的形貌和结构特征，进而对整个光电催化性能产生影响。

5.3.2 水热法

水热法就是通过反应釜内部的高温高压作用，模拟自然界中的成矿过程，在高温高压下，一些不溶或难溶于水的物质溶解度增加，反应速度会加快，从而有利于合成反应的进行以及晶体的生长，最终合成性能良好的功能材料。水热法具有在液体环境中反应性能好、能耗低、环境友好等突出优点。

水热法的操作条件一般包括温度、反应时间、前驱体浓度等。PENG 等[17]通过水热法制备了 Co 掺杂的 MoS_2 纳米颗粒（NPs），并用于光电催化还原 CO_2。与纯 MoS_2 相比，新型 Co 掺杂 MoS_2 NPs 的价带和导带分别位于 0.89V 和 -0.52V，具有较高的光催化还原性能。Kamal 等[17]也以多孔二硫化钼为模板，通过水热反应成功制备了二硫化钼/二氧化钛纳米粒子。研究表明，水热法可以利用少层 MoS_2 NFs 对 TiO_2 NBs 进行原位表面修饰，异质结的电荷转移增强，增加了载流子浓度。在光照下，MoS_2/TiO_2 的过电位显著降低，可以用于环境治理以及水分解制氢。

尽管水热法有诸多优点，但受基底材料的限制较大。一些柔性或者多孔类的基底材料，如碳纸、碳纤维毡等，或本身可以生长催化剂的材料，如钛箔等，较为适合通过水热法原位制备光电催化电极。

5.3.3 溶胶-凝胶法

溶胶-凝胶法是一种短时间内可以使材料获得分子水平均匀性的制备方法。在形成凝胶时，反应物之间可以在分子水平上被均匀地混合，成为制备均匀材料较为普遍的方法。溶胶-凝胶法主要是由溶解的前体凝聚而形成的胶体悬浮液，然后胶体颗粒在凝胶阶段通过化学反应将其表面的局部反应基团结合在一起，从而整合和结合成多聚基质。制得的产品具有出色的化学稳定性和纯度，可用于形成杂化聚合物。此外，这种方法可以在较低温度下生产致密的涂层[18]。

Liu 等[19]通过简单的溶胶-凝胶法制备了 F 掺杂二氧化钛光电极用以降解亚

甲基蓝。通过将 F 掺杂到 TiO_2 中可以有效地提高 PEC 性能，脱色性能随 F 掺杂量的增加而增加，经过 4h 的 PEC 反应，在 15%(质量分数)的掺杂量下，最佳的脱色性能达到 92.9%。该制备方法具有反应简单、条件温和等优点。Li 等[20]以天然石墨氧化后的纳米石墨为载体，制备的复合材料中 TiO_2 颗粒(10nm)的粒径小且均匀分布。Carreño-Lizcan 等[21]用溶胶-凝胶法制备了 N 掺杂的氧化锗修饰的二氧化钛光阳极，并用浸涂技术将其固定在不锈钢上。结果表明氮掺杂和还原氧化石墨烯的加入使得光电催化苯酚降解性能增加。Zhou 等[22]通过溶胶凝胶法和浸涂法成功地合成了掺 La/N 的二氧化钛薄膜电极，掺杂后的电极对孔雀石绿的降解率比未掺杂样品高 23.5%。La 和 N 共掺杂的协同效应使 TiO_2 的吸收边缘增加到可见光区域，有利于光电催化过程。同时，在一系列的制备过程中，改变了 La 和 N 的掺杂量，从而改变复合电极的形貌。TiO_2 溶胶在镀膜过程中会聚集在一起，通过溶胶凝胶法包覆在基底泡沫镍上，与基底紧密结合在一起。

影响溶胶-凝胶法的操作条件有很多，如前体溶液浓度、提拉速度、薄膜层数等，在制备掺杂/未掺杂纳米二氧化钛的过程中，不同前驱体溶液的酸碱性对纳米材料的性能也有重要影响。主要体现在高 pH 环境下，样品比表面积大、粒径小，此时纳米粒子二氧化钛光催化活性更好。反应条件简单、温和，对基底条件基本无限制，这是溶胶-凝胶法具有的巨大优势。

5.3.4 化学气相沉积法

化学气相沉积(CVD)是利用气态或蒸气态的物质在气相或气固界面上发生反应生成固态沉积物的过程。化学气相沉积过程分为三个重要阶段：反应气体向基体表面扩散、反应气体吸附于基体表面、在基体表面上发生化学反应形成固态沉积物及产生的气相副产物脱离基体表面。最常见的化学气相沉积反应有：热分解反应、化学合成反应等。

早期的 CVD 工艺被用来制备钨、硅等传统材料，Liu 等[23]首次在铜箔上通过 CVD 工艺从甲烷中制备出厘米级大面积石墨烯。如今的 CVD 工艺也愈加成熟，可以以合理的成本来制备更高质量、更大面积的二维材料。Yang 等[24]通过化学气相沉积制备了二氧化钛/石墨烯/氧化亚铜网状结构，催化剂分布均匀，具有规则良好的形貌，在可见光照射下对双酚 A 的降解表现出良好的光电催化活性。性能的提高归功于光催化剂-介体-光催化剂的三元结构，反应生成的超氧自由基对双酚 A 具有很高的降解活性。

然而，由于其昂贵的气相前驱体限制了化学气相沉积法在光电催化材料合成中的应用，现阶段为了克服化学气相沉积法的高真空技术的成本和产量限制，雾化化学沉积等一些技术所制备的薄膜性能也能够达到其他更复杂的高真空所获得的电学性能。

5.4 光电催化的应用

自从 Honda 和 Fujishima[25] 开创了光电催化分解水的先河以来，光电催化(PEC)得到了迅速发展。如今，光电催化已经成为一种具有综合原理的技术，而且已成功应用于有机化合物氧化、无机离子还原、微生物灭活、CO_2还原以及电力和氢的生产。

5.4.1 降解有机污染物

近年来，光电催化在氧化有机污染物方面受到越来越多的关注，它比单独的光催化和电氧化显示出更大的潜力。而且在有机污染物的光电催化氧化中，光催化和电催化之间存在着明显的协同效应，这是光电催化能高效氧化有机污染物的重要原因。在光电催化降解水中有机物的过程中，通常采用具有光催化活性的电极作为光阳极。在光阳极上施加外加偏置电位，可以抑制光生电子-空穴对的复合，提高光阳极的光催化活性。此外，还避免了从废水中分离光催化剂颗粒的问题[26]。但是，PEC 系统的效率会受到很多因素的影响，如光阳极材料、操作条件和污染物的性质等。目前关于光电催化矿物材料治理水中难处理污染物的研究报道很多，如高岭土、针铁矿或坡缕石负载型光电催化矿物材料和金属离子掺杂的赤铁矿作为光阳极，在外加电压条件下催化氧化降解抗生素、苯和偶氮染料等难降解的有机污染物。

合成染料由纺织、食品、涂料等行业排放到水环境中，它们具有毒性和可见性，正在对环境和人们的生活造成破坏。合成染料按结构可分为偶氮染料、羰基染料、酞菁染料、芳基甲烷染料、甲基染料和硫化染料，其中偶氮染料是纺织工业中使用最多的合成染料。在 PEC 系统中，可以有效地去除多种不同类型的染料。

当今世界，化学品的使用是日常生活中不可或缺的一部分，日常生活中涉及约 1100 万种合成化学品，其中有 3000 种被大规模生产，在生产过程中会产生大量具有潜在毒性的污染物释放到水环境中。众所周知，其中一些污染物会导致癌症、出生缺陷以及神经系统和荷尔蒙失调等疾病的发病率增加，并可能导致生态系统发生变化，污染水源和食物。目前，世界人口的高速增长以及工业活动的扩大仍然是造成用水量急剧增长的原因，而饮用水的供应却保持不变。因此，人们越来越关注地表水、工业废水和人口活动产生的废物的处理。然而，这些化学物质一般不适合常规的水处理工艺，相反，PEC 工艺对其中一些化学物质表现出很好的降解效率。Daghir 等[27]的一项工作表明，在 pH 值接近 6 时，在 6.9mW/cm^2 UVC 照射下，在 $I = 0.39A$ 的条件下，在 0.050mol/L Na_2SO_4 中对 1L 0.025～0.230mg/L 金霉素溶液进行最佳 PEC 处理。对 0.025mg/L 溶液处理 120min 后，获得98%的药物衰减和67%的TOC去除率。

目前，应用于光电催化的光催化剂包括TiO_2、WO_3、ZnO、CdS、Fe_2O_3和SnO_2等。其中，TiO_2已成为普遍使用的最成功的材料之一，因为它具有环境友好、成本较低、电子/空穴对寿命长、VB和CB的位置合适、化学和热稳定性良好等优点。

虽然PEC工艺在去除水中难降解有机物方面显示出巨大的潜力，但是对于大规模应用还存在一些问题。未来PEC工艺的研究可以集中在开发能更多地利用太阳光谱、量子效率更高、稳定性更好的光阳极上。另外，PEC工艺可以与生物法、Fenton法、氧化法等工艺相结合，进而可以更高效地处理较复杂的水中有机物，并且具有停留时间短的优点。PEC工艺还可以与燃料电池相结合，以降低大规模应用的能耗。

5.4.2 降解无机污染物

许多无机化合物存在于地表水中，在低浓度下对人类无害，但它们浓度的上升会严重威胁人类的身体健康。根据美国环境保护署的说法，扩散的营养源，包括农业活动产生的各种无机化合物，是加速全球地表水富营养化进程的主要原因。在多种无机化合物中，溴酸盐(BrO_3^-)的形成引起了人们的极大关注，它来自城市饮用水处理过程中含溴水的氯化和臭氧氧化反应。世界卫生组织国际癌症研究机构把BrO_3^-列入2B级致癌物清单。

在与环境和农业活动相关的公共健康问题的讨论论坛上，饮用水中硝酸盐含量的增加是一个反复出现的问题。这一问题可能会导致严重的健康风险，如蓝婴综合征、高血压和癌症。正因为如此，全球一直在限制地表水或饮用水中的硝酸根离子。光电催化在TiO_2NT光电阴极上进行硝酸盐还原，在无溶解氧的7mmol/L的NaCl溶液中，pH值=7，在紫外光照射和-0.2V(vs Ag/AgCl)的外加电压条件下处理6min，硝酸盐去除率可达100%。

5.4.3 同时去除有机污染物和重金属

电化学法(EC)为去除水中多种有机和无机污染物提供了一条有效途径。这一废水处理过程显示出几个优点，如高能效、易于自动化和所需设备简单等。此外，EC可以方便地与高级氧化技术(AOP)结合，这被称为电化学高级氧化工艺(EAOP)。各种EAOP被设计用于废水的修复，如电Fenton(EF)、光电Fenton(PEF)和光电催化(PEC)。作为研究最广泛的EAOP，PEC是基于PC和EC的耦合，通过外部电路驱动光生电子到阴极，降低了光生电子-空穴对的复合速率。也就是说，PEC可以有效地解决PC中光生电子-空穴对的复合问题。此外，它将阳极的氧化过程和阴极的还原过程分开，从而为污染物的去除提供了新的思路。

由于实际废水中有机污染物往往与重金属共存，近年来，PEC 对有机物和重金属的同时去除受到了更多的关注。PEC 技术应用于去除有机-重金属混合污染物有以下两个优点：PEC 过程中转移到阴极的光生电子参与了重金属的还原，有利于充分利用电能回收重金属；在相同的 PEC 条件下，有机污染物的光阳极氧化和重金属的阴极还原往往存在协同作用，使得混合污染物的去除率高于单一污染物的去除率。

PEC 作为一种很有前途的 EAOP，在修复含有有害有机污染物和有毒重金属的废水方面的潜力已经得到了很好的证明。在这些 PEC 实验中，考察了 pH 值、外加偏压或电流、电解液类型和初始污染物浓度等操作参数对模拟混合污染物去除效果的影响，确定了 PEC 的最佳运行条件。PEC 系统已经在实验室规模得到应用，通常由带有两个到三个电极的反应器组成，通过紫外光、可见光或太阳光照射光阳极。在光源方面，由于太阳能的可再生价值，研究的重点逐渐从紫外光发展到可见光和全光。由于构建纳米结构、掺杂和复合半导体电极的制备增强了对可见光和全光的吸收能力，太阳能驱动的 PEC 技术的发展已经成为可能。

当然，无论一些实验室实验结果如何，更多的研究有望开发出成熟的 PEC 技术来去除工业上的有机-重金属混合污染物，开发高效的光催化剂和设计多功能的 PEC 反应器仍然是必要的。一方面，光催化剂的开发并不局限于可见光活性增强的半导体，还需要考虑材料对占太阳光最大比例的近红外光的响应。例如，转换发光材料有望与可被近红外光激活的半导体形成复合材料，用于 PEC 处理废水。另一方面，高效 PEC 反应器的设计是 PEC 未来工业化应用的基础。连续流反应器可能是 PEC 技术规模化的一种可行设计。反应器的设计应充分利用可再生太阳能，使工业规模的 PEC 处理废水所需的能量最低。例如，在光电催化燃料电池中，太阳光不仅可以用来照射光阳极，还可以产生电力来驱动 PEC 过程。毫无疑问，未来 PEC 在废水处理方面的研究意义重大。

5.4.4 光电催化消毒

现如今已经提出了许多使用氯、二氧化氯、臭氧和紫外线等化学元素对水进行消毒的方法。其中，氯被广泛用于饮用水消毒，因为它的成本低，而且可获得的信息范围很广。然而，这种元素会生成致癌的三卤甲烷(THMs)等有毒副产品。除此之外，还发现有一些微生物对氯消毒具有抵抗力。

微生物的失活比有机物的降解更为复杂。就有机化合物而言，有机分子结构中只要一处改变就会导致其消失，而微生物的失活并不仅仅对应于微生物中存在的有机分子的一处改变。此外，有机分子的大小小于 1nm，而微生物的大小一般大于 300nm。另一个重要的问题是，微生物的组成非常复杂，由不同的膜或层组成，这些膜或层在处理过程中会释放不同类型的有机分子。

鉴于此，开发饮用水消毒的替代工艺应该得到必要的重视和推动。在可替代消毒的方法中，高级氧化工艺显示出了良好的效果，尤其是光电催化。大多数研究都报道了以大肠杆菌为模式的微生物光电催化消毒。Matsunaga 等[28]首次报道了光电化学在灭菌中的应用。1985 年用负载铂的二氧化钛(TiO_2/Pt)在紫外光照射下灭活嗜酸乳杆菌、酿酒酵母和大肠杆菌[10^3cells/mL(每毫升液体里的细胞数量)]，时间为 60~120min。在此过程中，辅酶 A 的光电化学氧化是细胞死亡的原因。光化学消毒不仅消除了传质受限的缺点，而且还能促进羟基自由基的产生。

光电催化氧化不仅可以很好地灭活大肠杆菌，还可以灭活快速生长的分枝杆菌，通常这些细菌很难通过普通的消毒措施根除。它们对二氧氯化氯、戊二醛、苯扎氯铵、有机汞化合物、氯已定，甚至高压灭菌都有抵抗力(抵抗力是大肠杆菌的 600 倍)。分枝杆菌可出现在供水系统、水族馆、湖泊和河流、养鱼池、血液透析用水、医疗器械、游泳池和饮用水等很多场所。Brugnera 等[29]首次报道了污垢分枝杆菌光电催化消毒的完全灭活。

众所周知，光电催化反应对微生物的灭活可能涉及 OH 自由基、$\cdot O_2^-$和 H_2O_2等其他活性氧对细胞壁的攻击，在细胞壁上细菌和催化剂发生反应，进而破坏细胞膜，增加细胞通透性(表现为钾离子泄漏)，最终导致细胞溶解和死亡。考虑到攻击发生在细菌的外壁上，在壁结构和细胞复杂性方面的研究是必要的，因为它们可能导致不同的光电催化失活效率。Maness 等[30]发现辐照后的 TiO_2表面产生的活性物种会攻击大肠杆菌中的多不饱和磷脂。脂质过氧化反应导致细胞膜结构的破坏，因此可以说与细胞死亡的机制有关。Sunada 等[31]报道了在光催化条件下使用二氧化钛时，大肠杆菌外膜的主要成分内毒素被破坏，而对分枝杆菌而言，则倾向于破坏肽聚糖层。

文献中提供的大多数研究是关于传统细菌培养的消毒，但这种方法有相当大的局限性，包括潜伏期长，无法检测到 VBNC 菌株(指在不良环境条件下，或在培养基上于常规条件下培养时，整个细菌细胞缩小成球形，但仍然具有代谢活性及致病力的活菌的一种休眠状态)，以及缺乏重复性。在这种状态下，它们在标准培养基中是不能恢复的，细菌仍保持其代谢活性和致病特性，从而对公众健康构成危险，而光电催化可能会增加 VBNC 状态的可能性。为了克服这一局限，分子方法被提出，其中包括实时荧光定量 PCR。细胞中 96%(质量)的 DNA 是由有机大分子组成的，包括蛋白质、多糖、脂质、脂多糖和核酸(DNA 和 RNA)。因此，测定 TOC、多糖和蛋白质的去除率可以作为监测细胞裂解过程中产生的有机物降解情况的一种替代方法。

5.4.5 光电催化还原 CO_2

快速增长的二氧化碳排放及其对地球气候的影响对人们生存的环境构成了威

胁，因此需要尽快减少二氧化碳的排放。为了应对这一巨大挑战，人们一直在寻找有效的方法来防止二氧化碳的积累，包括去除、封存、利用和转化为其他化合物。因此，开发能够将二氧化碳回收到附加值产品中或通过高能燃料回收的方法受到了学者们极大的关注。自 20 世纪 90 年代初以来，二氧化碳转化和再循环为功能性碳氢化合物逐渐兴起。从那时起，人们在二氧化碳还原方面采用了大量的方法。其中值得一提的方法包括生物质、生物催化、热化学、电化学、光催化和光电催化。因为光电催化技术应用于 CO_2还原的转化效率高，产品价值高，所以近年来受到人们的重视。

1978 年，Halmman 报道了第一项关于光电催化还原二氧化碳的工作[32]。在间隙电极上，CO_2在光电催化作用下转化为甲酸、甲醇和甲醛。然而，该过程需要 16h 的还原才能达到甲醇生成量的 60%。由于 p 型半导体的还原特性，用于 CO_2光电还原的光电极大多是基于 p 型半导体的。同时，其他因素也会影响产物的形成，包括溶液 pH、体系温度和压力、CO_2浓度、外加电位等。

光电催化还原 CO_2体系有很多优于电催化和光催化的性能，但目前在这方面的研究数量尚不多，尤其是对高活性和稳定的光阴极的研究较少，目前已引起该领域研究人员的极大关注。

5.4.6 光电催化制氢

当今世界经济对化石燃料的高度依赖和其对环境的污染问题促使世界各地的研究人员致力于开发新的可再生能源。其中，氢能由于其强大的能量载体特性、相对于常规化石燃料更高的能量转换效率以及在燃烧过程中产生的无害物质而备受关注。光电催化是一种有前途的可替代传统制氢途径的方法，主要是因为能将太阳光转化为电能并最大限度地减少发生在光催化过程中的电子-空穴复合问题。

在光电催化过程中，H^+的还原发生在光电催化的阴极反应中，一般使用半导体作为光阴极。氢气是由 H^+离子和流向阴极的电子反应产生的，电解质负责维持电导率和控制 pH。

利用光电化学技术直接分解水以产生 H_2和 O_2一直以来都受到人们的高度重视。这种反应的第一个例子与 Fujishima 和 Honda 报告的工作相对应。随着这项工作的公开，之后的许多研究致力于开发新的高效和稳定的光电极材料以产生氢气。提高光电催化活性材料的效率和稳定性是很有前景的，并且也具备商业化可能。

许多半导体作为光活性材料已经应用于光电催化分解水，如 TiO_2薄膜、TiO_2纳米管、WO_3、Ag 修饰的 WO_3以及 WO_3/TiO_2、$CdS-TiO_2$和 $BIOX/TiO_2$复合材料。这些材料之间的主要区别在于用于电极活化的光源和电解质组成。其中

BIOX-TiO_2/Ti 只能在紫外光照射下产生活性，而 TiO_2 NT 可以用紫外光照射，TiO_2修饰电极可以用可见光照射，这些都表明光电化学方法可以有效地用于制氢。

面向大规模应用，当涉及光反应器的结构时，阴极和阳极的分离是至关重要的。此外，在 PEC 水分解反应器中，通过使用燃料电池中常用的质子交换膜(Nafion)(只允许 H^+穿过，H_2和 O_2气体留在每个隔室中)可以成功地实现气体的分离。Minggu 等[33]报道，光电化学反应器的形状直接取决于光电极组件。平板光阳极允许最大限度的光照，符合最简单的光反应器设计。如果只有阳极材料具有光活性，可以使用阳极与水电解质完全分离的矩形板型结构。相反，如果两个电极都具有光活性，阳极和阴极并排排列，并且允许在两种材料中进行光照射，这种结构需要一个光阳极和一个光阴极。

5.4.7 光电催化存在的挑战

光电催化有着诸多优点，但是在光电催化的规模化应用的道路上也存在着许多挑战，如反应器设计、试点和放大，以及成本等问题，需要各个学科的研究者们通力合作，共同推进。

(1) 反应器

实验室阶段的光电催化反应器主要是单室，或者是阴极和阳极分隔的双室反应器。在工业应用中需要开发适用于工业场景的高效反应器，以充分发挥出催化剂的作用。目前，有报道管式光反应器用于 PEC 系统的空气处理。此外，为了提高降解效率，Tantis 等[34]巧妙地将光阳极置于光反应器的中心，并扩大了灯源数量，用于提高光电催化效率。关于高效光电催化反应器的报道仍然较少，需要有更多的跨学科研究人员的参与来促进这一领域的进步。

(2) 试点和放大

大部分光电催化研究都是在实验室中进行的，关于光电催化中试系统的研究没有广泛报道。相比之下，传统的光催化氧化已经在放大的反应器中进行，如固定床、流化床、斜板等光反应器。Oyama 等[35]比较了在太阳辐射下对废水处理的几种高级氧化过程。在中试规模的光反应器中，TiO_2光辅助臭氧氧化比其他技术更有前景。Oller 等[36]提出 AOP 与生物处理相结合，用于水处理放大系统。

尽管实验室规模的光电催化降解污染物非常有前景，但目前很少有工作涉及光电催化在实际污水中的应用，仅仅应用于油田生产废水和纺织废水的降解。光电催化的放大及中试研究将有利于推动光电催化的工业化进程。

(3) 成本

在选择水处理方案中，应考虑经济性、法规、处理后的污水状况、操作和系统的稳定性等因素。在这些因素中，经济性是企业考虑的重要因素，而电能可以代表运营成本的主要部分。电化学能量消耗(E_C)通常以 kW·h/kg 表示，作为电流密度的函数，用于评估 PEC 处理的有效性。Catanho 等[37]、Guaraldo 等[38]研究了光电催化处理的电流效率，其估值是根据 PEC 处理前后的总有机碳测量值计算的，发现在较低的电流密度值下，可获得较高的电流效率。在光电催化过程中，高效地利用太阳能是降低成本的一个有效方法。

参 考 文 献

[1] 程立文. ZPower 公司的银锌电池[J]. 电源技术，2008(11)：729-730.

[2] 林仲华. 21 世纪电化学的若干发展趋势[J]. 电化学，2002(1)：1-4.

[3] 张楠喆. 电化学水处理技术发展综述[J]. 中国战略新兴产业，2017(20)：67.

[4] 甘卫平，马贺然，李祥. 超级电容器用(RuO_2/Co_3O_4)·nH_2O 复合薄膜电极的制备及其性能[J]. 无机材料学报，2011，26(8)：823-828.

[5] 唐电，陈再良. 电化学材料科学的发展前景[J]. 科技导报，2002(6)：26-28.

[6] Vinodgopal K，Hotchandani S，Kamat P V. Electrochemically assisted photocatalysis：titania particulate film electrodes for photocatalytic degradation of 4-chlorophenol[J]. The Journal of Physical Chemistry，1993，97(35)：9040-9044.

[7] Sivula K，van de Krol R. Semiconducting materials for photoelectrochemical energy conversion[J]. Nature Reviews Materials，2016，1(2)：15010.

[8] Zhang X，Liu Y，Lee S，et al. Coupling surface plasmon resonance of gold nanoparticles with slow-photon-effect of TiO_2 photonic crystals for synergistically enhanced photoelectrochemical water splitting[J]. Energy & Environmental Science，2014，7(4)：1409-1419.

[9] Liu C，Tang J，Chen H，et al. A fully integrated nanosystem of semiconductor nanowires for direct solar water splitting[J]. Nano Letters，2013，13(6)：2989-2992.

[10] Qiu Y，Liu W，Chen W，et al. Efficient solar-driven water splitting by nanocone $BiVO_4$-perovskite tandem cells[J]. Science Advances，2(6)：e1501764.

[11] Hepel M，Hazelton S. Photoelectrocatalytic degradation of diazo dyes on nanostructured WO_3 electrodes[J]. Electrochimica Acta，2005，50(25)：5278-5291.

[12] Butterfield I M，Christensen P A，Hamnett A，et al. Applied studies on immobilized titanium dioxide films ascatalysts for the photoelectrochemical detoxification of water[J]. Journal of Applied Electrochemistry，1997，27(4)：385-395.

[13] 王金乔，王磊，安家君，等. 光电催化电极材料制备方法研究进展[J]. 水处理技术，2023，49(1)：7-13.

[14] Li X，Du X，Ma X，et al. CuO nanowire@ Co_3O_4 ultrathin nanosheet core-shell arrays：an effective catalyst for oxygen evolution reaction[J]. Electrochimica Acta，2017，250：77-83.

[15] Chen D，Yang J，Zhu Y，et al. Fabrication of BiOI/graphene hydrogel/FTO photoelectrode with 3D porous architecture for the enhanced photoelectrocatalytic performance[J]. Applied Catalysis B：Environmental，2018，233：202-212.

[16] Bai S，Chu H，Xiang X，et al. Fabricating of $Fe_2O_3/BiVO_4$ heterojunction based photoanode modified with NiFe-LDH nanosheets for efficient solar water splitting[J]. Chemical Engineering Journal，2018，350：148-156.

[17] Peng H，Lu J，Wu C，et al. Co-doped MoS_2 NPs with matched energy band and low overpotential high efficiently convert CO_2 to methanol[J]. Applied Surface Science，2015，353：1003-1012.

[18] Balaji J，Sethuraman M G，Roh S H，et al. Recent developments in sol-gel based polymer electrolyte membranes for vanadium redox flow batteries-A review[J]. Polymer Testing，2020，89：106567.

[19] Liu D，Tian R，Wang J，et al. Photoelectrocatalytic degradation of methylene blue using F doped TiO_2 photoelectrode under visible light irradiation[J]. Chemosphere，2017，185：574-581.

[20] Li D，Jia J，Zhang Y，et al. Preparation and characterization of Nano-graphite/TiO_2 composite photoelectrode for photoelectrocatalytic degradation of hazardous pollutant[J]. Journal of Hazardous Materials，2016，315：1-10.

[21] Carreño-Lizcano M I，Gualdrón-Reyes A F，Rodríguez-González V，et al. Photoelectrocatalytic phenol oxidation employing nitrogen doped TiO_2-rGO films as photoanodes[J]. Catalysis Today，2020，341：96-103.

[22] Zhou X，Zhang X，Feng X，et al. Preparation of a La/N co-doped TiO_2 film electrode with visible light response and its photoelectrocatalytic activity on a Ni substrate[J]. Dyes and Pigments，2016，125：375-383.

[23] Liu J, Li P, Chen Y, et al. Large-area synthesis of high-quality and uniform monolayer graphene without unexpected bilayer regions[J]. Journal of Alloys and Compounds, 2014, 615: 415-418.

[24] Yang L, Li Z, Jiang H, et al. Photoelectrocatalytic oxidation of bisphenol a over mesh of TiO_2/graphene/Cu_2O[J]. Applied Catalysis B: Environmental, 2016, 183: 75-85.

[25] Fujishima A, Honda K. Electrochemical photolysis of water at a semiconductor electrode[J]. Nature, 1972, 238(5358): 37-38.

[26] Kümmerer K. The presence of pharmaceuticals in the environment due to human use-present knowledge and future challenges[J]. Journal of Environmental Management, 2009, 90(8): 2354-2366.

[27] Daghrir R, Drogui P, EI Khakani M A. Photoelectrocatalytic oxidation of chlortetracycline using Ti/TiO_2 photo-anode with simultaneous H_2O_2 production[J]. Electrochimica Acta, 2013, 87: 18-31.

[28] Matsunaga T, Tomoda R, Nakajima T, et al. Continuous-sterilization system that uses photosemiconductor powders[J]. Applied and Environmental Microbiology, 1988, 54(6): 1330-1333.

[29] Brugnera M F, Miyata M, Zocolo G J, et al. Inactivation and disposal of by-products from Mycobacterium smegmatis by photoelectrocatalytic oxidation using Ti/TiO_2-Ag nanotube electrodes[J]. Electrochimica Acta, 2012, 85: 33-41.

[30] Maness P C, Smolinski S, Blake D M, et al. Bactericidal activity of photocatalytic TiO_2 reaction: toward an understanding of its killing mechanism[J]. Applied and Environmental Microbiology, 1999, 65(9): 4094-4098.

[31] Sunada K, Watanabe T, Hashimoto K. Bactericidal activity of copper-deposited TiO_2 thin film under weak UV light illumination[J]. Environmental Science & Technology, 2003, 37(20): 4785-4789.

[32] Halmann M. Photoelectrochemical reduction of aqueous carbon dioxide on p-type gallium phosphide in liquid junction solar cells[J]. Nature, 1978, 275(5676): 115-116.

[33] Minggu L J, Daud W R W, Kassim M B. An overview of photocells and photoreactors for photoelectrochemical water splitting[J]. International Journal of Hydrogen Energy, 2010, 35(11): 5233-5244.

[34] Tantis I, Antonopoulou M, Konstantinou I, et al. Coupling of electrochemical and photocatalytic technologies for accelerating degradation of organic pollutants [J]. Journal of Photochemistry and Photobiology A-Chemistry, 2016, 317: 100-107.

[35] Oyama T, Otsu T, Hidano Y, et al. Enhanced remediation of simulated wastewaters contaminated with 2-chlorophenol and other aquatic pollutants by TiO_2-photoassisted ozonation in a sunlight-driven pilot-plant scale photoreactor[J]. Solar Energy, 2011, 85(5): 938-944.

[36] Oller I, Malato S, Sánchez-Pérez J A. Combination of advanced oxidation processes and biological treatments for wastewater decontamination-A review[J]. Science of The Total Environment, 2011, 409(20): 4141-4166.

[37] Catanho M, Malpass G R P, Motheo A J. Photoelectrochemical treatment of the dye reactive red 198 using DSA® electrodes[J]. Applied Catalysis B-Environmental, 2006, 62(3-4): 193-200.

[38] Guaraldo T T, Pulcinelli S H, Zanoni M V B. Influence of particle size on the photoactivity of Ti/TiO_2 thin film electrodes, and enhanced photoelectrocatalytic degradation of indigo carmine dye [J]. Journal of Photochemistry and Photobiology A-Chemistry, 2011, 217(1): 259-266.